Die Wanderwellenvorgänge auf experimenteller Grundlage

Aus Anlaß der Jahrhundertfeier der
Technischen Hochschule Dresden

nach den Arbeiten des
Institutes für Elektromaschinenbau und elektr. Anlagen

dargestellt von

Dr.-Ing. Ludwig Binder
Professor und Direktor des Institutes

Mit 257 Textabbildungen

Berlin
Verlag von Julius Springer
1928

ISBN-13:978-3-642-89541-8   e-ISBN-13:978-3-642-91397-6
DOI: 10.1007/978-3-642-91397-6

Vorwort.

Mit den im Jahre 1914 durchgeführten „Messungen über die Steilheit der Stirn von Wanderwellen" war bereits dargetan, daß auch die außerordentlich kurzzeitig verlaufenden Wanderwellenvorgänge der Messung zugänglich seien. Es hat jedoch einer reichlichen Spanne Zeit bedurft, um den Plan einer experimentellen Erforschung des Gebiets, für dessen Erscheinungen die grundlegenden Arbeiten von K. W. Wagner und eine Reihe anschließender Untersuchungen auf dem Wege der Rechnung bereits weitgehendst Aufklärung gebracht hatten, zu einem gewissen Abschluß zu bringen. Der Krieg bedingte eine Unterbrechung der Versuchsarbeiten und nach der Berufung des Verfassers an die Technische Hochschule Dresden mußten unter schwierigen Zeitverhältnissen alle Einrichtungen neu geschaffen werden. Dafür erstanden hier eine Reihe wertvoller Helfer in den zahlreichen Doktoranden. Mit den in gemeinsamer Arbeit entwickelten Methoden, Geräten und Schaltungen ist es möglich gewesen, in den Hauptfragen: Wie steil ist die Stirn, wie pflanzen sich die Wellen auf Fernleitungen fort, welche Windungsspannungen an Wicklungen können sie hervorrufen, inwieweit wirken die Überspannungsschutzgeräte und schließlich wie verhalten sich die Isolierstoffe bei kurzzeitiger Beanspruchung, die wesentlichen Erscheinungen im Versuch zu erfassen.

Die Jahrhundertfeier der Technischen Hochschule bildet einen erfreulichen Anlaß, in systematischer Verarbeitung der Versuche den jetzigen Stand darzulegen und über die Ergebnisse zu berichten. In den letzten Jahren sind auch eine Reihe von Wanderwellenaufnahmen mit dem Kathodenstrahl-Oszillographen gelungen, so daß die Möglichkeit eines Vergleichs gegeben ist. Die oszillographischen Untersuchungen, die selbstverständlich in mancher Hinsicht einen viel weitergehenden Einblick gewähren, sind in ihren Ergebnissen durchaus im Einklang stehend mit den in diesem Buche behandelten Messungen, ebenso wie auch die Aufnahmen mit dem im Institut für Elektromaschinenbau und Elektrische Anlagen gebauten Kathodenstrahl-Oszillographen, über die demnächst gesondert berichtet werden soll.

Der Notgemeinschaft der Deutschen Wissenschaft in erster Linie gebührt Dank für die von Anbeginn an gewährte Unterstützung, durch die es ermöglicht wurde, die Untersuchungen aufzunehmen und jeweils

wieder weiterzuführen; ebenso sei auch besonders gedankt der Helm-
holtz-Gesellschaft für die zur Verfügung gestellten Mittel und der
Aktiengesellschaft Sächsische Werke für die Überlassung von Fernleitungen und die auch sonst in jeder Hinsicht freundlichst gewährte
Unterstützung.

Die Herren Klein, Richter und Böttcher haben bei der Durchführung von Versuchen, der Herstellung der Abbildungen und den
Korrekturen ihre ganze Kraft eingesetzt; ihnen zu danken, ebenso wie
meinen früheren Mitarbeitern, die mich bei der Abfassung der von
ihnen bearbeiteten Gebiete unterstützt haben, ist mir eine besondere
Freude.

Ostern 1928.   **Ludwig Binder.**

Inhaltsverzeichnis.

III. Verhalten der Überspannungsschutzgeräte.

Inhaltsverzeichnis. VII

IV. Das Verhalten der Isolierstoffe bei kurzzeitiger Beanspruchung.

Druckfehler-Berichtigungen.

Seite 33, 6. Zeile von oben, statt $\left(\dfrac{de}{dt}\right)_{\max} = \dfrac{C}{i_{\max}}$ lies $\left(\dfrac{de}{dt}\right)_{\max} = \dfrac{i_{\max}}{C}$.

Seite 47, Zeile 14 und 16 von oben, sind die Ordnungsnummern der beiden Gleichungen zu vertauschen.

Seite 113, 9. Zeile von unten, statt e_2 lies e_2'.

Seite 127, letzte Zeile, statt kleinsten lies größten.

Seite 133, unter Abb. 171, statt verschiedene große lies verschieden große.

Seite 186, 10. Zeile von unten, statt 300 000 Hertz lies 30 000 Hertz.

Binder, Wanderwellenvorgänge.

I. Der elektrische Funke als Wanderwellenerreger und Meßmittel für schnellstverlaufende Vorgänge.

Für das Studium der Wanderwellenvorgänge stellt eine Doppelleitung in Luft das einfachste Gebilde dar. Der Verlauf der Wellen hieran ist genau der Berechnung zugänglich, so daß bei Versuchen ohne weiteres die Möglichkeit der Nachprüfung gegeben ist. Es wurden deswegen die ersten Messungen über Wanderwellen[1] an einer solchen Leitung ausgeführt.

Bevor auf die Ergebnisse dieser und der im Laufe der Jahre anschließenden Untersuchungen eingegangen wird, sei kurz dargestellt, welchen Verlauf die sog. ebenen Drahtwellen auf Grund der Theorie haben.

A. Ebene Wellen an Paralleldrähten.

Der denkbar einfachste Wellenvorgang ergibt sich, wenn für eine Leitung das Ersatzschema Abb. 1 zugrunde gelegt wird. Man denkt sich die Leitung in eine Reihe kleiner Abschnitte von gleicher Länge aufgeteilt. Jedem Element ist dann eine gewisse Induktivität zuzuschreiben und außerdem muß jeweils zwischen einem Element des einen Stranges und dem gegenüberliegenden des zweiten

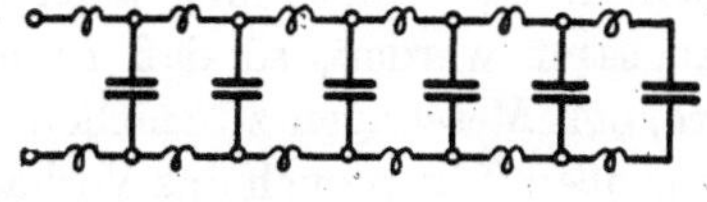

Abb. 1.

Stranges eine gewisse Kapazität vorhanden sein. Die Ohmschen Widerstände der Anordnung sollen verschwindend klein sein, eine Voraussetzung, die bei den kurzen Leitungen, wie sie in Laboratorien verwendet werden (bis zu einigen hundert Metern) weitgehendst erfüllt ist.

1. Aufladung von Leitungen.

Als Stromquelle (s. Abb. 2) sei eine Batterie oder ein aufgeladener Kondensator vorausgesetzt, die widerstandsfrei, selbstinduktionsfrei und so ergiebig sein sollen, daß die Spannung durch Stromentnahme

---

[1] Arbeit Nr. 1.

nicht beeinflußt wird. Durch Einlegen des Doppelschalters werden die vorher spannungsfreien Leitungsstränge plötzlich am Anfang unter Spannung gesetzt. Verfolgt man den einsetzenden Aufladevorgang an dem Schema (Abb. 1), so tritt bereits am ersten Kondensator wegen der vorgeschalteten Drosseln eine Verzögerung in der Aufladung ein; anschließend wird das zweite Element allmählich unter Spannung gesetzt,

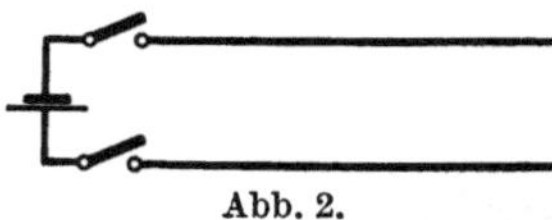
Abb. 2.

das wieder einer gewissen Aufladezeit für sich bedarf; für die folgenden Elemente gilt jeweils das Gleiche, so daß der Aufladevorgang nur mit einer gewissen Geschwindigkeit fortschreiten kann.

Die Verhältnisse lassen sich auch an dem hydraulischen Modell[1] nach Abb. 3 verfolgen. Die Kapazitäten sind hier durch Flüssigkeitsbehälter ersetzt; in die Verbindungsleitungen zwischen diesen sind Flüssigkeitsgetriebe eingeschaltet, die eine schlupffreie Kuppelung der angebrachten Schwungmassen mit dem Flüssig-

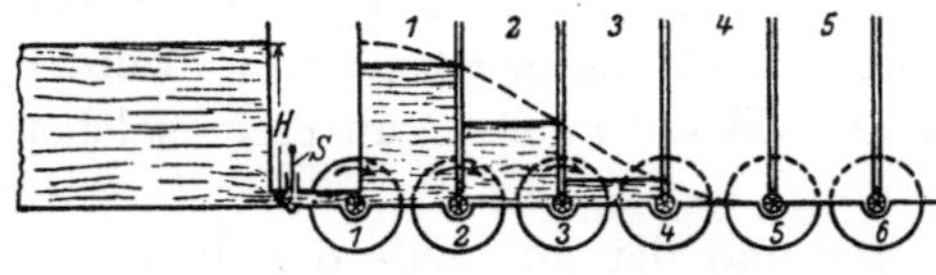
Abb. 3. Hydraulisches Modell einer Leitung.

keitsstrom darstellen sollen. Diese Schwungmassen spielen dann genau die Rolle der Selbstinduktion an einer Leitung, es entsprechen sich dabei die Werte $M\frac{dv}{dt}$ und $L\frac{di}{dt}$, sowie die Energiebeträge $\frac{Mv^2}{2}$ und $\frac{Li^2}{2}$. Die Auffüllung der einzelnen Zellen erfolgt auch hier der Reihe nach mit jeweils einem gewissen Zeitabstand.

Durch Wahl hoher Werte von Induktivität und Kapazität je Element in der Anordnung nach Abb. 1 kann der Vorgang beliebig verlangsamt werden, so daß es möglich ist, mit dem Schleifen-Oszillographen Messungen zu machen. Eine solche „künstliche Leitung" zeigt in großen Zügen auch das Verhalten einer wirklichen Leitung. Es treten aber daran diejenigen Einzelheiten, auf die es in der Hochspannungstechnik gerade ankommt, nämlich die Form und Längsausdehnung der Wellenstirn, nicht mehr richtig in Erscheinung; man muß daher die Versuche an einer wirklichen Leitung ausführen.

Die Berechnung des Aufladevorganges einer Leitung unter Zugrundelegung des Schemas nach Abb. 1 und Übergang auf unendlich feine Teilung führt zu dem Ergebnis, daß jedes Element auf gleiche Spannung (die Einschaltspannung E) gebracht wird und daß die Aufladung mit gleichbleibender Geschwindigkeit längs der Leitung fortschreitet. Die so sich entwickelnde Wanderwelle kann daher (unter einer noch zu besprechenden Voraussetzung) nach Abb. 4 in Form eines Rechtecks

---

[1] ETZ. 1914. S. 179.

von der Höhe E dargestellt werden, das in der Leitungsrichtung mit
gleichbleibender Geschwindigkeit sich ausdehnt. Die Geschwindigkeit ergibt sich nach der Beziehung:

$$v = \frac{1}{\sqrt{lc}} \text{ m/sec},$$

wobei l die Induktivität (Henry) und c die Kapazität (Farad) je Längeneinheit (m) der Leitung ist. Für in Luft befindliche Parallelleitungen
von kreisförmigem Querschnitt mit Radius r und Abstand a ist:

$$l = 4 \cdot \ln\left(\frac{a}{r}\right) \cdot 10^{-7} \text{ Henry/m}$$

(wegen der starken Stromverdrängung ist hierbei
das Feld im Innern des Leiters zu vernachlässigen) und:

$$c = \frac{1}{9 \cdot 4 \cdot \ln\left(\dfrac{a}{r}\right)} \cdot 10^{-9} \text{ Farad/m};$$

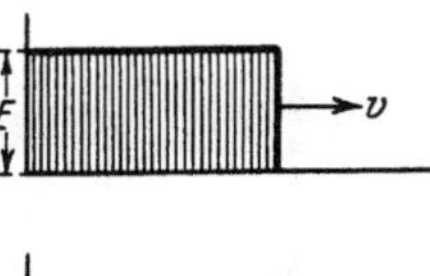

Abb. 4.

somit ergibt sich:

$$v = \frac{1}{\sqrt{lc}} = 3 \cdot 10^8 \text{ m/sec} = 300\,000 \text{ km/sec},$$

also eine Geschwindigkeit unabhängig von der Leiteranordnung gleich
der Lichtgeschwindigkeit. Diese Aussage gilt, wie umfassendere Betrachtungen gezeigt haben, nicht nur für den vorliegenden Sonderfall,
sondern ganz allgemein für elektromagnetische Wellen beliebiger Form,
sei es, daß sie an Drähten laufen oder frei im Luftraum sich ausbreiten.
Ist der Raum, in dem die Leiter sich befinden, ein Dielektrikum von
ε-facher Aufnahmefähigkeit, so wird c im gleichen Maße größer; v muß
dann nach der obigen Formel mit $1 : \sqrt{\varepsilon}$ zurückgehen. Für Kabel mit
Ölpapier ist beispielsweise $\varepsilon = 4$, demnach wird rechnungsmäßig:

$$v = 300\,000 : \sqrt{4} = 150\,000 \text{ km/sec}.$$

Da die Welle in der Sekunde einen Weg von v Längeneinheiten
zurücklegt, also die Zahl der dabei aufgeladenen Einheitselemente auch
gleich v ist, erreicht die sekundliche Ladung den Wert $E \cdot c \cdot v$. Der
Strom ist mit diesem Wert gleichbedeutend, es ergibt sich unter
Beachtung der Beziehung $v = 1 : \sqrt{lc}$:

$$I = \frac{E}{\sqrt{\dfrac{l}{c}}} \cdot$$

In dieser Formel hat der Nenner die gleiche Bedeutung wie der Widerstand R im einfachen Ohmschen Gesetz $\left(I = \dfrac{E}{R}\right)$; man hat daher für:

$$Z = \sqrt{\frac{l}{c}}$$

die sehr treffende Bezeichnung Wellenwiderstand eingeführt. Beim
Einschalten nimmt eine Leitung den gleichen Strom auf wie ein Ohm·
scher Widerstand von der Größe Z, also:

$$I = \frac{E}{Z}.$$

Mit den auf Seite 3 genannten Werten für l und c ergibt sich für
die Größe des Wellenwiderstandes:

$$Z = 120 \cdot \ln \frac{a}{r}\ \text{Ohm}.$$

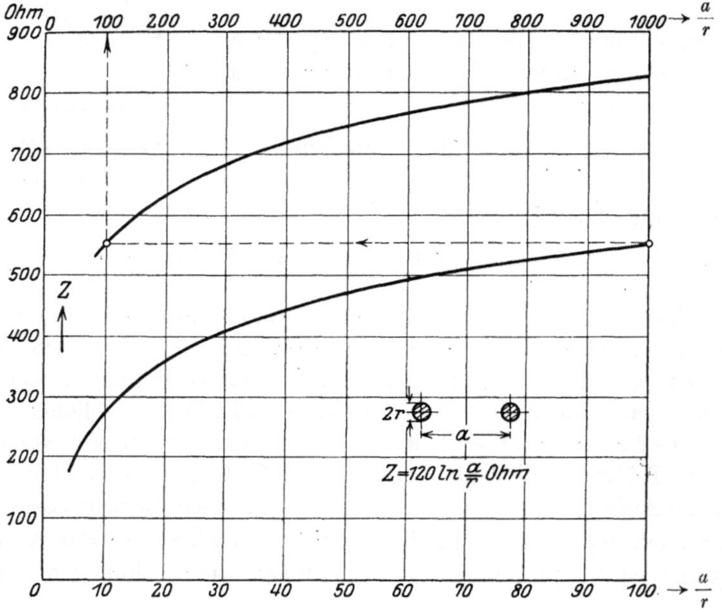

Abb. 5. Wellenwiderstand Z abhängig von $\frac{a}{r}$.

Damit errechnen sich für Hochspannungsfreileitungen mit den
üblichen Durchmessern und Leitungsabständen die in Abb. 5 eingetragenen Werte. Z liegt gewöhnlich innerhalb der Grenzen:

$$Z = 500 \div 1000\ \text{Ohm}.$$

Einer Schaltspannung . . . . $E = 100\,000$ Volt
entspricht bei einem Wellenwiderstand . . . . $Z = 500$ Ohm
bereits ein Strom . . . . $I = 200$ Amp
und die erhebliche Leistung . . . . $W = 20\,000$ kW,

die allerdings nur kurzzeitig wirksam ist, nämlich $^1/_{300\,000}$ sec für je
1 km Lauflänge.

Bei Kabeln sind die Wellenwiderstände, da gleichzeitig c stark wächst und l abnimmt, nur etwa $^1/_{10}$ der obigen Werte; es wird:

$$Z = 50 \div 100 \text{ Ohm},$$

so daß die Stromstärken rund 10 mal so hoch ausfallen und leicht 1000 Amp erreichen können.

Die in Abb. 4 gezeichnete Form der Welle mit senkrechter Stirn, die in allen ursprünglichen Veröffentlichungen so angegeben ist, bildet sich nur aus, wenn durch Einlegen des Schalters plötzlich eine widerstandslose Brücke zwischen der Stromquelle und der Leitung hergestellt wird, so daß das erste Element der Leitung in unendlich kurzer Zeit auf die Spannung E gebracht wird. Der Verfasser hat darauf hingewiesen, daß diese Voraussetzung im allgemeinen nicht erfüllt ist. Bei den hier in erster Linie interessierenden Hochspannungsleitungen erfolgt der Schalterschluß bereits vor der tatsächlichen Berührung der Messer durch einen Schaltfunken, dessen Widerstand erst allmählich auf einen vernachlässigbar kleinen Wert sinkt. Die dazu nötige Zeit ist zwar sehr gering, da sich aber die Welle mit Lichtgeschwindigkeit längs der Leitung entwickelt, tritt doch der allmähliche Anstieg in Erscheinung; der Kopf hat bereits einen merklichen Weg (nach den Messungen etwa $2 \div 20$ m) zurückgelegt, ehe das erste Element auf die volle Spanunng gebracht ist.

Da bei den ersten Veröffentlichungen die Wanderwellen immer mit senkrechter Stirn dargestellt waren, hat sich die Meinung eingebürgert, daß nach der Theorie die Stirn senkrecht sein müßte und daß es deswegen eine Unstimmigkeit bedeutete, wenn beim Versuch sich für die Stirn eine größere Ausdehnung ergebe. Es sei daher ausdrücklich bemerkt, daß diese Anschauung irrig ist. Die Betrachtungen mit Hilfe der Differentialgleichungen sagen aus, daß irgendeine zeitliche Spannungsänderung, die das erste Element der Leitung erfährt, sich unverändert über den Leiter fortpflanzt. Geschieht, wie man ursprünglich annahm, die Spannungssteigerung am ersten Element plötzlich, so muß eine Rechteckwelle in die Leitung laufen; erfolgt wegen des Schalterfunkens die Unterspannungsetzung des ersten Elementes allmählich etwa in der Form $e = f(t)$, so kann auch der Theorie nach die sich ausbildende Wanderwelle nur eine allmählich ansteigende Stirn gemäß dieser Funktion haben, da $t = \dfrac{x}{v}$.

Durch besondere Maßnahmen ist es möglich, die Entwicklung des Schalterfunkens außerordentlich zu beschleunigen (vgl. S. 24), es wurden dann auch, wie hier vorweg bemerkt sei, Wellen von fast senkrechter Stirn (Länge unter 1 m) gemessen. Die Längsdehnung des Wanderwellenkopfes ist praktisch von größter Bedeutung, da hiervon die Windungsspannungen abhängen, die durch eine von der Leitung auf Wicklungen von Transformatoren und Maschinen auftreffende Wanderwelle erzeugt werden. Es bildete daher gerade diese Frage den Ausgangspunkt bei der Aufnahme der Untersuchungen.

2. Welle am offenen Leitungsende.

Erreicht die in Abb. 6a dargestellte Welle das Ende der Leitung, das offen sein soll, so ist zwar die ganze Leitung aufgeladen, es kann aber noch nicht Ruhe herrschen. Gegenüber einer mit der Spannung E statisch aufgeladenen Leitung besteht der Unterschied, daß hier in der Leitung Strom fließt, mit dem ein entsprechendes magnetisches Feld verkettet ist. In dem Augenblick, in dem der Kondensator des letzten Elementes in dem Schema nach Abb. 1 gerade bis zur Spannung E aufgeladen ist, führen die zugehörigen Drosseln den vollen Strom. Wie immer bei der Aufladung eines Kondensators über eine Induktivität suchen nun die Drosseln den Strom weiter aufrecht zu erhalten und laden den Kondensator über die Spannung E hinaus auf; am hydraulischen Modell (Abb. 3) läuft das letzte Schwungrad, wenn der Füllvorgang bis zum Ende vorgedrungen ist, gerade mit der vollen Geschwindigkeit und pumpt daher den anschließenden Behälter über die Spiegelhöhe E hinaus auf, bis schließlich die kinetische Energie völlig in potentielle Energie verwandelt ist. Die Spannung kann dadurch gerade nochmals um den Betrag E erhöht werden, so daß also ein Anstau auf den doppelten Wert gegenüber dem spannungslosen Zustand eintritt. Dieser Vorgang pflanzt sich nun nach links über die ganze Leitung fort (Abb. 6b), bis über die ganze Länge die Spannung $2E$ entstanden ist. Man kann sich auch vorstellen, daß die ursprüngliche Ladewelle von der Höhe E am offenen Ende zurückgeworfen würde (sich überschlägt) und nun von hier aus über die erste hinwegläuft. Am Schaltpunkt wird die Spannung voraussetzungsgemäß auf dem Wert E festgehalten, so daß nach dem Eintreffen der Überhöhungswelle hier sofort ein Abbau auf diesen Betrag eingeleitet wird (Abb. 6c); es fließt Strom in die Speisequelle zurück, bis die ganze Leitung wieder die Spannung E hat; die Abbauwelle wird am freien Ende wieder zurückgeworfen und entlädt linkslaufend die Leitung vollständig (Abb. 6d), so daß sie wieder wie vor dem Zuschalten spannungslos ist. Dann setzt dieses Spiel von neuem ein; diese Schwingungen im Viertakt würden ewig dauern, wenn nicht wegen der unvermeidlichen Verluste (im Funken und auch durch den

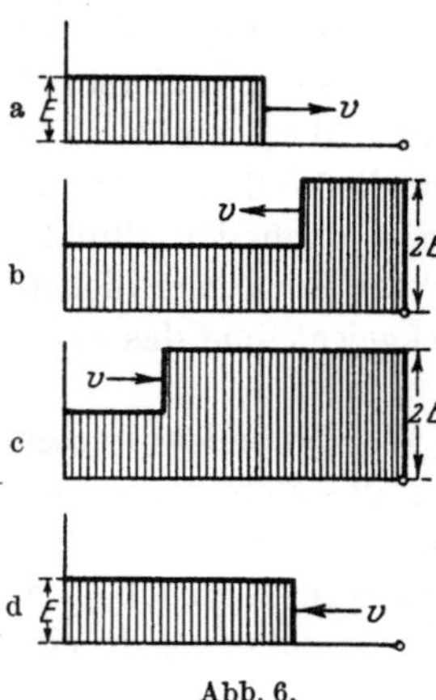

Abb. 6.

Ohmschen Widerstand der Leitung) ein allmähliches Abklingen auf den Wert E stattfinden würde.

3. Unterdrückung von Schwingungen.

Bei manchen Versuchen möchte man vermeiden, daß infolge von solchen freien Enden die Wellen öfters über die Leitung hinweglaufen. Es gibt ein einfaches Mittel, den Ladevorgang aperiodisch zu gestalten. Die Leitung wird am Ende durch einen Ohmschen Widerstand (s. Abb. 7) über-brückt, der imstande ist, gerade den auf der Leitung vordringenden Wellenstrom I aufzunehmen. Dies ist der Fall, wenn

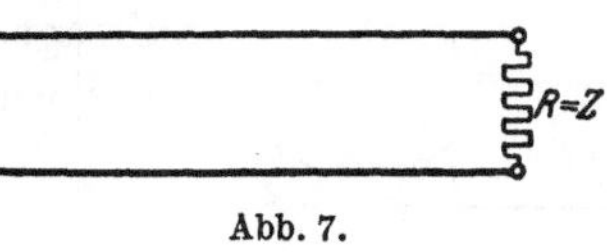

Abb. 7.

$R = Z$ gemacht ist. Die Leitung verhält sich dann ebenso, als wenn sie unendlich lang wäre; rücklaufende Wellen und die damit zusammenhängende Spannungsüberhöhung sind dadurch unterbunden.

4. Leitungsende kurzgeschlossen.

Von besonderem Interesse ist noch der Fall, daß das Leitungsende kurzgeschlossen ist. Die Ladewelle entwickelt sich zunächst genau so wie bei der offenen Leitung; ist sie bis an die Kurzschluß-stelle vorgedrungen, so wird die Spannung sofort auf den Wert Null gedrückt und dadurch eine Entladung eingeleitet. Zu dem bereits in der Leitung fließenden Ladestrom I kommt noch ein gleichgerichteter Entladestrom I, die Stromstärke steigt daher auf den Wert $2\,I$ an. Sobald die Entladewelle links an die Speisequelle herangerückt ist, ist die ganze Leitung entladen; da die Stromquelle voraussetzungsgemäß ihre Spannung hält, sendet sie aufs Neue eine Ladewelle in die Leitung; der neue Ladestrom addiert sich zu dem bereits in der Leitung vorhandenen Strom $2\,I$, so daß jetzt $3\,I$ in der Leitung fließen. Durch fortlaufende Wiederholung des beschriebenen Spiels steigt der Strom staffelförmig immer weiter an, bis schließlich ein Grenzwert, der durch den Ohmschen Widerstand der Leitung gegeben ist, erreicht wird.

Die beschriebenen drei Fälle können auch als Grenzfälle der folgenden Anordnung angesehen werden:

5. Übergang auf eine Leitung mit anderem Wellenwiderstand.

Hat die anschließende Leitung (Abb. 8) beispielsweise einen kleineren Wellenwider-stand, so muß eine Senkung der Spannung

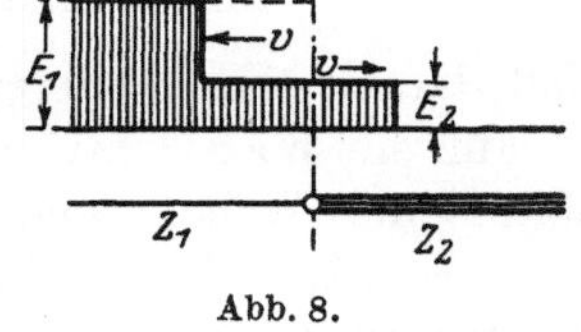

Abb. 8.

eintreten, die vom Knotenpunkt ausgehend, auch auf die Leitung 1 übergreift. Der Entladung von E_1 auf E_2 entspricht ein Entladestrom von der Größe $(E_1 - E_2) : Z_1$, der zusammen mit dem ursprünglichen Strom I_1 am Knotenpunkt in die Leitung 2 übertritt. Multipliziert man den Summenstrom mit Z_2, so ergibt sich für E_2 die Beziehung:

$$E_2 = E_1 \cdot \frac{2 Z_2}{Z_1 + Z_2} .$$

E_2 kann sehr leicht auf zeichnerischem Wege nach Abb. 9 gefunden werden, indem man Z_1 und Z_2 in der gekennzeichneten Weise wagerecht aufträgt. Die Gleichung für E_2 kann auch auf die Form:

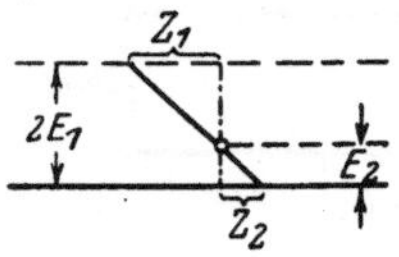

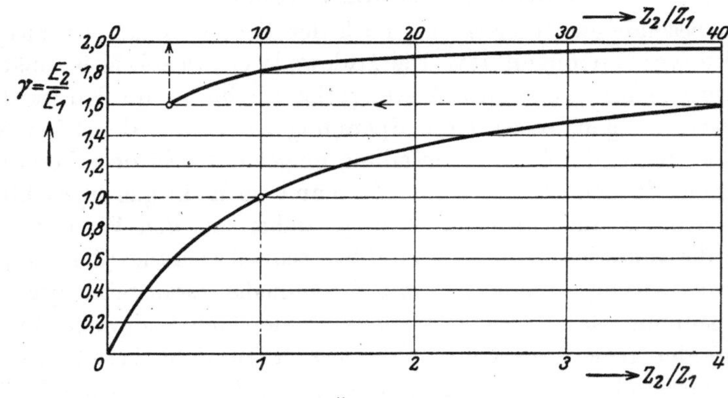

Abb. 9.

$$E_2 = E_1 \cdot \frac{2 \left(\dfrac{Z_2}{Z_1}\right)}{1 + \left(\dfrac{Z_2}{Z_1}\right)} = E_1 \cdot \gamma$$

gebracht werden; es kommt hier nur mehr das Verhältnis der Wellenwiderstände vor. Aus Abb. 10 ist unmittelbar für ein gegebenes $Z_2 : Z_1$ der Übergangsfaktor γ, der angibt, in welchem Maße die durch-

Abb. 10. Übergangsfaktor γ.

laufende Welle sich erhöht oder erniedrigt, zu entnehmen. Die Werte von E_2 für die Grenzfälle:

$$\begin{aligned}
&\text{offene Leitung} & \ldots \ldots \; Z_2 : Z_1 &= \infty \\
&\text{durchlaufende Leitung} & \ldots \; Z_2 : Z_1 &= 1 \\
&\text{kurzgeschlossene Leitung} & . \; Z_2 : Z_1 &= 0
\end{aligned}$$

sind daraus ohne weiteres ersichtlich.

Für ein Kabel mit anschließender Freileitung ist das Verhältnis der Wellenwiderstände $Z_2 : Z_1$ etwa gleich 10. Dafür ergibt sich $\gamma = 1,8$, es findet also beim Übertritt der Welle in die Freileitung ein Anstau der Spannung auf das 1,8fache statt. Für die umgekehrte Laufrichtung, Übergang der Welle von einer Freileitung in ein Kabel, gilt $Z_2 : Z_1 = 0,10$, womit $\gamma = 0,18$ wird; es tritt eine Senkung der

Spannung auf rund $^1/_5$ ein, das Kabel hat also eine Rückwirkung fast wie ein Kurzschluß.

Das beschriebene Verfahren zur Bestimmung von E_2 kann ohne weiteres auf einige andere praktisch wichtige Anordnungen angewendet werden.

6. Verzweigung einer Leitung. — Kennlinie eines Knotenpunktes.

Die beiden vom Knotenpunkt ausgehenden Leitungen (Abb. 11) können durch eine ersetzt werden, deren Wellenwiderstand gleich ist den Wellenwiderständen der beiden Stränge in Parallelschaltung; der Ersatzwiderstand wird also:

$$Z_2 = \frac{1}{\dfrac{1}{Z_3} + \dfrac{1}{Z_4}}$$

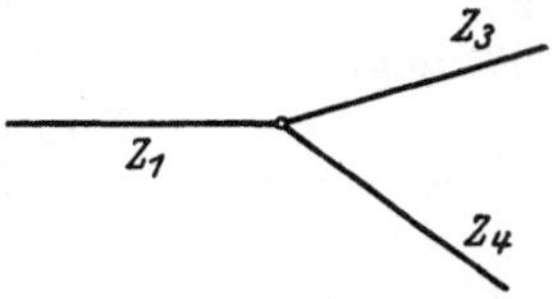

Abb. 11.

Zweigt z. B. von einem durchlaufenden Strang eine Leitung gleichen Wellenwiderstandes ab ($Z_3 = Z_4 = Z_1$), so ist vom Knotenpunkt aus der Wellenwiderstand nur mehr halb so groß, also:

$$Z_2 = \frac{Z_1}{2},$$

hierfür wird nach Abb. 10:

$$E_2 = \frac{2}{3} \cdot E_1.$$

Die Wellenhöhe sinkt also nicht bis zur Hälfte, sondern nur auf $^2/_3$ des ursprünglichen Wertes ab.

Auch die in Abb. 12 dargestellte Anordnung, Parallelwiderstand an der Übergangsstelle, läßt sich in der beschriebenen Weise behandeln. Bei der Berechnung des Ersatzwiderstandes Z_2 nach der obigen Formel tritt an Stelle von Z_4 nunmehr der Wert R des Widerstandes. Die durchlaufende Welle hat wieder die Höhe $E_2 = E_1 \gamma$, während der in den Widerstand fließende Strom:

$$J_R = \frac{E_2}{R}$$

wird.

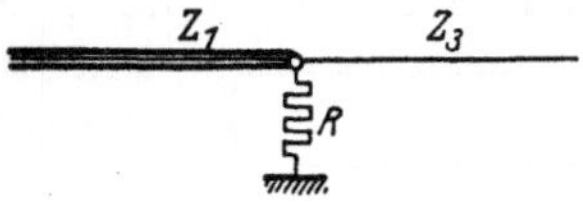

Abb. 12.

Die Absenkung der Spannung infolge Entnahme eines Zweigstromes spielt praktisch eine besondere Rolle, wenn an eine Hauptleitung besondere Meßleitungen oder Überspannungsschutzgeräte angeschlossen werden. Zur anschaulichen Darstellung der Verhältnisse sei ein neuer Begriff, die „Kennlinie eines Knotenpunktes" eingeführt. Sie gibt an, in welcher Weise die Spannung am Knotenpunkt abhängig vom entnommenen Strom sich einstellt. Beim Abzweigstrom Null ist, be-

zogen auf die Spannung E_1 der auf Leitung 1 heranlaufenden Welle,
die Spannung am Knotenpunkt:

$$E_2 = E_1 \cdot \gamma.$$

Eine einfache Rechnung zeigt, daß bei Entnahme des Stromes J ein
Abfall:

$$e = J \cdot \gamma \frac{Z_1}{2}$$

eintreten muß. Der Knotenpunkt verhält sich also wie eine Stromquelle, die die Leerspannung $E_1 \gamma$ gibt und einen inneren Widerstand
$\gamma \frac{Z_1}{2}$ hat. Eine derartige Kennlinie ist in Abb. 13 dargestellt. Der
größtmögliche Strom stellt sich ein, wenn der äußere Widerstand auf
Null sinkt, also Kurzschluß am Knotenpunkt vor-
handen ist. In diesem Fall muß:

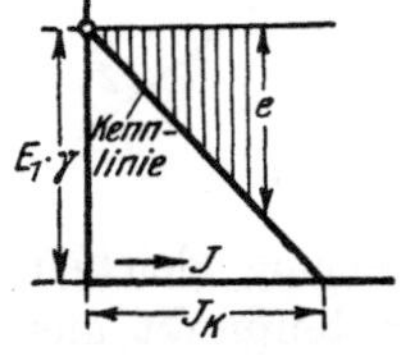

$$J_k \cdot \gamma \frac{Z_1}{2} = E_1 \cdot \gamma$$

sein, so daß:

$$J_k = 2 \frac{E_1}{Z_1} = 2 J_1$$

Abb. 13. Kennlinie eines Knotenpunktes.

sich ergibt, wie es ja nach den früheren Rechnungen
für eine auf einen Kurzschluß laufende Welle sein
muß. Alle den verschiedenen Werten von γ entsprechenden Kennlinien müssen daher im Kurzschlußpunkt zusammenlaufen.

7. Entladung von Leitungen.

Für manche Versuche, insbesondere mit langen Leitungen, verwendet man zweckmäßig Entladeschaltungen. Es macht bei
langen Leitungen Schwierigkeiten, eine Stromquelle zu schaffen, die bei
Entnahme der großen Ladungen die Spannung auf voller Höhe hält.

Dagegen ist es ohne weiteres möglich, Leitungen von erheblicher
Länge statisch aufzuladen. Wird die Leitung an einem Ende z. B.
durch einen Zündfunken (Abb. 14) kurzgeschlossen, so setzt eine Ent-

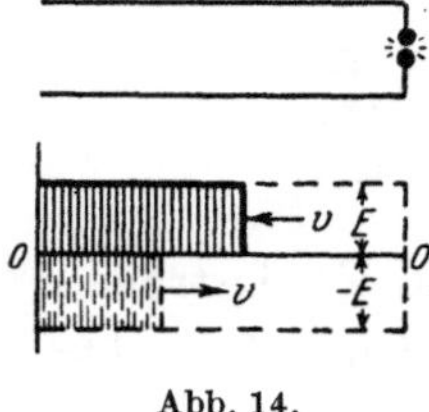

Abb. 14.

ladewelle ein, die allmählich die Spannung längs
der Leitung auf Null bringt. Der Entladestrom ist
auch wieder durch die Beziehung $J = E : Z$ gegeben.
Ist der Vorgang bis an das linke Ende (s. Abb. 14)
vorgedrungen, so ist das letzte Element der
Leitung entladen; wegen der Selbstinduktion
bleibt der Strom zunächst aufrechterhalten, holt
noch weitere Ladung aus diesem Element, und
zwar bis die Spannung den Wert $-E$ erreicht hat; denn dann ist
die Feldenergie $\frac{L i^2}{2}$ gerade aufgebraucht. Im weiteren Verlauf entwickelt sich auch ein Wellenspiel im Viertakt genau wie bei der Auf-

ladung einer Leitung; der Unterschied ist nur der, daß bei der Aufladung die Spannung um die Höhenlage E pendelt und in diesen Wert einschwingt, während bei der Entladung die Wellen jeweils um die Linie für die Spannung Null herumklappen und wegen der Dämpfung schließlich in der Nullinie ersterben.

Das Auftreten von Schwingungen kann auch hier verhindert werden, wenn die Leitung über einen Ohmschen Widerstand von der Größe Z an eine genügend ergiebige Stromquelle angeschlossen wird (Abb. 15). Bei langen Leitungen wären hierzu sehr große Kondensatoren nötig;

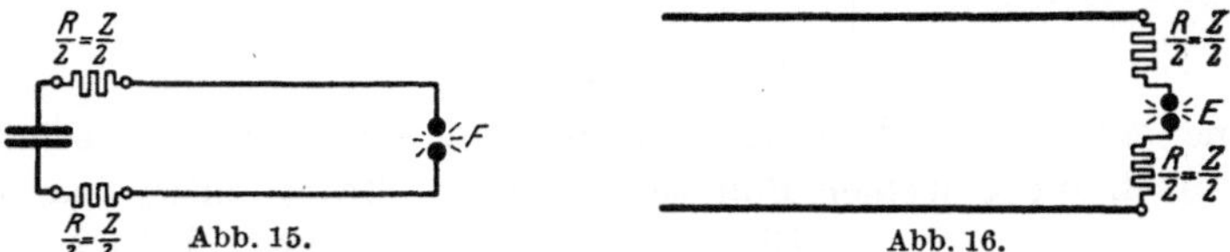

Abb. 15.   Abb. 16.

man wendet daher in solchen Fällen zweckmäßig die Schaltung nach Abb. 16 an; die statisch aufgeladene Leitung wird über den Ohmschen Widerstand $R = Z$ entladen. Es entwickelt sich dann ein Entladestrom von der Größe $J = \dfrac{E}{Z + R} = \dfrac{E}{2Z}$, d. h. halb so groß wie bei widerstandsloser Überbrückung der Leitungsenden. Die Spannung sinkt auf $\dfrac{E}{2}$ ab und behält am Schaltende diesen Wert solange, bis die Entladewelle über die Leitung hin und zurückgelaufen ist, also entsprechend der Laufzeit für 2fache Leitungslänge.

Bisher wurden für die Wellen immer Rechteckformen zugrunde gelegt. Dadurch vereinfacht sich die Darstellung außerordentlich, um die Form des Kopfes braucht man sich dabei nicht zu kümmern; er behält an Schaltstellen oder Übergangsstellen unverändert seine senkrechte Stirn. Außerdem geben die Rechteckwellen bereits die Lösung für den Verlauf von Wellen beliebiger Form. Wie K. W. Wagner gezeigt hat, kann man jede Welle in unendlich kleine Rechteckwellen auflösen (Abb. 17), deren Schicksal, im einzelnen verfolgt, durch jeweilige Zusammensetzung die Umbildung der Gesamtwelle ergibt. Es zeigt sich, daß die Köpfe an den Stoßstellen gewisse Umformungen erleiden, wie es in Arbeit Nr. 2, S. 397 für eine Reihe von Fällen dargestellt ist. — Für die bei den später beschriebenen Versuchen

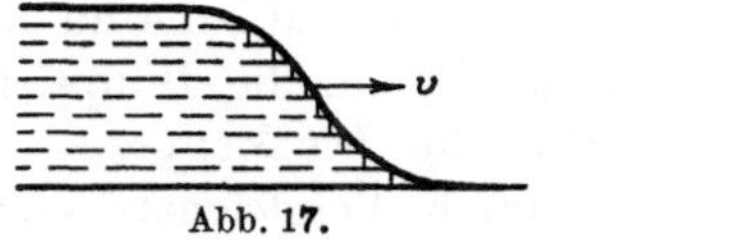
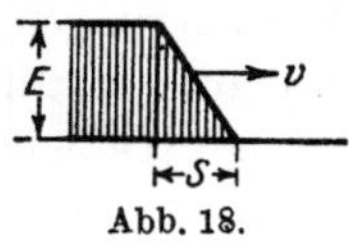

Abb. 17.   Abb. 18.

benutzten Anordnungen wurde jedoch das genannte Verfahren mit Rücksicht auf die zeitraubende praktische Durchführung im allgemeinen nicht benutzt, sondern statt dessen die Umbildung der denkbar einfachsten Form einer allmählich ansteigenden Urwelle, d. i. einer Welle mit Keilkopf (Abb. 18), rechnerisch ermittelt.

B. Methoden zur Messung von Spannungen, Strömen und Steilheit.

Die Methoden seien in der Reihenfolge behandelt, wie sie im Laufe der Jahre entwickelt wurden.

8. Schleifenmethode.

Eine entlang der Leitung laufende Ladewelle (Abb. 19) setzt der Reihe nach die einzelnen Punkte auf jedem Strang unter Spannung.

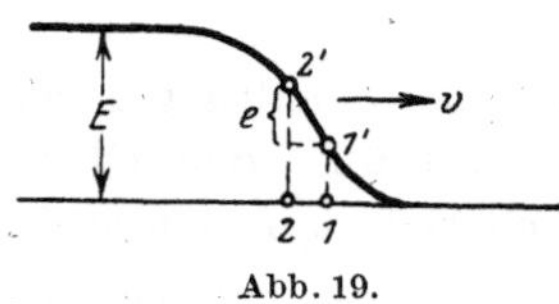

Abb. 19.

Die zwischen den Punkten 1 und 2 auftretende Spannung e hängt von dem Abstand dieser Punkte voneinander und deren augenblicklicher Lage gegenüber der herankommenden Wellenstirn ab. Ist der Abstand der Punkte so groß, daß die Stirn vollständig unterkommt, so muß die Spannung $1 \div 2$ der vollen Wellenhöhe E entsprechen. Um die Längsausdehnung des Kopfes zu bestimmen, braucht man also nur festzustellen, bei welchem kleinsten Abstand der Punkte 1 und 2 die volle Spannung noch auftritt. Wird der Abstand unter dieses Maß verringert, so ergeben sich kleinere Spannungen, und zwar jeweils gleich der Ordinatendifferenz für die Punkte 1 und 2. Bei gegebenem Abstand dieser beiden Punkte erreicht die Spannung den Höchstwert, wenn die Verbindungsgerade $1' \div 2'$ ihre größte Neigung hat. Verringert man den Abstand $1 \div 2$ genügend, so geht die Verbindungslinie in die Tangente über; die Messung der zu einem kleinen Abstand gehörigen Spannung $e_{1 \div 2}$ gibt dann unmittelbar den Anstieg für die steilste Stelle.

Bei der Durchführung des an sich so einfachen Verfahrens ist auf zwei Punkte zu achten. Wollte man kurzerhand zwei Verbindungsleitungen von 1 und 2 nach einem geeigneten Meßgerät ziehen, so würden die Meßleitungen zusammen länger sein als der Weg $1 \div 2$, den die Welle auf der Hauptleitung zurückzulegen hat. Die dadurch bedingten Verzögerungen und die Rückwirkung auf die zu messende Welle werden auf ein Minimum gebracht, wenn die Hauptleitung in Form einer Schleife gebogen wird (Abb. 20). Die Meßpunkte 1 und 2 liegen dabei dicht aneinander. Wie durch Vergleichsversuche festgestellt wurde, kann unbedenklich die einfachere Form Abb. 21 genommen werden, die den Vorzug hat, daß die Schleifenlänge (Abstand der Punkte 1 und 2 auf der Leitung gemessen) leicht geändert werden kann, und daß auch der gegenseitige Einfluß der Schleifenstücke leicht nachrechenbar ist.

Von entscheidender Bedeutung war natürlich die Frage, ob es denn überhaupt möglich ist, die ganz kurzzeitig auftretenden Spannungs-

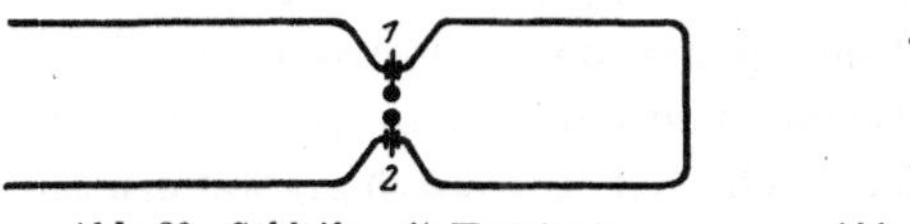
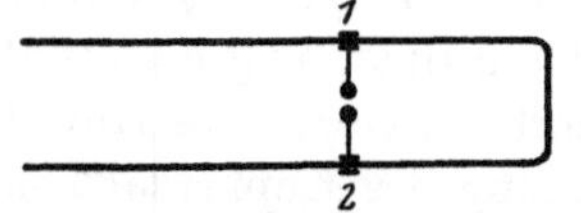

Abb. 20. Schleife mit Kröpfung.　　　　Abb. 21. Verstellbare Schleifenleitung.

differenzen $1 \div 2$ einwandfrei zu messen; wenn der Kopf beispielsweise eine Länge von 3 m hat, ist die Spannung nur für die Zeit von 10^{-8} sec (Einhundertmillionstel Sekunde) an den Meßpunkten vorhanden. Da es sich gewöhnlich um das Gebiet der hohen Spannungen handelt, war in erster Linie an die Meßfunkenstrecke zu denken. Nach einigen früheren Untersuchungen der Physiker schien es zwar, als ob der sog. Entladeverzug bereits bei Zeiten von $1/_{1000}$ sec sich bemerkbar machen würde, andererseits ließen aber manche Erfahrungen aus der Hochspannungstechnik den Schluß zu, daß die Grenze für das ungestörte Ansprechen von Schutzfunkenstrecken doch bei kleineren Zeiten von ganz anderer Größenordnung liegen müsse. Bei den ersten Versuchen[1] mit der beschriebenen Schleifenleitung wurden zunächst mit einer gewöhnlichen Meßfunkenstrecke (5 mm $\varnothing$ Kugeln) die Schleifenspannungen bestimmt; es ergab sich beispielsweise für die 2 m-Schleife 5% der vollen Wellenhöhe. Um zu sehen, ob dieser verhältnismäßig geringe Wert auf starken Verzug zurückzuführen sei, wurde sodann Vielfach-Zündung verwendet, wobei in schneller Folge (100 mal in der Sekunde bei 50 periodischem Wechselstrom) Wellen über die Leitung gejagt wurden; die Stöße an der Meßfunkenstrecke haben zwar keine größere Dauer, es war aber doch anzunehmen, daß eine allmähliche Ionisierung und damit Herabsetzung des Verzugs eintreten müßte. Die nachweisbare Spannung stieg damit auf 16% der Wellenhöhe. Eine noch weitere Erhöhung auf 22% ergab die Bestrahlung der Meßfunkenstrecke mit ultraviolettem Licht oder auch mit Radium; die volle Höhe der Welle konnte dabei für etwa 50 m Schleifenlänge nachgewiesen werden.

Um zu entscheiden, ob nicht doch noch Entladeverzug vorhanden sei, wurden Spannungsmessungen auf einem ganz anderen Wege angestellt. Es wurde in die Schleife an Stelle der Meßfunkenstrecke ein kleiner Kondensator eingeschaltet und dessen Aufladung untersucht. Aus der aufgenommenen Ladung Q berechnet sich der Höchstwert der vorhanden gewesenen Spannung nach der Gleichung: $e_{1 \div 2} = \dfrac{Q}{C}$. Solange die Leitungsstrecke $1 \div 2$ größer ist als die Kopflänge, steigt die

---

[1] Arbeit Nr. 1.

Spannung $e_{1 \div 2}$ unabhängig vom Abstand $1 \div 2$ immer in der gleichen
Zeit nach der Stirnkurve von Null auf den Höchstwert an; der Ladestrom des Kondensators muß also immer die gleiche Größe und denselben
Verlauf haben. Die Verhältnisse bleiben so, bis der Abstand $1 \div 2$
gleich der Kopflänge geworden ist. Verringert man ihn noch weiter,
so geht die Spannung $e_{1 \div 2}$ und demgemäß der Ladestrom zurück. Die
veränderliche Größe des Ladestromes und dementsprechend die Längsausdehnung des Kopfes läßt sich leicht sichtbar machen, wenn man in
die Kondensatorleitung eine geeignete Glühlampe legt; bei den großen
Schleifenlängen glüht sie hell auf; verringert man den Abstand der Meßpunkte, so ändert sich zunächst nichts, schließlich kommt man aber

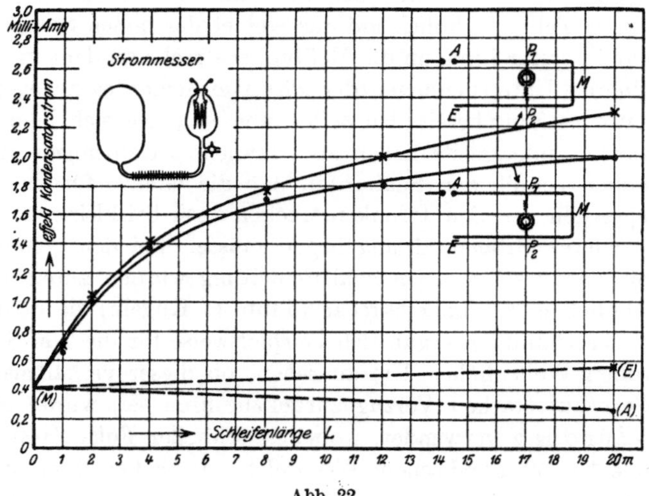

Abb. 22.

an eine Grenze, bei deren Unterschreitung die Wirkung immer schwächer
wird. Durch Erhöhung der Wellenspannung ist auch hier jeweils wieder
das volle Aufglühen erreichbar; die notwendige Erhöhung gibt ein Maß
für den Abfall der Stirn. Für genauere Versuche wurde ein Hitzdraht-
thermometer verwendet, wie es in Abb. 22 links oben dargestellt ist.
Wie alle auf Wärmewirkung beruhenden Meßgeräte, hat es eine quadra-
tische Teilung, an der bei Vielfachzündung der Schaltfunkenstrecke ein
Dauerausschlag α entsprechend der effektiven Stromstärke sich einstellt. Abb. 22 zeigt die Ergebnisse eines solchen Versuchs, bei dem ein
kleiner Kugelkondensator von $4,2 \cdot 10^{-12}$ Fd verwendet wurde.

Die Ablesungen α würden unmittelbar einen Vergleich der Spannungen $e_{1 \div 2}$ gestatten, wenn die Aufladung bei den verschiedenen
Schleifenlängen in der gleichen Zeit erfolgte. In Abb. 23 ist für eine
aus zwei Sinuslinien zusammengesetzte Stirn der Verlauf des Lade-

stromes $i = C \cdot \dfrac{de}{dt}$ für ganz kurze Schleifenlängen $1 \div 2$ und für einen Abstand $1_0 \div 2_0$ gleich der Stirnlänge dargestellt. Im ersten Falle muß die Ladung beendet sein, wenn die Punkte $1'$ und $2'$ auf der steilsten Stelle (Mitte der Stirnlinie) liegen, weil dann $e_{1 \div 2}$ schon wieder zu fallen beginnt; im zweiten Fall ist der Ladestrom wieder auf Null zurückgegangen, wenn der Punkt $2_0'$ die gezeichnete höchste Lage erreicht hat. Bedeutet J den quadratischen Mittelwert des Stromes und t die zugehörige Dauer eines Ladestoßes, so ergibt sich die Ablesung:

$$\alpha = k\sqrt{J^2 \cdot t} = k \cdot J\sqrt{t}.$$

Für die Aufladung ist der arithmetische Mittelwert maßgebend, er sei $k_1 \cdot J$ gesetzt; für die am Kondensator erreichte Spannung ergibt sich dann die Beziehung:

$$e = \frac{k_1 \cdot J \cdot t}{C},$$

die durch Ersatz von J auch auf die Form:

$$e = k_2 \cdot \alpha\sqrt{t}$$

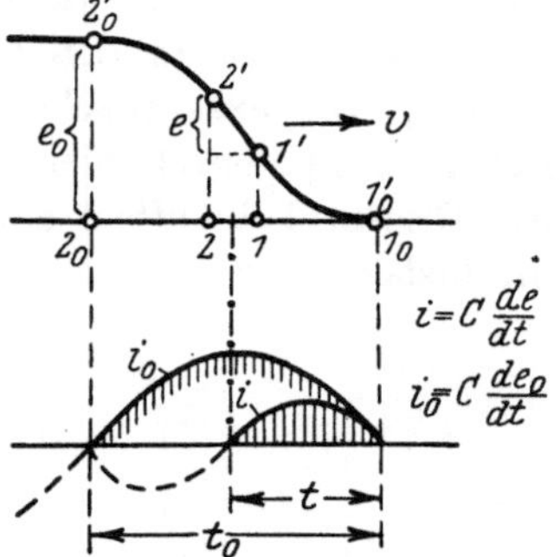
Abb. 23. Zeitlicher Verlauf der Ladeströme.

gebracht werden kann. Da für die kurzen Schleifenlängen t nur halb so groß ist wie für die großen Abstände $1_0 \div 2_0$, so sind die erstgenannten α-Werte mit $\sqrt{\tfrac{1}{2}}$, also dem 0,7fachen zu bewerten, wenn sie einen Vergleich der Spannungen $e_{1 \div 2}$ geben sollen. Die Messungen mit dem Kondensator geben also zu steile Wellen. Führt man aber eine Korrektur in der angegebenen Weise durch, so fallen die Ergebnisse so gut wie vollständig mit den Werten zusammen, die mit der bestrahlten Meßfunkenstrecke erzielt wurden. Damit war der Beweis erbracht, daß selbst für die hier in Frage kommenden kleinen Zeiten der Entladeverzug beseitigt werden kann.

Vergleichsmessungen mit dem Kondensator hatten noch das bemerkenswerte Ergebnis, daß bei Vielfachzündung (100 Zündungen in der Sekunde) die Steilheit nicht merklich geringer ist als bei Einzelzündung mit Gleichspannung.

Nachstehend seien noch einige Punkte, die bei der Ausführung von Messungen an einer Schleifenanordnung von Bedeutung sind, behandelt.

Einfluß der Schleifenweite. Werden die Hauptleiter zu einer Schleife gebogen, so kann man nicht mehr voraussetzen, daß das Potential des von der Welle noch nicht überlaufenen Leitungsstückes unverändert geblieben ist, weil dieses in den Wirkungsbereich der Felder des schon aufgeladenen und stromführenden Leitungsstranges gebracht wurde. Die Verhältnisse lassen sich leicht übersehen, wenn man den Aufbau der Felder näher betrachtet. Bei den Leitungslängen, wie sie im Laboratorium in Frage kommen (10 ÷ 100 m) ist der Einfluß des Ohmschen Widerstandes verschwindend gering; es wird daher durch die Ladewelle jedes Leitungselement auf genau gleiche Spannung gebracht, und auch der durchfließende Strom ist an jeder Stelle der gleiche. Für einen Punkt der Leitung, von dem aus gerechnet der Wellenkopf bereits einen sehr großen Abstand erreicht hat, können sich die Felder nicht mehr nennenswert von ihrem Aufbau für stationäre Verhältnisse unterscheiden. Sowohl die elektrischen wie die magnetischen Feldlinien verlaufen in Ebenen senkrecht zu den Leitern; man spricht daher von „ebenen Wellen". Die exzentrischen Kreise nach Abb. 24 stellen die elektrischen Äquipotentiallinien und zugleich die magnetischen Feldlinien dar. Diesem Feldaufbau entsprechen auch alle die Rechnungen, die man bisher in der elektrotechnischen Literatur über Wanderwellen

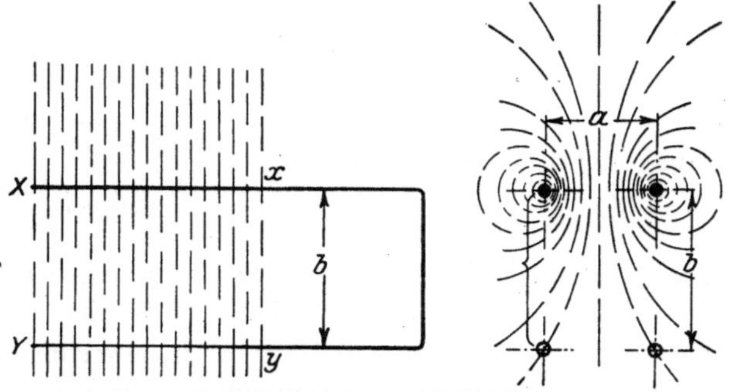

Abb. 24. Potentialverteilung und Schleifenspannung.

angestellt hat. Die Induktivität und Kapazität je Längeneinheit (Abb. 1) werden für den Wanderwellenvorgang wie für ruhende Felder genommen. Für den Anfangsbereich, dessen Ausdehnung in erster Linie vom Leiterabstand abhängt, werden die Felder nicht schon völlig den gekennzeichneten Verlauf haben, weil sie von der Leiteroberfläche ausgehend, allmählich im Raum sich aufbauen müssen; von der Zündstelle ausgehend, dringen die Felder, wie in Arbeit Nr. 2, S. 383 näher dargelegt ist, mit endlicher Geschwindigkeit in den Raum vor. Da aber die Feldstärken in unmittelbarer Umgebung der Leiter am höchsten sind und dann rasch abnehmen, kommt es hauptsächlich auf den erstgenannten Bereich an, das Nachhinken in den entfernteren Gebieten ist für das Gesamtergebnis ohne wesentlichen Einfluß. Man hat, ausgehend von den Maxwellschen Feldgleichungen, für einige Leitungsanordnungen die genaue Theorie entwickelt[1], die Abweichungen gegenüber den Rechnungen mit ebenen Wellen sind aber, solange die Leiter-

---

[1] Abraham: „Elektromagnetische Wellen", Encyklopädie d. Math. Wiss., Bd. V 2, S. 522.

länge groß ist gegenüber dem Leiterabstand, so gering, daß für die technischen Aufgaben die „ebene Welle" genügt und ein ihr entsprechender Feldaufbau angenommen werden kann (wegen der beobachteten Abweichungen vgl. Abschnitt 14).

Bei dieser Auffassung ist zu erkennen, daß das Leiterstück Y bis y in Abb. 24 keine Störung der Felder des Stückes X bis x hervorrufen wird und daß das Leiterstück Y bis y einfach das Potential annehmen wird, das seiner Lage entspricht. Die Schleifenweite b ist für den Potentialunterschied ausschlaggebend. Im Grenzfall $b = \infty$, der natürlich im Versuch nicht verwirklicht werden kann, gibt die Schleife genau die halbe Spannung, die die Hauptleitungen gegeneinander haben. Bei abnehmender Schleifenweite wird die Schleifenspannung geringer, aber zunächst kaum merklich; erst bei verhältnismäßig enger Schleife tritt dann eine rasche Abnahme der zugehörigen Spannung ein. Für die bei den Versuchen gewöhnlich benutzte Schleifenleitung mit einem Leiterabstand $a = 24$ cm und einem Leiterdurchmesser $2r = 1{,}0$ cm ergibt die Rechnung — unter der Annahme, daß die Ladungen auf der Achse der Leiter konzentriert sind — die in Abb. 25 in Abhängigkeit von b eingetragenen meßbaren Spannungen, ausgedrückt in % des Sollwertes

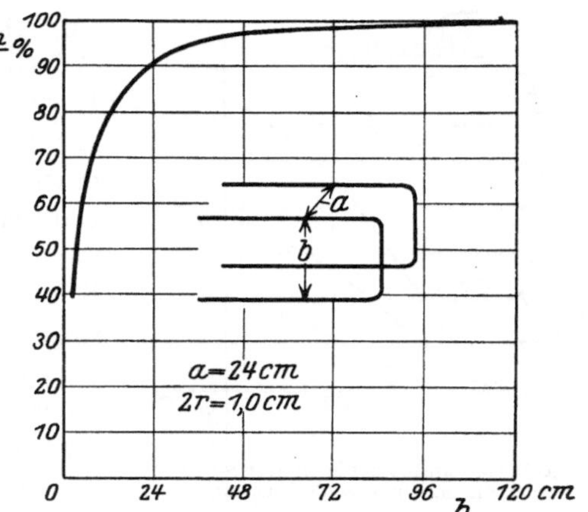

Abb. 25. Einfluß der Schleifenweite b auf die meßbare Schleifenspannung Em.

bei unendlich großer Schleifenweite. Gewöhnlich ist der Leiterabstand klein gegenüber der Schleifenweite; der Fehlbetrag ist dann so gering, daß es sich nicht lohnt, ihn zu berücksichtigen. Die Abweichungen, die praktisch durch Unsymmetrien (ungleiche Kapazitäten usw.) hervorgerufen werden, sind gewöhnlich viel größer.

Sowie die Welle in das senkrechte Verbindungsstück der beiden Schleifendrähte gelangt, tritt auch von hier aus eine Beeinflussung der Potentiale an den Meßpunkten ein; der Einfluß ist für beide Stellen gleichsinnig (Hebung oder Senkung), so daß nur der Unterschied in Frage kommt. Burawoy[1] hat den ebenfalls eine Verringerung der meßbaren Schleifenspannung bringenden Einfluß zahlenmäßig festgestellt; solange die Meßpunkte nicht zu nahe an die Verbindungsleitung heranrücken, ist er ohne weiteres zu vernachlässigen.

---

[1] Arbeit Nr. 3, S. 192ff.

Wird nur ein Strang einer Doppelleitung geschaltet (unsymmetrischer Vorgang), so tritt in der zugehörigen Schleife erheblich mehr als die halbe Spannung auf. Wegen der genaueren Behandlung dieses Falles sei auf die Arbeit Nr. 2, S. 383 verwiesen.

Ein Punkt, auf den noch besonders zu achten ist, betrifft den Einfluß der Meßleitungen. Wie im folgenden Abschnitt näher ausgeführt ist, tritt bei allen Wanderwellenmessungen, bei denen zwecks Messung eine Hilfsleitung angeschlossen wird, auch am Meßleitungsende eine erhebliche Spannungserhöhung auf, so daß also zu große Werte gemessen werden. Es erfolgt zunächst eine Spaltung der Urwelle am ersten Knotenpunkt, so daß in die Hauptleitung eine bereits verzerrte Welle weiterläuft. Am zweiten Knotenpunkt wiederholt sich das gleiche Spiel, es tritt nochmals eine Spaltung ein, die zu hin- und rücklaufenden Wellen auf dieser Meßleitung führt. Die auftretenden Spannungen können mit Hilfe des Diagramms Abb. 27 ermittelt werden; der Vorgang wird dadurch verwickelt, daß vom Knotenpunkt 2 nun auch Wellen nach dem Knotenpunkt 1 hinlaufen, die bei geringem Abstand der Knotenpunkte (kleine Schleifenlänge L) noch zur Wirkung kommen. Burawoy[1] hat sich der mühevollen Aufgabe unterzogen, die vorkommenden höchsten Spannungsunterschiede zwischen den Meßleitungsenden (auf diese spricht die Meßfunkenstrecke an) zu berechnen. Gegenüber der Urwelle ergeben sich die in Abb. 26 dargestellten Abweichungen der Meßwerte; sie sind durch Versuche[2] bestätigt. Die Überhöhungen werden bei den kleinen Schleifenlängen beträchtlich; durch entsprechende Gestaltung der Anordnung (Wahl einer genügend kleinen Schleifenweite) kann sie auch beliebig zurückgesetzt werden, sodaß sich schließlich der Einfluß der Schleifendrähte im entgegengesetzten Sinne geltend macht. Auf eine Korrektur kann somit für praktische Messungen verzichtet werden. Wählt man die Schleifenweite nicht größer als $\frac{S}{10}$ ($S = $ Länge des Wellenkopfes), so ist die Erhöhung für kurze Schleifen 8 %, ein Betrag, der durch die anderen genannten Einflüsse zum guten Teil wieder aufgehoben wird.

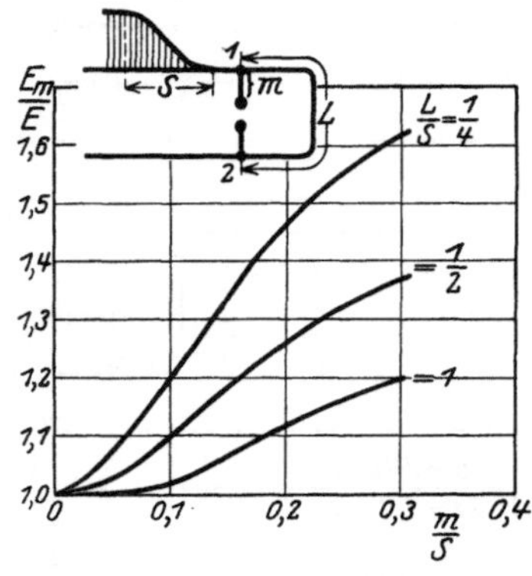

Abb. 26. Einfluß der Meßleitungslänge m auf die meßbare Schleifenspannung.

---

[1] Arbeit Nr. 3, S. 192ff.   [2] Arbeit Nr. 3, S. 211.

9. Wirkungsweise
von Meßleitungen bei Wanderwellenuntersuchungen.

Bei fast allen Versuchen mit Wanderwellen ist es nötig, an die wellenführende Leitung mit Meßleitungen heranzugehen. Die Annahme, die wir bei langsam veränderlichen Spannungen sonst immer machen können, daß durch die Meßleitung einfach die Spannung des Anschlußpunktes übertragen wird, ist hier nicht mehr zulässig. Am Anschlußpunkt der Meßleitung tritt eine Spaltung der Welle und daher eine erhebliche Rückwirkung ein. Die Spannung am Knotenpunkt erfährt eine Absenkung und es zieht auch eine an sich zu niedrige Welle in die Meßleitung ein. Da die Kapazität der Meßkugeln verhältnismäßig klein ist, verhält sich die Meßleitung wie eine offene Leitung, so daß die Spannungswelle auf den doppelten Betrag angestaut wird. Der Vorgang ist damit noch nicht beendet, die Stauwelle läuft zurück zum Knotenpunkt; da die Verzweigung einen erheblich geringeren Wellenwiderstand aufweist, tritt sofort ein Abbau der ankommenden Welle ein, wobei unter einer gewissen Erhöhung der früheren Knotenpunktsspannung eine rücklaufende Welle in der Meßleitung ausgelöst wird. Durch sinngemäße Fortsetzung der Betrachtung findet man eine fortlaufende Folge von hin- und hereilenden Wellen, die aber schnell an Höhe verlieren. Unter den abklingenden Schwingungen stellt sich schließlich am Meßleitungsende die richtige Knotenpunktspannung ein. Die Vorgänge lassen sich sehr anschaulich mit Benutzung des Begriffes der Kennlinie des Knotenpunktes darstellen (vgl. S. 9). In Abb. 27 sind wagerecht aufgetragen die Ströme J, die vom Knotenpunkt weggehen oder auf ihn zufließen. Beim Zweigstrom O weist der Knotenpunkt die senkrecht aufgetragene Spannung E auf, durch Stromentnahme erfährt die Spannung eine Absenkung nach der eingezeichneten Kennlinie, deren Neigung,

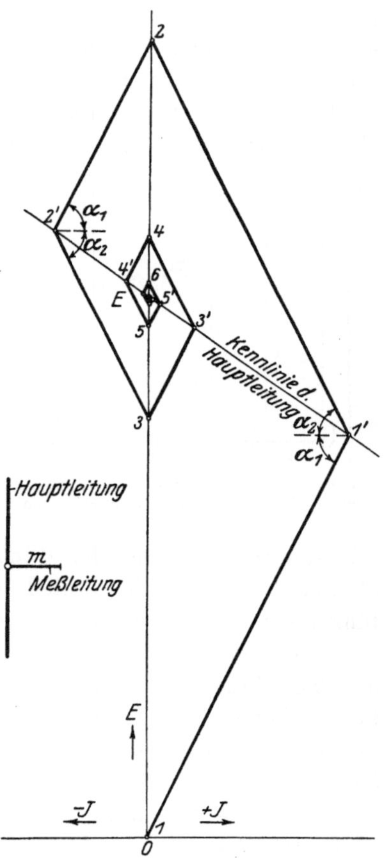

Abb. 27. Diagramm zur Ermittlung des Spannungsverlaufes am Abzweigpunkt und am Ende einer Meßleitung.

da es sich um eine durchlaufende Leitung ($\gamma = 1$) handelt, durch die
Beziehung:

$$e = J \cdot \frac{Z}{2}$$

gegeben ist.

Auch für die Meßleitung läßt sich leicht eine Kennlinie angeben.
Sie geht vom Punkt $J = O$ aus mit einer Steigung entsprechend $J \cdot Z_m$,
wenn Z_m den Wellenwiderstand der Meßleitung bezeichnet. Der Schnittpunkt 1' der beiden Kennlinien ergibt die Höhe der ersten in die Meßleitung einziehenden Welle. Am Ende der Meßleitung wird sie auf den
doppelten Betrag angestaut; der zugehörige Punkt (2) im Diagramm
ist leicht zu finden, dadurch, daß man den Winkel $\alpha_2 = \alpha_1$ macht.
Beim Eintreffen am Knotenpunkt erfährt die rücklaufende Stauwelle

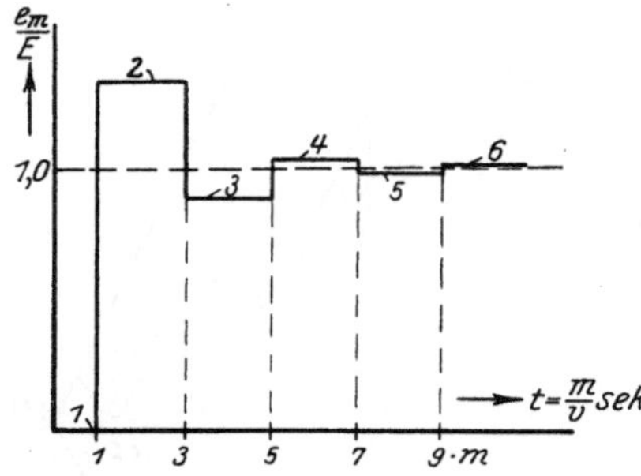

Abb. 28. Zeitlicher Verlauf der Spannung
am Meßleitungsende für Rechteckwellen.

eine Absenkung, die wieder als
Schnittpunkt der beiden Kennlinien
(Punkt 2') sich ergeben muß. Da
die Geraden $1 \div 1'$ und $2 \div 2'$ beides
Kennlinien der Meßleitung dar-
stellen, müssen sie parallel zu-
einander laufen. Es dringt vom
Knotenpunkt aus eine Entladewelle
in die Meßleitung, die, am Meßleitungsende angelangt, eine Um-
klappung erfährt; der entsprechende
Diagrammpunkt (3) ist leicht zu
erhalten, indem wieder der Winkel $\alpha_2 = \alpha_1$ gemacht wird. Dabei wird
offenbar auch $2' \div 3$ parallel zur Linie $1' \div 2$ verlaufend. Die Fort-
führung des Diagramms gestaltet sich daher sehr einfach. Man hat
eine spiralenartige Figur zu zeichnen, wobei als Leitlinien einerseits
die Kennlinie des Knotenpunkts und andererseits die Senkrechte
über O dienen. Auf der letzteren Linie geben die Punkte 1, 2, 3, 4 usw.
die Spannung am Meßleitungsende und auf der Kennlinie 1', 2', 3', 4' usw.
die am Knotenpunkt auftretenden Spannungen an. Den zeitlichen Verlauf 1, 2, 3, 4 usw. zeigt Abb. 28.

So ungünstig, wie in Abb. 28 dargestellt, liegen gewöhnlich die Verhältnisse nicht. Bei Wellen von endlicher Kopflänge tritt ein gewisser
Ausgleich der hin- und herlaufenden Wellen ein, den man leicht mit
Hilfe der Abb. 28 bestimmen kann. Eine Welle von beliebiger Kopf-
form wird sowohl am Knotenpunkt formgetreu gespalten, wie auch am
Meßleitungsende formgetreu umgelegt. Man hat also einfach eine Reihe
von Wellen übereinander zu legen, die je einen zeitlichen Abstand entsprechend der doppelten Länge 2 m einer Meßleitung haben, die Form
der ursprünglichen Welle besitzen, deren Höhen jedoch den Ordinaten-
änderungen in Abb. 28 entsprechen müssen (unter Einschluß des

Vorzeichens). Die Länge 2 m wird auf das Endergebnis von ausschlaggebendem Einfluß sein, weil sie die gegenseitige Lage der Einzelwellen bestimmt. Für symmetrische Sinusstirn und für gleichen Wellenwider-

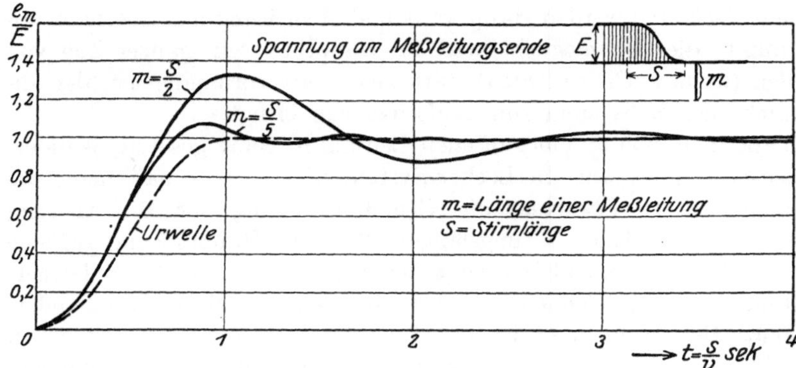

Abb. 29. Zeitlicher Verlauf der Spannung am Meßleitungsende für symmetrische Sinuswellen.

stand der Haupt- und Meßleitung ist in Abb. 29 der Verlauf der Spannungen am Meßleitungsende dargestellt, und zwar für die Verhältnisse $m = \dfrac{S}{2}$ und $= \dfrac{S}{5}$. Wie zu erwarten war, ergeben sich Schwingungen. Die höchste jeweils dabei auftretende Überhöhung der Meßspannung ist abhängig von $\dfrac{m}{S}$ in Abb. 30 dargestellt. Für relativ kleine Meßleitungslängen ist hiernach die

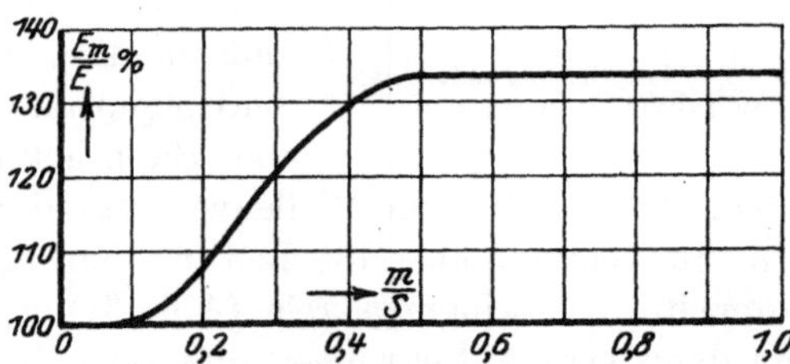

Abb. 30. Maximale Überhöhung der Spannung am Meßleitungsende.

Störung nicht groß. Die Meßleitung stellt sich dann jederzeit auf das Potential der Hauptwelle ein, ohne diese nennenswert zu verzerren. Bei Messungen an Fernleitungen für hohe Spannung ist es wegen des großen Leiterabstandes (3 ÷ 6 m) meistens nicht möglich, die Meßdrähte kurz zu halten. Es können daher erhebliche Abweichungen auftreten.

10. Übertragung der Stirn auf ein Lecher-System.

Zur Ausmessung von Wellen steilster Stirn erschien ein Verfahren erwünscht, bei dem es nicht nötig war, die Hauptleitung durch Meßleitungen anzuzapfen. So konnte man daran denken, Schwingungskreise anzukoppeln, deren Verhalten möglicherweise Aufschluß über die Dauer des von der Wanderwellenstirn ausgehenden Impulses gab. Im Verlauf einer eingehenden Untersuchung der Verhältnisse fand H. Müller[1], daß es tatsächlich möglich ist, die Stirnlänge auf einem Lecher-System darzustellen. Die Ähnlichkeit mit dem in der Hochfrequenztechnik seit langem üblichen Verfahren nach Lecher ist aber nur äußerlich. Bei diesem Verfahren werden Hauptkreis und Meßleitung auf Resonanz abgestimmt; dies ist möglich, weil im Hauptkreis ein ganzer Zug von Wellen (wenn auch manchmal stark gedämpft) vorhanden ist, der allmählich das Meßsystem zum Aufschwingen bringt.

Läßt man eine an einer offenen Leitung in Gang gesetzte Wanderwellenschwingung auf ein Lecher-System wirken, so erhält man, wie nicht anders zu erwarten, die Grundschwingung der Hauptleitung (Wellenlänge = 4 mal Leitungslänge). Wird die Hauptleitung auf eine größere Länge gebracht, so zeigt der Versuch, daß auch im Lecher-System die ausgezeichneten Punkte in gleichem Maße auseinanderrücken. Der Wellenkopf ist dabei natürlich unverändert geblieben.

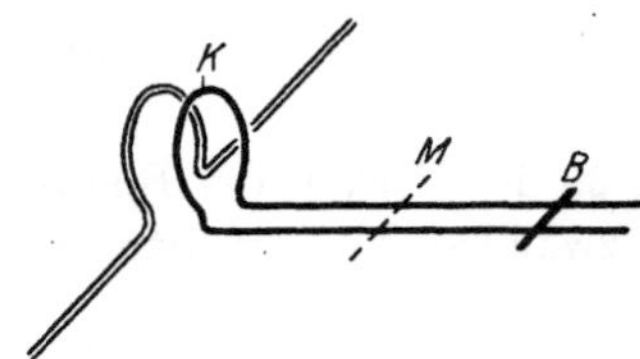
Abb. 31. Hauptleitung mit angekoppeltem Lecher-System.

Versucht man Oberwellen zu ermitteln, dadurch, daß die Lecher-Drähte verkürzt betrieben werden, so kommt man auf keine kürzeren Wellen, als sie der Stirnlänge entsprechen. Um die Wirkungen der Stirnwelle klar herauszuschälen, müssen die hier nur störenden Leitungsschwingungen beseitigt werden; wird die Hauptleitung über einen Ohmschen Widerstand gleich dem Wellenwiderstand geschlossen, so läuft die Stirn nur einmal über die Leitung hinweg und übt auf einen angekoppelten Schwingungskreis (Abb. 31) nur einen Impuls aus. Es kann dann kein Aufschwingen und keine Resonanz im üblichen Sinne geben; trotzdem lassen sich am Lecher-System ausgezeichnete Punkte finden. Werden die Lecher-Drähte, wie es sich aus praktischen Gründen empfiehlt, durch eine aufgelegte Brücke B im Kurzschluß betrieben, so bilden die Brücke, sowie die Mitte K der Koppelstelle Knoten, während bei M ein Bauch auftreten muß; ein zu dessen Nachweis angeschlossenes Edelgasröhrchen kommt nur bei einer gewissen Lage der Brücke B am stärksten zum Aufleuchten. Durch schwächere Koppelung kann die in den Lecher-Drähten erzeugte Spannung vermindert werden, so daß schließlich das Röhrchen gerade noch aufleuchtet, es tritt aber nicht mehr in Wirksamkeit, wenn der Abstand KB verkleinert oder vergrößert wird.

Die Vorgänge lassen sich am einfachsten übersehen, wenn man von einer Keilwelle (vgl. Abb. 18) ausgeht; diese erzeugt bei induktiver

---

[1] Arbeit Nr. 4.

Koppelung (nur eine solche wird benutzt) in den Lecher-Drähten einmalig eine rechteckige Wanderwelle. Diese Welle hat die Länge der Stirn der Hauptwelle und läuft in das Lechersystem. Am Kurzschlußpunkt (B) tritt Zurückwerfung mit umgekehrtem Vorzeichen ein, ebenso wieder in der ebenfalls einen Kurzschlußpunkt darstellenden Koppelschleife K. Und dieses Spiel wiederholt sich fortlaufend. Die in der Systemmitte auftretende Spannung ist gleich der Rechteckhöhe, und zwar unabhängig von der Lage der Brücke B. Hingegen ist die Zeit, während welcher die Spannung an M vorhanden ist, von der Lage von B abhängig. In Abb. 32 sind die Spannungsbilder für große Länge der Lecher-Drähte, für den Fall Stirnlänge = Länge der Lecher-Drähte, und drittens für deren noch weitere Verkürzung dargestellt. Der zweite Fall ist dadurch ausgezeichnet, daß bei ihm fortlaufend Spannung in M vorhanden ist, wenn auch das Vorzeichen wechselt; in den anderen beiden Fällen sind dagegen spannungslose Pausen vorhanden. Die Anzeigevorrichtung (Edelgasröhrchen oder auf Stromwärme beruhendes Gerät) muß daher bei der Abstimmung Stirnlänge = Länge KB am leichtesten ansprechen; man kann dann von einer „Resonanz zweiter Art" sprechen.

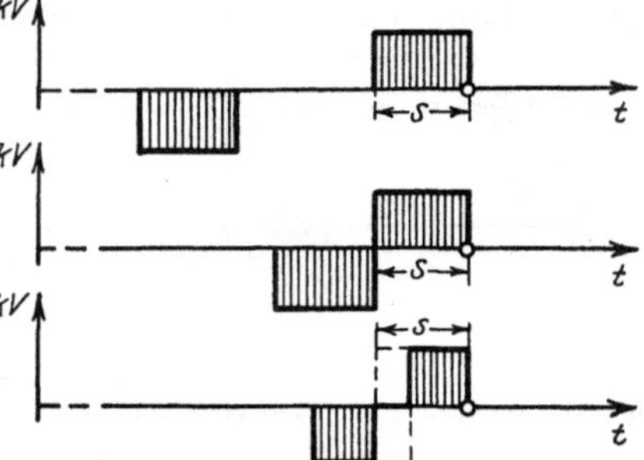

Abb. 32. Zeitlicher Verlauf der Spannung an der Meßstelle M des Lecher-Systems in Abhängigkeit von der Lage der Kurzschlußbrücke B.
a) oben $KB > S$, b) mitten $KB = S$, c) unten $KB < S$.

Bei der praktischen Durchführung wird zunächst die Brücke B in einen Abstand gebracht, der bestimmt größer ist, als die zu erwartende Stirnlänge und die im Lecher-System induzierte Spannung durch entsprechende Koppelung soweit herabgesetzt, daß das Heliumröhrchen bei M nicht mehr anspricht. Die Brückenentfernung wird dann verkleinert, bis ein Ansprechen eintritt; im allgemeinen findet man hierfür einen größeren Bereich. Durch weiteres Herabsetzen der Spannung und Verschieben der Brücke ergibt sich schließlich die ausgezeichnete Stellung, in der nur annähernd in der Mitte von KB ein Aufleuchten sich zeigt. Bei hohen Spannungen oder sehr steilen Wellen ist eine genügende Koppelung schon dadurch zu erzielen, daß man den am Anfang des Lecher-Systems befindlichen Bügel in die Nähe der Hauptleitung bringt; reicht die übertragene Spannung nicht aus, so wird auch in die Hauptleitung eine Koppelwindung gelegt. Wie Vergleichsversuche gezeigt haben, kann man eine oder zwei Windungen bis zu 20 cm Durchmesser nehmen, ohne daß eine merkliche Verschleifung eintritt. Es gibt Heliumröhrchen, die schon bei 90 Volt ansprechen;

die in den Lecher-Drähten auftretende Spannung ist daher gewöhnlich unter 1% der Spannung der Hauptwelle, so daß die lose Koppelung ohne weiteres hinreicht. Letztere ist nötig, damit sich die Eigenschwingungen der Lecher-Drähte ungestört ausbilden können.

In der beschriebenen Weise hat nun H. Müller die Stirnlängen von Wanderwellen bestimmt, wie sie in der üblichen Art von Zündfunken in Luft erzeugt werden. Die ermittelten Werte stimmen vollständig mit den Ergebnissen der Schleifenmethode überein, die Abweichungen liegen innerhalb der Grenzen der Meßgenauigkeit.

11. Die Funkenstrecke als Spannungsmesser.

Mit dem beschriebenen Verfahren war auch der Weg gegeben, zu untersuchen, wie Meßfunkenstrecken sich bei **extrem kurzen Beanspruchungszeiten** verhalten. Diese Aufgabe war Gegenstand der Untersuchungen von O. Burawoy[1].

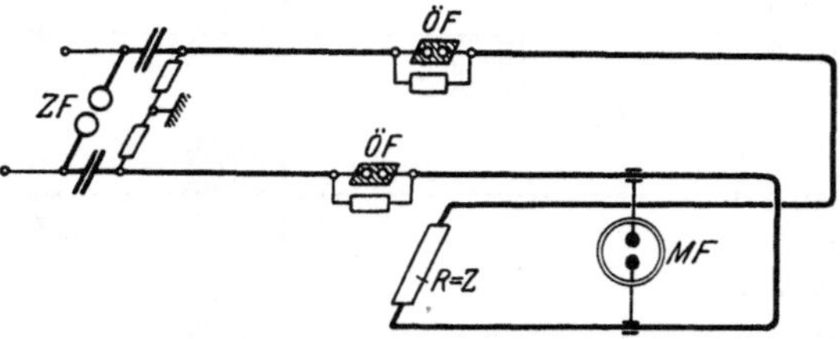

Abb. 33. Anordnung zur Erzeugung von sehr steilen Wellen.

Es mußten zunächst Wellen mit sehr steiler Stirn hergestellt werden. Als sehr wirksam erwies sich dabei die in Abb. 33 dargestellte Anordnung. In die Hauptleitung werden Ölfunkenstrecken (Abb. 34) eingefügt; wegen des bei Öl hohen Durchschlagverzuges wird eine anlaufende Welle zunächst angestaut, der schließlich eintretende Durchbruch erfolgt dann unter hoher Überspannung und dementsprechend schnell. Die Wirkungsweise ist also ähnlich wie bei den Anordnungen, die man zur Erzeugung kurzer Hertzscher Wellen verwendet hat (siehe ETZ. 1917, S. 398). Wie

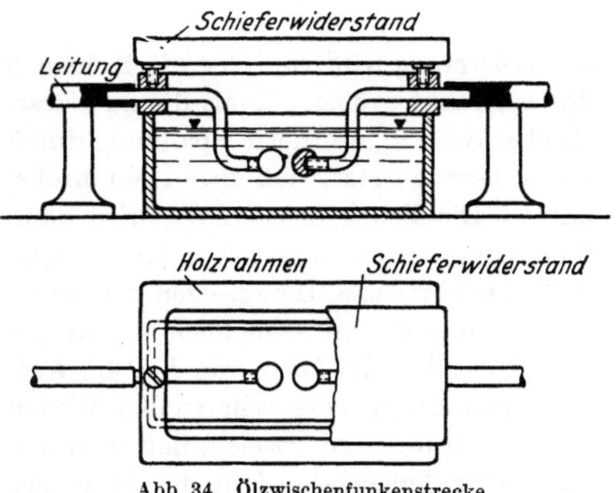

Abb. 34. Ölzwischenfunkenstrecke.

Burawoy festgestellt hat, gibt es für jede Wellenhöhe eine gewisse günstigste Schlagweite der Ölfunkenstrecken. Bei kleinerem oder

---

[1] Arbeit Nr. 3.

größerem Abstand werden die weiterlaufenden Wellen wieder flacher.
Wegen der genaueren Darlegung der Vorgänge und günstigsten Anordnungen sei auf die Arbeit Nr. 3 verwiesen. Es gelang auf diese
Weise, Wellen von über 100 kV Spannung bis auf $^3/_4$ m Stirn -
länge, d. i. rund $^1/_{10}$ des ursprünglichen Wertes zu versteilen[1].
In Abb. 35 ist z. B. eine 120-kV-Welle dargestellt, deren steilster
Teil einer Keilwelle von 1,2 m Kopflänge entspricht. Diese Steilheit
wurde durch Messungen mit dem Lecher-System ermittelt. Außerdem
sind in dieser Abbildung Punkte eingetragen, wie sie den mit dieser Welle
angestellten Schleifenmessungen entsprechen. Die gute Übereinstimmung der Ergebnisse beider Verfahren ist ein unmittelbarer Beweis
dafür, daß auch bei so kurzzeitiger Beanspruchung die Meßfunkenstrecke noch richtig anzeigen kann. Voraussetzung ist, daß das Verhältnis von Schlagweite und Kugeldurchmesser nicht unzulässig groß
genommen wird und daß ausreichende Bestrahlung durch Radium oder
ultraviolettes Licht erfolgt;
die gleiche Wirkung wird
überraschenderweise, wie
schon Pedersen gefunden
hat, erzielt, wenn man
die Kugeloberflächen mit
frischem Karborundum-
papier reinigt. Spitzen sind
für solche Messungen un-

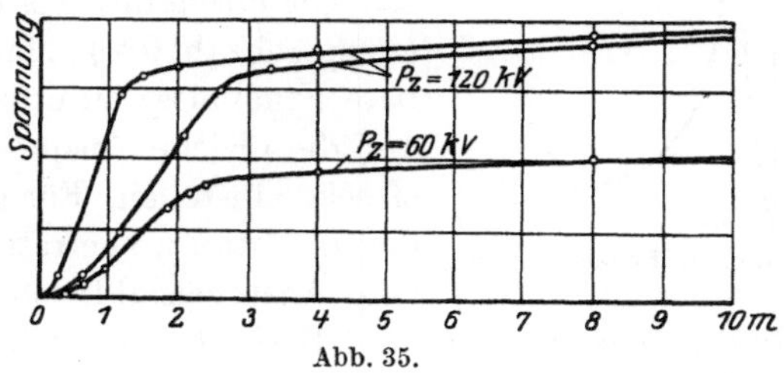

Abb. 35.

brauchbar. Die kürzeste bei den Versuchen erreichte Zeit betrug
etwa $3{,}5 \cdot 10^{-9}$ sec (= 1 m Lichtweg); die Meßfunken werden dabei
schon außerordentlich lichtschwach, der Durchbruch ist aber noch
erkennbar. Das Ergebnis der Burawoyschen Untersuchung, daß
bis $3{,}5 \cdot 10^{-9}$ sec herab der Entladeverzug beseitigt werden
kann, ist für die ganze Hochspannungsmeßtechnik von weittragender
Bedeutung. Die Funkenstrecke war von jeher wegen ihrer Einfachheit und Zuverlässigkeit das beste Meßgerät für hohe Spannungen;
nunmehr ist ihre Brauchbarkeit auch für die kürzesten Zeiten, die
praktisch bei den Überspannungsvorgängen in Frage kommen, erwiesen.

Burawoy hat in seinen Untersuchungen weiterhin auch klargelegt,
warum bei früher zum Studium der Vorgänge benutzten Anordnungen
scheinbar Entladeverzug in Erscheinung treten mußte, und hat auch
die Größe des Verzugs unter verschiedenen Umständen gemessen. Die
hierauf bezüglichen Ergebnisse seien im vierten Teil „das Verhalten der
Isolierstoffe bei kurzzeitiger Beanspruchung" behandelt.

---

[1] Der Anstieg ist dabei noch schroffer als bei den steilsten, bisher mit dem
Kathodenstrahl-Oszillographen aufgenommenen Wellenstirnen.

Bei Messung von Spannungsstößen ganz kurzer Dauer ist zu beachten, daß an der Funkenstrecke zwar der Zündpunkt noch überschritten wird, die Stromstärke im Funken aber nicht auf hohe Werte kommen kann, da die Spannung sofort wieder abfällt. In Abb. 36, die die Kennlinie von Funken darstellt, ist der in solchen Fällen in Frage kommende Bereich schraffiert. Die Funken werden dann sehr lichtschwach, so daß man sie leicht übersieht und zu wenig gemessen wird; besonders bei Belichtung durch eine Bogenlampe besteht diese Gefahr.

Bei den Messungen ist weiterhin zu berücksichtigen, daß die einzelnen Wellen bei Verwendung von Zündfunken in Luft als Wanderwellenerreger nicht völlig gleich ausfallen. Die Meßfunkenstrecke spricht infolgedessen über einen größeren Bereich hin an, und zwar so, daß bei einem gewissen engsten Abstand der Meßkugeln bei jedem Zündfunken ein „Meß-Funke" auftritt (Ansprechzahl 100%), bei Vergrößerung des Abstandes dieser dagegen immer seltener erscheint, bis er zuletzt völlig ausbleibt (Ansprechzahl 0%). Man muß daher, um vergleichbare Ergebnisse zu erhalten, bei allen Messungen auf die gleiche Ansprechzahl an der Meßfunkenstrecke einstellen. Für gewöhnlich wählt man, um die im Mittel aufgetretene Wellenform zu erhalten, eine Ansprechzahl von 50%, stellt also die Meßfunkenstrecke so ein, daß sie bei einer bestimmten Funkenzahl — meist 10 — an der Zündstrecke ebensoviele Male anspricht, wie aussetzt.

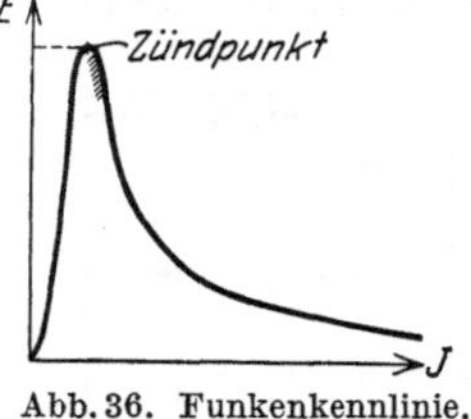

Abb. 36. Funkenkennlinie.

Auch auf die richtige Größe der Meßkugeln ist bei solchen Messungen zu achten. Es ist nämlich nicht unter allen Umständen die Kapazität der Meßkugeln zu vernachlässigen, da vielfach mit sehr kleinen Schlagweiten gearbeitet werden muß. So haben z. B. zwei 2,5-cm-∅-Kugeln bei 1,0 mm Abstand voneinander eine Kapazität von 2,0 cm; die am Ende der Meßleitung auftretende Spannung ist daher etwas abgesenkt. Einen Überblick geben folgende Vergleichsmessungen an einer 2-m-Schleife:

$$\text{Kugeldurchmesser} \quad 5 \quad 10 \quad 25\ \text{mm}$$
$$E_m \ldots \ldots \ldots 100 \quad 98{,}9 \quad 92{,}2\%.$$

Es dürfen daher keine zu großen Kugeln verwendet werden. Andererseits ist eine untere Grenze für den Kugeldurchmesser dadurch gegeben, daß man nicht das Unsicherheitsgebiet erreichen darf ($s > D$).

Besonders bei den kleinen Schlagweiten ist darauf zu achten, daß der Kugelabstand nicht durch Spiel oder Federung der Kugelträger beeinflußt wird. Als sehr praktisch erwiesen sich die in Abb. 37 dargestellten Funkenstrecken. Die Kugeln werden dabei in einem festen Rahmen oder Ring aus Hartpapier gehalten.

Die Mikrometer-Funkenstrecke (Abb. 37a) hat Meßkugeln von 5 mm Durchmesser; wie sich bei den vielen ausgeführten Messungen gezeigt hat, kann man mit einer kleinsten Schlagweite von $^1/_{10}$ mm noch sehr sicher arbeiten, während als obere Grenze etwa 5 mm anzusehen ist. Für höhere Spannungen werden Kugeln von 10, 25, 50 mm und noch größeren Durchmessern in einen Ring eingesetzt (Abb. 37b).

Auch hier kann die Schlagweite verändert werden, ohne daß es nötig ist, die Anordnung, an der gemessen werden soll, jedesmal erst spannungslos zu machen. Zu diesem Zweck ist der Stiel der einen Kugel drehbar gemacht und mit verstellbarem Gewinde und Überwurfmutter

Abb. 37a.

versehen, die einen Querarm aus Hartpapier trägt. Diese Funkenstrecken haben ein ganz geringes Gewicht, so daß sie ohne weiteres auf die Leitungen aufgelegt oder mit der Hand angedrückt werden können, ohne daß besondere Verbindungsklemmen nötig werden. Auf diese Weise kann in kurzer Zeit eine große Anzahl von guten Messungen

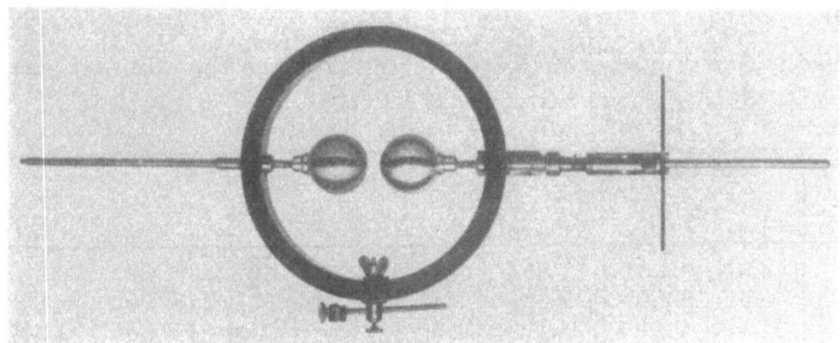

Abb. 37b.

an Leitungen entlang durchgeführt werden. An den Rahmen der Funkenstrecken sind gleichzeitig verstellbare Träger für das zur Belichtung dienende Radium angebracht.

Zur raschen Ermittlung der den eingestellten Kugelabständen entsprechenden Überschlagsspannungen sind mit Vorteil genügend fein gestufte Eichzahlentafeln zu benutzen (s. d. folg. Zahlentafel für 5mm-Kugeln).

Überschlagsspannung für 5 mm-Kugeln bei symmetrischer Spannungsverteilung.

s mm	P kV$_{max}$	s mm	P kV$_{max}$	s mm	P kV$_{max}$	s mm	P kV$_{max}$
—	—	0,50	3,00	1,00	5,00	1,50	7,00
—	—	52	3,08	02	5,08	52	7,07
—	—	54	3,16	04	5,16	54	7,14
—	—	56	3,24	06	5,24	56	7,21
—	—	58	3,32	08	5,32	58	7,28
0,10	1,10	0,60	3,40	1,10	5,40	1,60	7,35
12	1,20	62	3,48	12	5,48	62	7,42
14	1,30	64	3,56	14	5,56	64	7,49
16	1,40	66	3,64	16	5,64	66	7,56
18	1,50	68	3,72	18	5,72	68	7,63
0,20	1,60	0,70	3,80	1,20	5,80	1,70	7,70
22	1,70	72	3,88	22	5,88	72	7,76
24	1,80	74	3,96	24	5,96	74	7,83
26	1,90	76	4,04	26	6,04	76	7,89
28	2,00	78	4,12	28	6,12	78	7,96
0,30	2,10	0,80	4,20	1,30	6,20	1,80	8,02
32	2,19	82	4,28	32	6,28	82	8,09
34	2,28	84	4,36	34	6,36	84	8,15
36	2,37	86	4,44	36	6,44	86	8,22
38	2,46	88	4,52	38	6,52	88	8,28
0,40	2,56	0,90	4,60	1,40	6,60	1,90	8,35
42	2,65	92	4,68	42	6,68	92	8,41
44	2,74	94	4,76	44	6,76	94	8,47
46	2,83	96	4,84	46	6,84	96	8,53
48	2,92	98	4,92	48	6,92	98	8,59
0,50	3,00	1,00	5,00	1,50	7,00	2,00	8,65

Überschlagsspannungen für kleinere und mittlere Kugeldurchmesser
P' bei Erdung einer Kugel
P bei Isolierung beider Kugeln.

D cm	0,5		1,0		2,5		5,0	
s cm	P' kV$_{max}$	P kV$_{max}$	P' kV$_{max}$	P kV$_{max}$	P' kV$_{max}$	P kV$_{max}$	P' kV$_{max}$	P kV$_{max}$
0,1	4,87	5,00	4,80	4,81	4,61	4,61	4,6	4,6
0,2	8,51	8,65	8,37	8,42	8,32	8,32	7,9	7,9
0,3	11,5	12,1	11,7	11,9	11,6	11,6	11,0	11,0
0,4	14,0	15,2	14,8	15,1	14,8	14,8	14,1	14,1
0,5	15,9	17,9	17,5	18,2	17,9	17,9	17,37	17,39
1,0			27,1	30,2	31,8	32,5	32,56	32,67
1,5					42,8	45,0	45,61	46,10
2,0					50,0	54,3	56,6	57,9
2,5					55,6	62,0	65,7	68,3
3,0							73,5	77,6
4,0							85,8	93,1
5,0							94,5	105,1

Überschlagsspannungen für große Kugeldurchmesser
P' bei Erdung einer Kugel
P bei Isolierung beider Kugeln.

D cm	10		25		50		100	
s cm	P' kV$_{max}$	P kV$_{max}$	P' kV$_{max}$	P kV$_{max}$	P' kV$_{max}$	P kV$_{max}$	P' kV$_{max}$	P kV$_{max}$
0,2	7,4	7,4						
0,3	10,5	10,5						
0,4	13,6	13,6						
0,5	16,62	16,63	16,1	16,1				
1,0	32,16	32,20	31,15	31,15	30,10	30,10		
1,5	46,67	46,81	45,92	46,00	45,15	45,15		
2,0	60,2	60,5	60,7	60,9	59,9	59,9	58,5	58,5
2,5	72,8	73,3	74,7	74,8	74,2	74,3	72,8	72,8
3,0	84,1	85,4	88,5	88,7	88,3	88,5	87,8	87,8
4,0	104,7	107,2	115,0	115,3	116,7	117,0	116,4	116,4
5,0	122,3	126,6	140,0	140,6	143,5	143,8	144,2	144,5
6,0	136,2	143,8	163,6	164,5	170,1	170,4	171,6	171,9
7,0	148,6	158,9	186,0	187,4	195,9	196,4	200,0	200,3
8,0	158,9	172,5	206,5	209,0	221,0	221,7	226,8	227,4
9,0	167,4	184,2	225,6	229,7	245,5	246,2	252,8	253,4
10,0	175,0	194,6	243,2	249,0	269,1	270,3	279,0	279,6
12,0			275,8	285,4	315	316,2	330,6	331,2
14,0			304	318,5	358	360,6	380,4	381,8
15,0			316	333,9	378	381,4	405,0	406,2
16,0			328	348,6	397	402,3	429,2	430,6
18,0			350	376,2	434	441,2	476,6	478,7
20,0			369	400,6	468	478,7	523	525
25,0			407	452,1	544	565	632	636
30,0					608	642	733	741
35,0					664	710	824	839
40,0					710	770	912	931
50,0					782	869	1061	1099
60,0							1181	1249
70,0							1289	1379
80,0							1379	1498
90,0							1453	1599
100,0							1519	1689

Die eingerahmten Werte entsprechen dem vom VDE. genormten Bereiche.

Die Zahlentafeln geben Scheitelwerte, auf Luftdruck von 760 mm Hg und Temperatur von 20° C bezogen. Sie wurden für die kleineren Kugeln bis 2,5 cm ⌀ nach W. O. Schumann „Elektrische Durchbruchfeldstärke von Gasen" berechnet, für die größeren Kugeln den VDE.-Normen entnommen (s. ETZ. 1926, S. 594 und 862 oder VDE.-Vorschriftenbuch).

12. Messung von Strömen.

Da bei Wanderwellen an Paralleldrähten die einfache Beziehung $J = E : Z$ besteht, kann bei bekannter Spannung der Strom jeweils leicht mit Hilfe des Wellenwiderstandes berechnet werden. Wenn umgekehrt die Stromstärke aus einer Messung bekannt ist, so ist damit eine Beziehung für die Größe von Z gegeben. Man kann also durch Messung des Stromes den Wellenwiderstand bestimmen. Auch sonst gibt es eine Reihe von Fällen, in denen die Stromstärke einen wertvollen Anhalt für den Verlauf der Erscheinungen gibt, z. B. bei der Untersuchung von Widerständen, Kapazitäten und Überspannungsschutzgeräten.

Ebenso wie die Spannungen, so sind auch die zu messenden Ströme gewöhnlich außerordentlich rasch verlaufend. Ein Meßgerät muß daher auf die kürzesten Stöße einwandfrei ansprechen. Diese Bedingung ist in der Anordnung nach Abb. 38 erfüllt; es wird der an einem geeigneten Ohmschen Widerstand auftretende Spannungsabfall mittels einer Funkenstrecke gemessen. Da letztere vom Verzug befreit werden kann, wird sie jeweils beim Höchstwert des auftretenden Stromes ansprechen. Voraussetzung ist dabei, daß der Meßwiderstand gewisse Beziehungen erfüllt. O. Zdralek[1] hat hierüber eingehende Untersuchungen angestellt, und geeignete, brauchbare Widerstände gebaut.

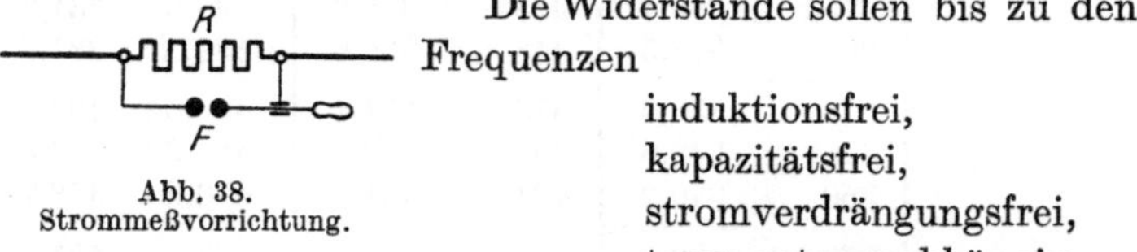

Abb. 38.
Strommeßvorrichtung.

Die Widerstände sollen bis zu den höchsten Frequenzen

induktionsfrei,
kapazitätsfrei,
stromverdrängungsfrei,
temperaturunabhängig

sein, weil sonst Spannung und Strom nicht mehr in unveränderlichem und unmittelbar gegebenem Verhältnis stehen.

Ferner ist die Bedingung zu stellen, daß die Widerstände möglichst punktförmig seien, weil bei größerer Längsausdehnung und kurzen Wellen die Stromstärke längs des Widerstandes nicht mehr die gleiche ist, und in die Hauptleitung nicht eine größere Strecke von ganz anderem Wellenwiderstand eingefügt werden darf. Dazu kommt noch die weitere Bedingung, daß der Ohmbetrag verhältnismäßig klein sein soll, damit nicht die Vorgänge im Hauptkreis erheblich beeinflußt werden.

Der Widerstand muß so groß sein, daß eine für die Funkenstrecke hinreichend hohe Spannung, das sind mindestens 1000 Volt, auftritt. Da die Wellenströme bei den in Frage kommenden höheren Spannungen sehr erheblich sind, kommt man mit etwa $20 \div 50$ Ohm aus. Im Vergleich zum Wellenwiderstand ($500 \div 1000$ Ohm) handelt es sich also um

---

[1] Arbeit Nr. 5.

eine Erhöhung von $5 \div 10\%$. Für viele praktische Messungen kann man solche Fehler in Kauf nehmen; es ist aber gewöhnlich eine einfache rechnerische Richtigstellung möglich, und schließlich kann man immer den genauen Wert dadurch erhalten, daß man mit verschiedenen Widerstandswerten mißt und für $R = O$ extrapoliert.

Am zuverlässigsten sind Metallwiderstände; sollen sie nicht zu große Längsausdehnung erhalten, so muß man sehr dünne Drähte mit hohem spezifischem Widerstand nehmen.

Verwendet wurden:

0,05 mm starke Konstantandrähte und Cekasdrähte[1]

Widerstand:	2,5 Ohm/cm	5,5 Ohm/cm
Temperaturkoeffizient:	0,000005	0,00025.

Für 50 Ohm beispielsweise sind dann Drähte von 0,2 m bzw. 0,1 m Länge nötig, Längen, die für Wellen bis zu 3 m Stirnlänge als unbedenklich anzusehen sind. Derartig dünne Drähte haben hohe Selbstinduktion, so daß man trachten muß, diese herabzusetzen. Bifilare Führung ist nicht zulässig, da hierdurch die Kapazität stark anwachsen würde. Zdralek hat daher die Drähte schlangenförmig (s. Abb. 39a) nahe aneinandergeführt; die Bahnelemente für Eintritt und Austritt des Stromes liegen dabei verhältnismäßig weit auseinander. Eine sehr brauchbare Anordnung ergab sich durch Aufwickeln

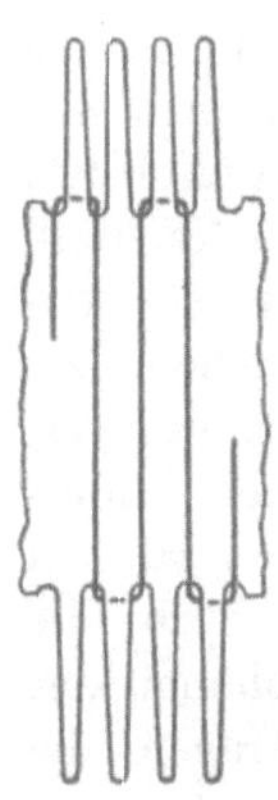

Abb. 39a.

Abb. 39b. Kammwiderstand.

des Drahtes auf einen Doppelkamm, sogenannter Staubkamm (Abb. 39b); zur Vermeidung von Windungen wird der Draht nicht um den Kamm als Kern herumgewickelt, sondern mit Hilfe der Zähne nur auf der einen Flachseite anliegend gespannt. Die Selbstinduktion läßt sich für eine solche Anordnung genügend genau berechnen; sie ergibt sich zu $7{,}4 \cdot 10^{-9}$ Hy/cm. Bei einer Stirnlänge von 6 m, entsprechend einer Frequenz von 25 Mill. Hertz, erreicht der Scheinwiderstand den Wert von 1,16 Ohm/cm; selbst dieser Betrag stört noch nicht erheblich, da wegen der Eigenschaft der Funkenstrecke, beim Höchstwert anzusprechen, im Augenblick der Messung auch der Strom annähernd

---

[1] Die Konstantandrähte waren von der Firma Basse & Selve, Altena i. Westf., die Cekasdrähte von der Firma C. Kubbier & Sohn, Dahlerbrück, freundlicherweise zur Verfügung gestellt worden.

seinen Höchstwert erreicht, und deswegen $\frac{d\,i}{d\,t}$ verhältnismäßig klein ist (vgl. die eingehendere Untersuchung in Arbeit Nr. 5).

In den dünnen Drähten erreicht die Stromdichte außerordentliche hohe Werte, so daß selbst bei ganz kurzzeitiger Beanspruchung starke

Abb. 40. Silitwiderstand.

Erwärmung auftritt; angesichts des geringen Temperaturkoeffizienten sind Widerstandsänderungen nicht zu befürchten. Für den rauhen Betrieb, wie er bei Messungen an Hochspannungsleitungen im Freien nicht zu vermeiden ist, eignen sich besser Silitwiderstände (Abb. 40). Diese haben an sich den Nachteil, daß die Widerstandswerte bei steigender Spannung zurückgehen. Der Übelstand zeigt sich um so weniger, je geringer der spezifische Widerstand des Silits gewählt wird. In Abb. 41 sind für einige Stäbe die Widerstandswerte in Abhängigkeit von der Spannung eingetragen; die Stäbe hatten 4 mm Durchmesser

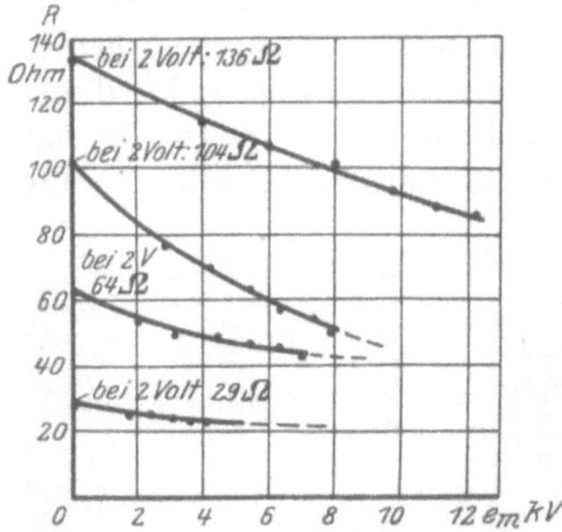

Abb. 41. Spannungsabhängigkeit von Silit-
widerständen.

und die gekennzeichneten spezifischen Widerstände. Der Stab mit dem kleinsten Widerstand zeigt nur mehr geringe Spannungsabhängigkeit. Eine Gesetzmäßigkeit konnte nicht festgestellt werden; es bleibt daher zur Zeit nichts übrig, als aus einer Reihe von Stäben die besten auszusuchen und zu eichen. Die beschriebenen Widerstände aus Konstantan- bzw. Cekasmaterial dienen dabei als Vergleichswiderstände.

13. Unmittelbare Bestimmung von $\left(\frac{d\,e}{d\,t}\right)_{\mathrm{max}}$ mit Steilheitsmesser. — Abschneidemessungen.

Die folgende Methode ermöglicht es in einfachster Weise, die größte Steilheit des Spannungsanstiegs unmittelbar zu bestimmen. Ein an die Leitung gelegter kleiner Kondensator (Abb. 42a und b) nimmt einen

Ladestrom auf, dessen Größe von der Spannungsänderung nach der bekannten Formel:

$$i = C\frac{de}{dt}$$

abhängt. Gelingt es, den Höchstwert von i zu bestimmen, so ist damit der zugehörige Wert:

$$\left(\frac{de}{dt}\right)_{max} = \frac{C}{i_{max}},$$

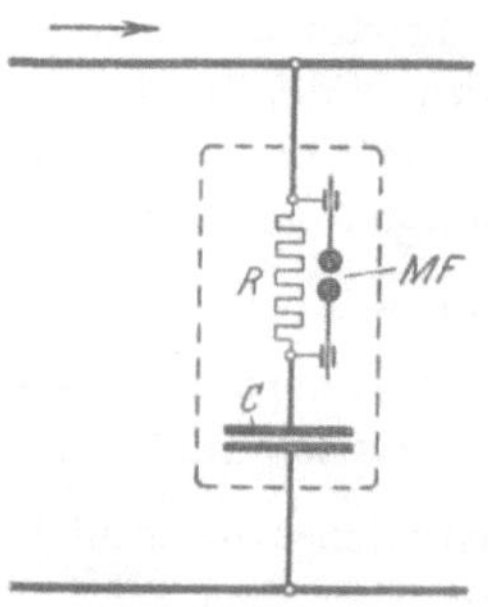

Abb. 42a. Steilheitsmesser.

also die größte Neigung, gegeben. Zur Feststellung von i_{max} wird wieder die Meßfunkenstrecke verwendet, indem man, wie bereits beschrieben, mit ihr den Spannungsabfall an einem Ohmschen Widerstand, der in den Kondensatorkreis geschaltet ist, mißt. Die Funkenstrecke wird so weit eingestellt, daß sie gerade noch anspricht, der Meßfunke tritt dann in dem Augenblick auf, in dem der Strom den Höchstwert erreicht hat. Der Wert i_{max} ergibt sich unter gewissen Voraussetzungen (vgl. hierüber den Abschnitt „Messung von Strömen") einfach nach dem Ohmschen Gesetz.

Abb. 42b. Steilheitsmesser.

Es ist zu beachten, daß der Meßkondensator nicht ganz ohne Rückwirkung auf die ursprüngliche Welle ist, und daß auch die an den Kondensator gelangende Spannung wegen des Spannungsabfalls im Meßwiderstand etwas kleiner ist als die der Hauptleitung. Beide Einflüsse können fast immer klein gehalten werden, so daß eine Korrektur nicht nötig ist; man kommt gewöhnlich mit einem Kondensator von 10 cm (ca. 10^{-11} Fd) aus; wenn die Meßspannung e_R innerhalb der Grenzen $1 \div 2$ kV gehalten wird, so ist sie belanglos gegenüber der gewöhnlich in Frage kommenden Wellenspannung von $10 \div 100$ kV.

O. Zdralek[1] hat nun eingehende Vergleichsmessungen mit der Kondensatormethode und den beiden anderen schon beschriebenen Methoden angestellt. Um zu genauen Werten zu kommen, hat er dabei den Einfluß des Widerstandes und die verschleifende Wirkung des Meßkondensators ausgeschieden, indem Versuchsreihen mit verschiedenen Werten R und C aufgenommen wurden, die durch Extrapolation auf $R = 0$ und $C = 0$ die wahren Werte $\dfrac{de}{dt}$ ergaben. Diese stimmten sehr gut mit den nach den anderen Verfahren ermittelten Werten zusammen.

Es ist auch auf rechnerischem Wege leicht möglich, von dem am Kondensator ermittelten $\left(\dfrac{de}{dt}\right)$-Werte zur Steilheit der ursprünglichen Welle zu gelangen. Wir wollen eine möglichst einfache Stirn voraussetzen und annehmen, daß sie Keilform nach Abb. 18 habe. Innerhalb der Zeit S steigt die Spannung geradlinig von 0 auf den Wert E an. In einem beliebigen Augenblick nehme der Kondensator den Strom i aus der Leitung auf; dann wird an der Anschlußstelle die Spannung entsprechend dem Verlauf der Kennlinie (s. S. 9) um den Betrag $i \cdot \dfrac{Z}{2}$ (bei durchgehender Leitung $\gamma = 1$ zu setzen) abgesenkt. Außerdem tritt am Meßwiderstand noch ein Abfall um den Betrag $i \cdot R$ ein. Es entfällt daher auf den Kondensator die Spannung:

$$e' = e - i \cdot \frac{Z}{2} - i \cdot R = e - i\left(\frac{Z}{2} + R\right),$$

wobei e die Spannung der Urwelle für den betreffenden Augenblick ist. Ersetzt man den Strom mit Hilfe der Beziehung $i = C \cdot \dfrac{de'}{dt}$, so ergibt sich die Differentialgleichung:

$$\frac{de'}{dt} \cdot C \cdot \left(R + \frac{Z}{2}\right) + e' = e.$$

Für den schräg ansteigenden Bereich ist $e = \dfrac{E}{S} \cdot t$; die Lösung lautet, wenn $C \cdot \left(R + \dfrac{Z}{2}\right) = T$ gesetzt wird:

$$e' = \frac{E}{S} \cdot t - \frac{E}{S} \cdot T \cdot \left(1 - \varepsilon^{-\frac{t}{T}}\right).$$

Das zweite Glied stellt eine Exponentiallinie mit der Zeitkonstanten T und dem Endwert $\dfrac{E}{S} \cdot T$ dar; sie ist in Abb. 43 eingezeichnet. Die Linie für e' löst sich mit wagerechter Tangente von der Nullinie und nähert sich asymptotisch der Parallelen zu e, die auf der Zeitachse die Strecke T abschneidet. Zur Zeit $t = S$ hat die Spannung e den Wert E erreicht; ein an dieser Stelle gefälltes Lot gibt die zugehörige Spannung E' am Kondensator.

---

[1] Arbeit Nr. 5.

Für den anschließenden Bereich ist $e = E$ zu setzen, so daß:

$$\frac{de'}{dt} \cdot T + e' = E$$

sein muß, und als Lösung sich ergibt, wenn nun t erst vom Knickpunkt der Urwelle ab gerechnet wird:

$$e' = (E - E') \cdot \left(1 - \varepsilon^{-\frac{t}{T}}\right) + E'.$$

Die Kondensatorspannung verläuft also über E' hinaus nach einer Exponentiallinie (Abb. 44), d. h. ebenso, wie wenn eine Rechteckwelle von der Höhe $E - E'$ anliefe.

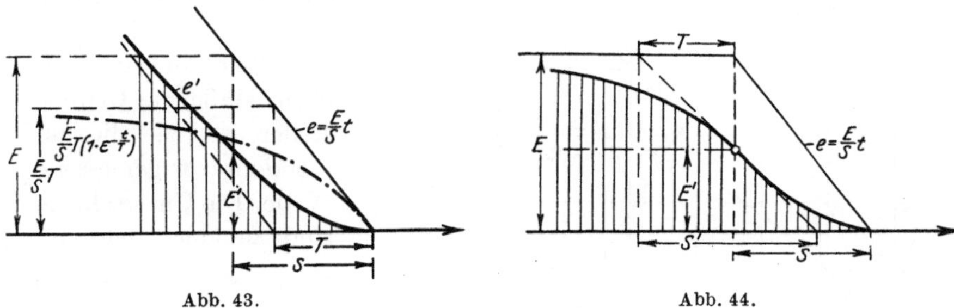

Abb. 43.   Abb. 44.

Es interessiert nun in erster Linie die größte Steilheit; man erkennt ohne weiteres, daß sie an der Stelle $t = S$ vorhanden sein muß, da von hier ab die aufgedrückte Spannung nicht mehr ansteigt. Es wird nach der für den schrägen Teil geltenden Gleichung:

$$\frac{de'}{dt} = \frac{E}{S} - \frac{E}{S} \cdot \varepsilon^{-\frac{t}{T}}$$

und für $t = S$:

$$\left(\frac{de'}{dt}\right)_{\max} = \frac{E}{S} \cdot \left(1 - \varepsilon^{-\frac{S}{T}}\right).$$

Zieht man die Tangente an der steilsten Stelle, so ist $de' : dt = E : S'$, wenn S' die Stirnlänge für eine Keilwelle von der Neigung $\left(\dfrac{de'}{dt}\right)_{\max}$ bezeichnet. Mit Einführung von S' geht die Gleichung in die Form:

$$\frac{1}{S'} = \frac{1}{S} \cdot \left(1 - \varepsilon^{-\frac{S}{T}}\right)$$

über. Hiermit ist allgemein der Zusammenhang der Kopflänge S einer Keilwelle und der Länge S' der durch einen Kondensator verschleiften Welle gegeben. Es kann ohne weiteres S' als Funktion von S ermittelt werden. Im vorliegenden Falle ist dagegen S' durch die Messung gegeben und S gesucht. Durch Berechnung der Hilfsfunktion $x \cdot \left(1 - \varepsilon^{-\frac{1}{x}}\right)$ findet man $S : S'$ abhängig von $\dfrac{T}{S'}$ nach der in Abb. 45 dargestellten Funktion. Für $\dfrac{T}{S'} = 1$, also $S' = T$ wird $S : S' = 0$.

Die Stirn hat keine Länge mehr, sie steigt senkrecht an. E' fällt dann in die Senkrechte und wird zu Null — die Linie für die verschleifte Welle hat dann keinen Wendepunkt mehr, sondern löst sich in der bekannten Weise im Nullpunkt von der Anfangstangente, die durch die Zeitkonstante T gegeben ist.

Die Steilheiten sind im allgemeinen Falle $\dfrac{E}{S}$ bzw. $\dfrac{E}{S'}$; sie verhalten sich also wie $\dfrac{1}{S} : \dfrac{1}{S'}$, die gestrichelte Kurve in Abb. 45 gibt unmittelbar an, in welchem Maße die Urwelle steiler ist wie die am Kondensator gemessene Welle. Die Unterschiede sind zunächst sehr gering, erst bei $\dfrac{T}{S'} = 0{,}30$ ist die Urwelle 5% steiler.

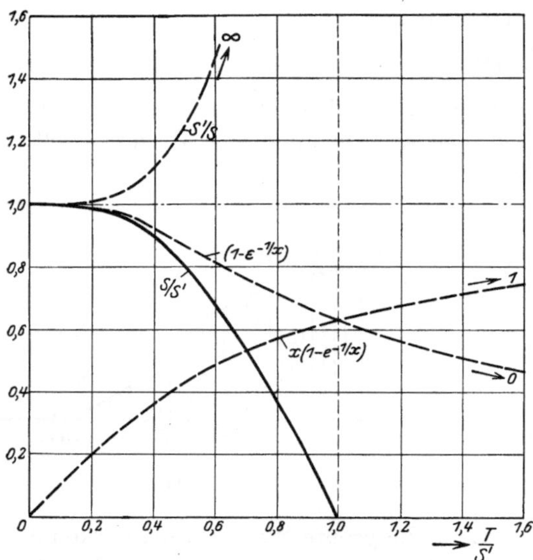

Abb. 45. Zusammenhang der Kopflänge S einer Keilwelle mit der Länge S' der durch einen Kondensator verschleiften Welle.

Die Kondensatormethode wurde nun weiter ausgebaut, um mit ihr nicht nur die Steilheit an der Stelle schärfsten Anstiegs, sondern auch an anderen Punkten zu bestimmen. Damit ist dann auch die Stirnlinie selbst in ihrem Verlauf gegeben.

Durch eine dem Steilheitsmesser vorgeschaltete belichtete Abschneidefunkenstrecke AF (s. Abb. 46) wird die anlaufende Welle nur bis zu einer gewissen Höhe durchgelassen. Die Abschneidestrecke spricht nun zwar bei der ihrer Einstellung entsprechenden Spannung verzugsfrei an, damit ist aber nicht gesagt, daß nicht trotzdem die Spannung eine größere Höhe erreicht. Wegen des zunächst hohen Funkenwiderstandes kann der Hauptleitung nicht soviel Ladung entzogen werden, als die heranlaufende Wanderwelle mitbringt. Die Spannung steigt daher, wie in Abb. 189 dargestellt, zunächst weiter an[1]. Unter dem Einfluß dieser höheren Spannung

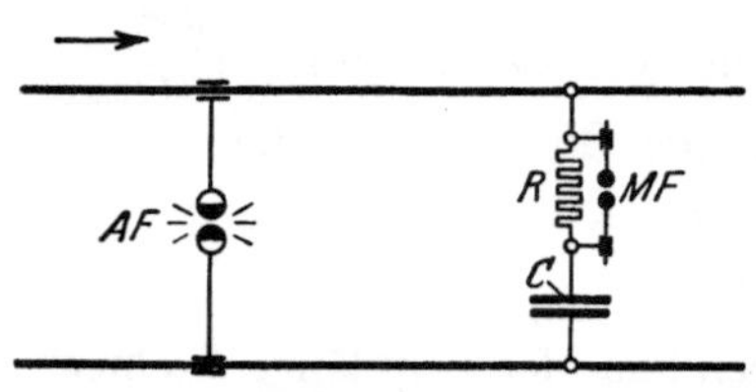

Abb. 46. Bestimmung der Steilheit für die verschiedenen Stellen der Stirn.

---

[1] Arbeit Nr. 6.

erfolgt das Absinken des Widerstandes in der Abschneidefunkenstrecke beschleunigt, d. h. der rückwärtige Teil der Spannungslinie erhält vergrößerte Steilheit. So kam es, daß bei den ersten Versuchen mit Abschneidefunkenstrecken größere Steilheiten gemessen wurden, als sie den steilsten Stellen der anlaufenden Wellen entsprachen. Durch Einfügung geeigneter Widerstände in die Abschneidebahn konnte der Fehler beseitigt werden. Zu großer Widerstand gibt ebenso wie ein zu kleiner Wert erhöhte Steilheit, weil dann der Hauptwelle nur wenig Strom entzogen wird, so daß die Spaltung der beiden Spannungslinien erst bei einem wesentlich über der Abschneidespannung liegenden Wert merklich wird; hier ist aber der Anstieg bereits steiler. Die günstigsten Widerstandswerte betrugen bei Versuchen mit einer 50-kV-Welle:

für Abschneidespannungen: 3,0 kV, 5,0 kV, 8,0 kV, 14,8 kV.
18 Ohm 36 Ohm 68 Ohm 200 Ohm.

C. Länge und Form des Wanderwellenkopfes.

14. Versuche an Laboratoriumsleitungen.

Bei den gewöhnlich in Frage kommenden Längen bis zu rund 100 m spielt der Ohmsche Widerstand der Leitung keine Rolle. Wie in den Arbeiten Nr. 1÷4 dargelegt, ist es für die Stirn der entstehenden Welle von Einfluß, wie die Zündung erfolgt, ob zwischen Kugeln oder Spitzen, ob in Luft oder in Öl. Auch die Schaltung ist von Bedeutung: die durch Zündfunken an einer Leitung eingeleiteten Entladewellen haben eine etwas andere Steilheit wie die mit Hilfe einer Stoßanordnung auf eine Leitung geschickten Ladewellen.

Den einfachsten Fall stellt die Zündung bei Gleichspannung dar, da hier nur ein einmaliger Ablauf erfolgt. Praktisch hat man es gewöhnlich mit Zündung bei Wechselspannung zu tun, dabei kann bei der Ausbildung eines sogenannten Prasselfunkens Vielfachzündung auftreten. Ist der effektive Funkenstrom nicht groß, wie z. B. beim Schalten kurzer Leitungsstrecken, so verliert der Funke nach dem Ablauf des ersten Wanderwellenvorganges seine Leitfähigkeit und es erfolgt beim nächsten Wechsel eine Neuzündung. Wird dabei der Abstand der Zündelektroden allmählich vergrößert, wie es bei jedem Abschalten geschieht, so kommt es zu einer Erhöhung der Zündspannung infolge Rückzündung[1]. Überraschenderweise wird auch in solchen Fällen, wie die Versuche gezeigt haben, der schnelle Ablauf jeder Neuzündung nicht nennenswert beeinflußt, so daß die entstehenden Wellen kaum flacher ausfallen.

Bei Leitungslängen von etwa 20 m an ergibt sich[2] am Ende die von der Theorie geforderte Verdopplung der Spannung (s. Abb. 6); ebenso

---

[1] Sarfert: ETZ. 1914, S. 402 u. Petersen: ETZ. 1914, S. 697. [2] Arbeit Nr. 7.

treten die Schwingungen deutlich in Erscheinung. Verkürzt man die Leitung, so wird das Bild der Spannungsverteilung immer mehr verstümmelt, da der allmähliche Stirnanstieg sich stark abschwächend bemerkbar macht; bei einer Leitungslänge von einigen Metern hören die Schwingungen überhaupt auf, da dann der Funkenwiderstand so hoch bleibt, daß nur aperiodische Vorgänge sich ausbilden können. Erst die Zündung mit hohem Spannungsüberschuß ermöglichte an den Schwingungserregern von Hertz und Righi die Erzeugung von ganz kurzen Wellen (vgl. Arbeit Nr. 2, S. 398).

Daß auch die Leitung selbst sich nicht völlig gleichmäßig über die ganze Länge verhält, zeigen die nachstehenden Untersuchungen.

Bei der Entladung einer offenen Leitung komme eine Welle mit Keilstirn (Linienzug 1 der Abb. 47) mit unveränderter Steilheit ans Ende (Linienzug 2); hier erfolgt der Abbau, wie man durch Einführung einer gegenläufigen Welle sofort findet, nach den Linien 3, 4, 5, 6. Das

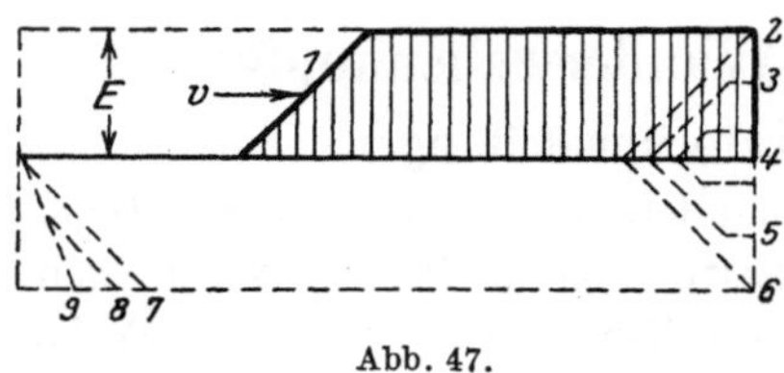

Abb. 47.

räumliche Gefälle längs der Leitung wird also am Ende gleich Null, während die zeitliche Änderung der Spannung (Übergang von 2 auf 6) mit der doppelten Geschwindigkeit wie an den weiter abliegenden Punkten sich vollzieht.

Beim Eintreffen der rückläufigen Welle am Schaltpunkt erfährt die Stirn Umbildungen nach den Linien 8 und 9; das räumliche Gefälle erreicht dabei in der Grenzstellung (9) die doppelte Steilheit. Von hier aus werden dann die gekennzeichneten Stirnformen in der umgekehrten Reihenfolge (8, 7, 6, 5, 4, 3, 2, 1) durchlaufen, bis schließlich am Schaltpunkte wieder eine Grenzlage spiegelbildlich zu (9) mit doppelter Neigung erreicht ist (der Übersichtlichkeit wegen nicht eingezeichnet).

Zu den Versuchen wurde eine 85 m lange Leitung mit 100-mm-Zündkugeln verwendet und an ihr die Steilheit der Stirn mittels Schleife von 1 m Länge, und auch mit Steilheitsmesser (Abb. 42) an verschiedenen Stellen bestimmt. Nach den Angaben des Steilheitsmessers nimmt die Steilheit, wenn man von der Zündstelle aus die Leitung entlang geht, zuerst merklich ab, bleibt dann über eine weite Strecke fast erhalten und steigt gegen das Leitungsende wieder erheblich an. Die nachfolgenden Zahlen geben ein genaueres Bild:

Stelle:	Anfang	0,4	0,8	2	20	70	75 m	Ende
Steilheit:	1	0,94	0,89	0,83	0,82	0,75	0,74	1,32

Um ein richtiges Bild für die Vorgänge am Leitungsende zu bekommen, darf nicht kurzerhand die Endsteilheit in Beziehung zur Anfangssteilheit gebracht werden, sondern es ist zu berücksichtigen, daß die Stirn am Ende mit bereits erheblich verminderter Steilheit, wie sie schon am Punkte 75 m vorhanden ist, eintrifft. Der zeitliche Anstieg am offenen Ende ist daher im Verhältnis $1,32 : 0,74$ größer, also das 1,78fache desjenigen der anlaufenden Stirn. Daß nicht der zweifache Wert erreicht wird, ist darauf zurückzuführen, daß am Leitungsende die Voraussetzungen für ebene Wellen nicht erfüllt sind. Der Endeinfluß wird sich um so stärker bemerkbar machen, je weiter die Leitungen auseinanderliegen. Nach den hier gefundenen Zahlen ist anzunehmen, daß die Stirn nur mehr die 0,78fache Steilheit hat, wenn sich die Umkehr am Ende vollzogen hat. Hiermit stehen die Messungen von Rogowski[1] mit dem Kathodenstrahloszillographen recht gut im Einklang.

Es sei noch besonders darauf hingewiesen, daß die hohe Steilheit am Leitungsende nur mit dem Steilheitsmesser und nicht mit einer dort angebrachten Schleife gefunden werden kann. Mit der Schleife sind nur Spannungsunterschiede längs eines Leitungsstranges nachweisbar; dieses räumliche Gefälle ist aber am Ende, wie Abb. 47 zeigt, außerordentlich gering. Tatsächlich sprach auch die Meßfunkenstrecke der 1-m-Schleife nicht mehr an, selbst wenn sie auf ganz geringe Schlagweite eingestellt wurde.

Auch in der Nähe der Schaltstelle zeigen sich Abweichungen gegenüber dem idealisierten Bild. Das räumliche Gefälle sollte am Schaltpunkte auf den doppelten Wert gegenüber (1) ansteigen; gemessen wurde das 1,35fache der am Zündpunkt ursprünglich erzeugten Steilheit. Nimmt man an, daß die rücklaufende Welle in demselben Maße verflacht wird wie auf dem Wege während ihres Vorlaufes (etwa 14%), so trifft sie am Zündfunken mit der 0,68fachen Erzeugungssteilheit ein, so daß an dieser Stelle gegenüber dem tatsächlich gemessenen Wert ziemlich genau eine Verdoppelung der räumlichen Steilheit vorliegt. Bringt man die rücklaufenden Wellen weg, dadurch, daß das Leitungsende über den Wellenwiderstand an einen großen Kondensator angeschlossen wird, so zeigt auch die Schleife genau die mit dem Steilheitsmesser bereits festgestellte, beachtenswerte Veränderlichkeit der Neigung von (1) in der Nähe der Schaltstelle (z. B. nur mehr das 0,83fache in 2 m Entfernung). Vermutlich ist die Ursache dieser Erscheinung darin zu suchen, daß in der Nähe der Schaltstelle die Leitungen sich stark nähern und so der Wellenwiderstand in erheblichem Maße eine Verringerung gegenüber dem Wert auf der Strecke erleidet. Grundsätzlich muß sich dieser Einfluß immer zeigen, da es nicht möglich ist, Zündfunken an einer Leitung zu erzeugen, wenn nicht die beiden

---

[1] W. Rogowski, E. Flegler und R. Tamm: Wanderwelle und Durchschlag. Neue Aufnahmen mit dem Kathodenstrahl-Oszillographen. Arch. f. Elektrot. **18**, H. 5, S. 502. 1927. Bild 40 und 41.

Pole dicht zusammengeführt werden. Besonders bei Leitungen mit großem Abstand der Drähte oder bei Verwendung großer Zündkugeln sind solche Störungen zu erwarten. Tatsächlich ging durch Vergrößerung des Leitungsabstandes von 24 cm auf 1,8 m die Steilheit am 2-m-Punkt auf das 0,77fache der Steilheit an der Zündstelle zurück.

Diese Versuche zeigen, daß schon an einfachen Leitungen ziemlich verwickelte Verhältnisse vorliegen. Praktisch interessiert hauptsächlich die Form der Wellen, wie sie in größeren Abständen von der Zündstelle an den Leitungen in Erscheinung tritt. Die folgenden Untersuchungen beziehen sich daher, soweit nichts Besonderes bemerkt ist, auf diesen Bereich.

15. Form der Wanderwellenstirn.

Wie bereits ausgeführt, hängt die Form der Wanderwellenstirn von mancherlei Umständen ab. Um zu möglichst einfachen und jederzeit

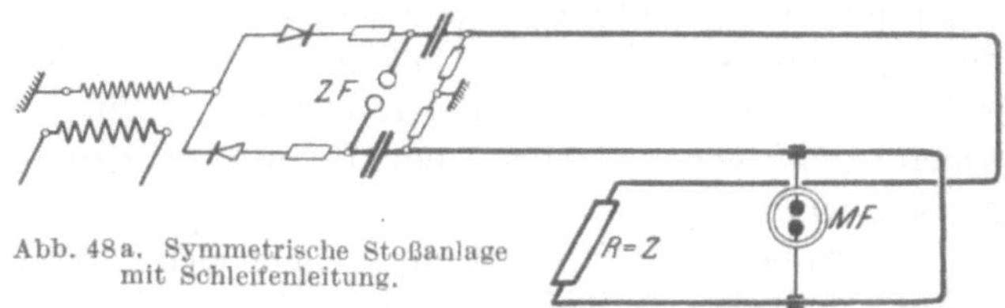

Abb. 48a. Symmetrische Stoßanlage mit Schleifenleitung.

Abb. 48b. Stoßanlage mit Schleifenleitung.

leicht wieder herstellbaren Verhältnissen zu gelangen, wurde die nachstehend beschriebene Anordnung zugrunde gelegt. Die Erzeugung der Wellen geschah mittels der normalen Stoßschaltung[1] (Abb. 48a) mit vier Kondensatoren (Abb. 48b) mit einer resultierenden Kapazität von 0,0031 μF. Zur Zündung wurden 100-mm-Messingkugeln verwendet, die stets mit Radium oder einer Bogenlampe bestrahlt waren, da sonst bei gewissen Schlagweiten erhebliche Unregelmäßigkeiten eintreten. Nachstehend seien die wesentlichen Ergebnisse der von E. Rasch[2] durchgeführten Untersuchungen dargestellt. Es wurden zunächst die Schleifenspannungen bestimmt, für die sich die in Abb. 49 eingetragenen Werte in Abhängigkeit von der Zündspannung P_Z ergaben. Die Querspannung unmittelbar hinter den Kondensatoren bleibt dabei um die in Abb. 50 gekennzeichneten Beträge unter der Spannung P_Z zurück. Außerdem wurden Abschneideversuche durchgeführt und dabei die jeweils größte Steilheit der durchgelassenen Welle mittels Kurzschlußmessung festgestellt. Am Kurzschlußpunkt steigt das räumliche Gefälle der Welle auf den doppelten Betrag an, so daß jeweils die Hälfte der gemessenen Werte zu rechnen ist. Die so ermittelten Steilheiten sind in Abb. 51a für die Wellenhöhen 10 und 20 kV, und in Abb. 51b für die Wellenhöhen 40, 80 und 160 kV dargestellt. Die Linien

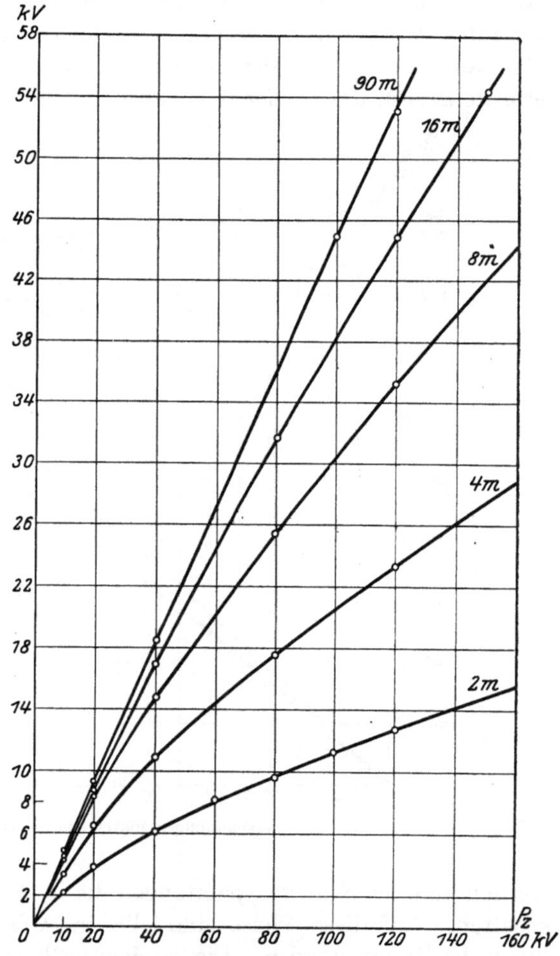

Abb. 49. Schleifenspannungen für einen Leitungsstrang.

<hr>

[1] Zuerst von M. Toepler zur Wanderwellenerzeugung benutzt; ausführlich behandelt Arch. f. Elektrot. **18**. 1927.　　[2] Arbeit Nr. 8.

erheben sich jeweils bis zu einer oberen Grenze, die der größten Steilheit der Wellenstirn entspricht. Wird die Abschneidespannung noch höher gelegt, so müßte eigentlich ein Rückgang der Steilheit sich zeigen. Dieser Rückgang wird aber bei dem Verfahren nicht erkennbar, da jeweils die größte Steilheit der durchgelassenen Welle zur Auswirkung kommt. Mittels des in Abb. 51a und 51b dargestellten Steilheitsverlaufes läßt sich nach einem einfachen geometrischen Verfahren die wahre Form der Stirnlinie bis zu dem Punkte der größten Steilheit ermitteln. Für das Gebiet darüber hinaus muß der Verlauf so bestimmt

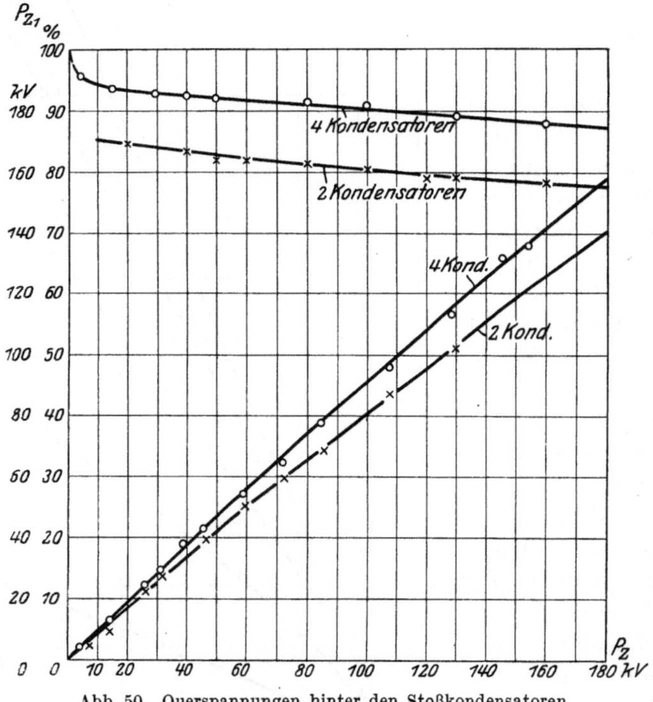

Abb. 50. Querspannungen hinter den Stoßkondensatoren.

werden, daß die Schleifenspannungen die in Abb. 49 angegebenen Werte erhalten. Auf diese Weise sind die in Abb. 52 dargestellten Stirnlinien bestimmt worden. Die Stellen größter Steilheit sind durch die schwarz ausgefüllten Punkte kenntlich gemacht. Für die über diesen Punkten liegenden Stellen konnten nunmehr die Steilheiten den Stirnlinien entnommen werden, die betreffenden Werte sind in Abb. 51b gestrichelt eingezeichnet. Bei den beschriebenen Messungen betrug der Wellenwiderstand der Leitung 480 Ohm.

Für Spitzen ergeben sich flachere Stirnlinien; zum Vergleich ist in Abb. 53 für eine 80-kV-Welle die Stirn einmal mit Kugelzündung und einmal mit Spitzenzündung (120 mm Spitzenabstand) dargestellt. Die Stirnlinien hängen auch von einer Reihe anderer Umstände, insbesondere von der Größe des Wellenwiderstandes ab. Wegen der Einzelheiten sei auf den Abschnitt D. verwiesen.

Die Längenausdehnung der Stirn ist, wie schon bei den ersten Messungen über Wanderwellen (vgl. Arbeit Nr. 2) sich gezeigt hatte, stark von der Spannung abhängig. Die Kopflänge nimmt immer

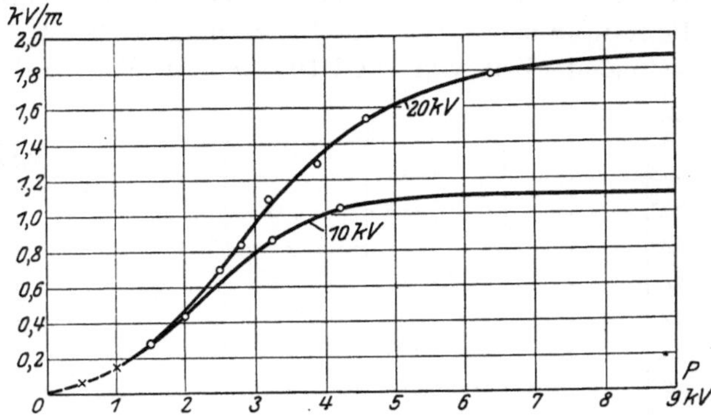

Abb. 51 a. Steilheiten (bezogen auf einen Strang) abhängig von der Abschneidespannung P.

mehr ab, je weiter man mit der Schaltspannung herabgeht. Es war deswegen nicht verwunderlich, daß Rogowski[1] bei den ersten Auf-

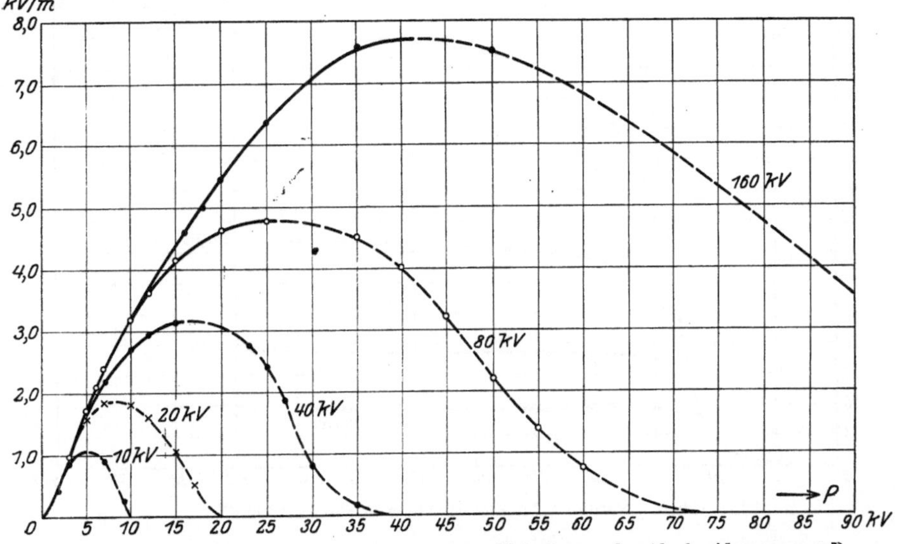

Abb. 51 b. Steilheiten (bezogen auf einen Strang) abhängig von der Abschneidespannung P.

nahmen mit dem Kathodenstrahl-Oszillographen bei den verwendeten Schaltspannungen von nur 1 kV und 5 kV Stirnlängen von wenigen

[1] W. Rogowski, E. Flegler und R. Tamm: Über Wanderwelle und Durchschlag. Neue Aufnahmen mit dem Kathodenstrahl-Oszillographen. Arch. f. Elektrotechn. 18, H. 5, S. 479. 1927.

Metern fand. Auch die Schleifenmessungen führen bei so niedrigen Spannungen auf Stirnlängen von dieser Größenordnung. Unter den Aachener Messungen findet sich auch eine Aufnahme (Oszillogramm Nr. 42 l. c. S. 504), in der der Verlauf des Durchschlages an einer Plattenfunkenstrecke mit 10 kV dargestellt ist. Die daraus zu entnehmende Zeit von rund 10^{-7} sec für den Niederbruch des Funkens

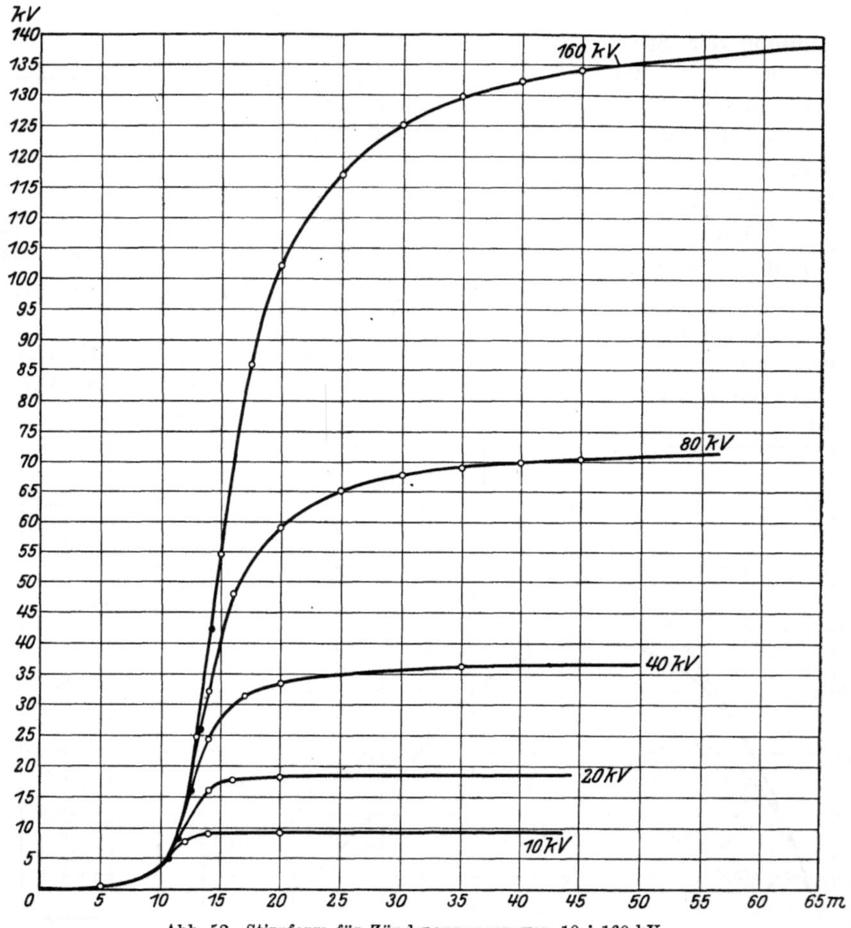

Abb. 52. Stirnform für Zündspannungen von 10÷160 kV.

würde jedoch auf unverhältnismäßig große Stirnlängen (Größenordnung 30 m) führen; es müssen daher hier besondere noch nicht zu übersehende Umstände vorgelegen haben. Nach unseren Messungen kommen bei dieser Spannung rund 4 m (größte Steilheit gerechnet) in Frage. Bemerkenswert ist, daß man bei den Aachener Messungen Stufen beim Zusammenbruch des Funkens gefunden hat. Sie sind jedoch bei keiner der zahlreichen Wellenaufnahmen in der ersten Stirn zu finden. Auch bei den Aufnahmen von Gábor[1] mit dem Kathodenstrahl-Oszillographen sind sie niemals in der Stirnlinie zutage getreten. Die Aufnahmen von Gábor gestatten einen Vergleich der Stirnlinien bei hohen Schaltspannungen. Unter Berücksichtigung der Wirkung

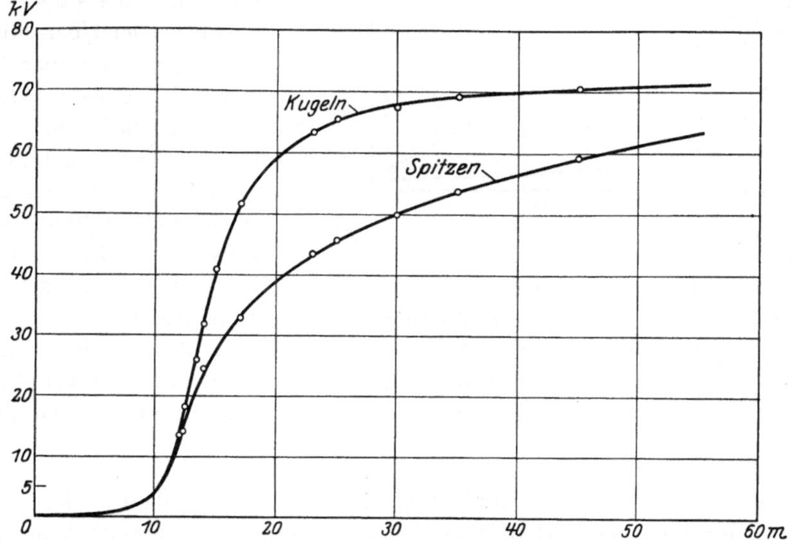

Abb. 53. Stirnformen für eine 80 kV-Welle bei Kugelzündung und Spitzenzündung.

des Spannungsteilers und anderer Einflüsse ergibt sich eine Stirnlänge von rund 15 m für 100 kV, die auch etwas größer ist als der aus Abb. 52 folgende Wert (rund 10 m). Berücksichtigt man noch, daß die Anordnungen in den einzelnen Fällen nicht unerhebliche Unterschiede aufweisen, so kann gesagt werden, daß die neuerdings gefundenen Stirnlängen durchaus im Einklang stehen mit den Ergebnissen der Funkenstreckenmessungen.

D. Der zeitliche Verlauf des Funkenwiderstandes.

16. Die Wanderwellenstirn, ein Bild des Funkenablaufes.

Für Funken, die Wanderwellen auf Leitungen erzeugen, gilt das der Arbeit Nr. 2[2] entnommene Schaubild (Abb. 54). Es zeigt zunächst die sog. statische Kennlinie des Funkens, die angibt, welche Spannung am Funken abhängig vom Strom im Dauerzustand nötig ist. In der vorliegenden Reihenschaltung des Funkens mit einer Leitung verlangt diese

---

[1] Vgl. die Zusammenstellung in Forschungshefte der Studiengesellschaft f. Höchstspannungsanlagen H. 1. Sept. 1927.

[2] ETZ. 1917, S. 396.

bei einer einziehenden Wanderwelle eine Spannung, die jeweils proportional dem Strom ist und durch die geraden Linien in Abb. 54 dargestellt sein soll. Die Neigung dieser Linie ist jeweils proportional dem

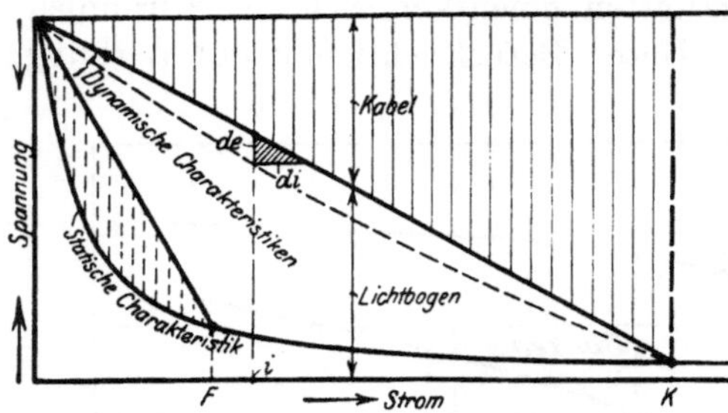

Abb. 54. Kennlinien von Schaltfunken und Leitungen.

Wellenwiderstand, verläuft also bei der Freileitung (untere Linie) viel steiler als beim Kabel. Der Überschuß der Schaltspannung über die von der Leitung gebrauchte Spannung entfällt auf den Funken, die geraden Linien stellen daher gleichzeitig die dynamische Kennlinie des Funkens dar. Die dynamischen Kennlinien liegen ganz erheblich höher als die statischen, der Überschuß steht zur Verfügung, um den Funkenstrom vom Wert Null auf die Dauerwerte F bzw. K zu bringen. Da die statische Kennlinie sehr tief liegt, erfolgt die Entwicklung in außerordentlich kurzer Zeit.

Für jede Stelle muß sein $(R + Z)\, J = E$, damit ergibt sich der Funkenwiderstand $R = \dfrac{E}{J} - Z$.

Um den Widerstand abhängig von der Zeit t angeben zu können, muß der zeitliche Verlauf von J gegeben sein. Wie bereits bemerkt (vgl. S. 5), ist gerade die Wanderwellenstirn ein getreues Abbild des zeitlichen Anstieges des Stromes im Funken, so daß hiermit unmittelbar $R = f(t)$ bestimmt werden kann.

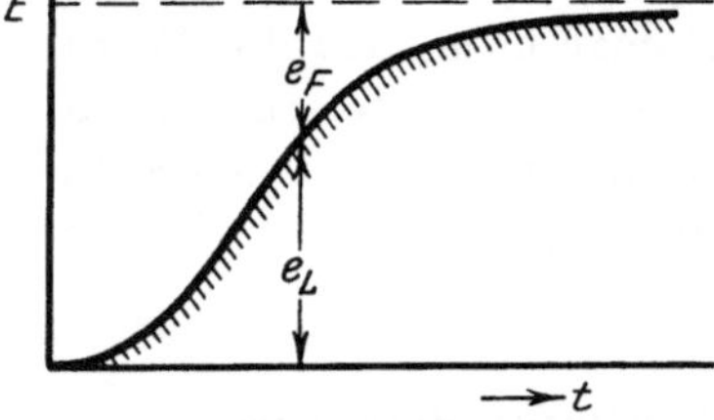

Abb. 55. Zeitlicher Verlauf der Spannung e_F am Funken.

Es ist für eine beliebige Stelle in Abb. 55:

$$J = \frac{e_L}{Z}$$

und damit:

$$R = \frac{e_F}{J} = Z \cdot \frac{e_F}{e_L}.$$

Auf Grund seiner Messungen mit Gleitfunken ist Toepler[1] zu einer überraschend einfachen Beziehung für die Größe des Funkenwiderstandes bei schnell veränderlichen Vorgängen gekommen. Danach steigt die Leitfähigkeit eines Funkenkanals im geraden Verhältnis mit den durchgeflossenen Elektrizitätsmengen. Der Widerstand ist dann:

$$R = \frac{kF}{Q},$$

---

[1] Annalen der Physik, 1906, S. 219.

wobei F die Länge des Funkens in cm, Q die Elektrizitätsmenge in Cb bezeichnet. Die Funkenkonstante k hatte sich bei den genannten Versuchen zu $0,8 \cdot 10^{-3}$ ergeben.

Mit Hilfe der im vorhergehenden Abschnitt gegebenen Stirnlinien kann ohne weiteres $R = Z \cdot \dfrac{e_F}{e_L}$ und auch $Q = \int J\,dt$ für jede Stelle bestimmt werden und so der Wert k gefunden werden. Dieses k ist dann als ein Mittelwert für den Bereich von Null bis zum jeweiligen Q anzusehen.

Es sei hier ein Weg beschrieben, der gestattet, den augenblicklichen Wert von k für jede beliebige Stelle zu ermitteln, ohne daß es nötig ist, $Q = \int J\,dt$ zu bestimmen. Mittels der Elementarbeziehungen

2) $di : i = dR : (R + Z)$

und

1) $dR : R = i\,dt : Q$

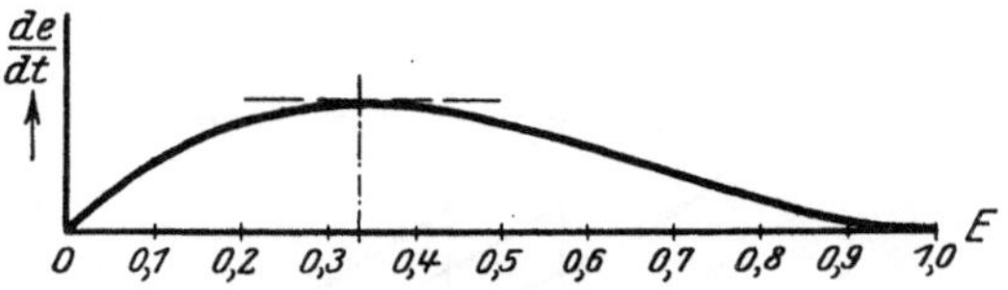

Abb. 56.

findet man die Spannungsänderung an der Leitung:

$$Z \cdot \frac{di}{dt} = \frac{de}{dt} = \frac{e(E-e)^2}{E \cdot kF}$$

und daraus:

$$k = \frac{e(E-e)^2}{\left(\dfrac{de}{dt}\right) \cdot E \cdot F} = \frac{e\left(1 - \dfrac{e}{E}\right)^2 \cdot \dfrac{E}{F}}{\dfrac{de}{dt}} \, .$$

Die Werte $\dfrac{de}{dt}$ abhängig von $e = P$ sind durch Abschneideversuche und für verschiedene Schaltspannungen in Abb. 51 dargestellt. Für unveränderliches k hätte $\left(\dfrac{de}{dt}\right)$ den Verlauf nach Abb. 56. Die Steilheit erreicht, wie man durch Differentiation findet, ihren Höchstwert für $\dfrac{e}{E} = \dfrac{1}{3}$. Für diese Stelle ergibt sich dann die Beziehung:

$$k = \frac{4}{27} \cdot \frac{E^2}{\left(\dfrac{de}{dt}\right)_{max} \cdot F} \, ,$$

die bereits Toepler auf anderem Wege gefunden hat.

17. Die Funkenkonstante k für den ganzen Bereich der Stirn ermittelt auf Grund der Stirnlinien.

Es wurden zunächst für die einzelnen Stellen der Stirnlinien in der beschriebenen Weise die Werte R und Q bestimmt; diesen entsprechen für die einzelnen Wellen die in Abb. 57 eingetragenen k-Werte. Die Abszissen kennzeichnen die Lage eines Punktes auf der Stirnlinie, bezogen auf die gesamte Höhe der betreffenden Welle, so daß z. B. die Abszisse 20% einem Punkt der Stirnlinie in $^1/_5$ Höhe der betreffenden Welle entspricht. 100% stellen die volle Wellenhöhe dar, wobei der Spannungsrückgang durch die in gewissem Maß sich bemerkbar machende Entladung der Kondensatoren berücksichtigt ist. Der Charakter der Kurven ist wechselnd je nach der Zündspannung, bei den kleineren Spannungen fallen die Werte nach rechts ab, umgekehrt liegen sie bei den hohen Spannungen zunächst fast in einer wagerechten

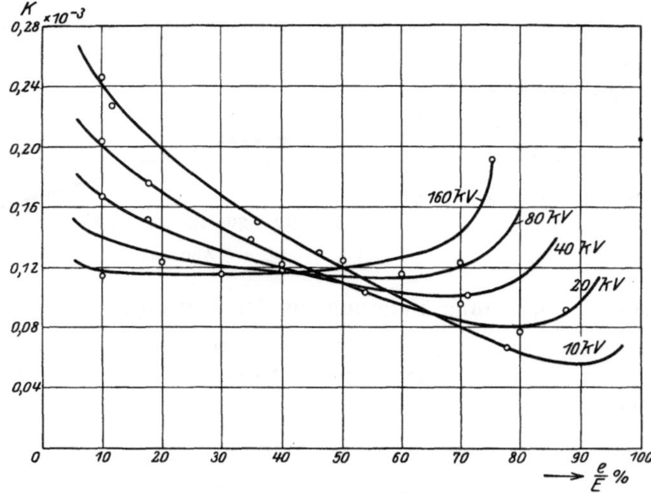

Abb. 57. Funkenkonstante k für verschiedene Zündspannungen und verschiedene Stellen der Stirnlinie.

Linie, steigen aber dann später an. Bemerkenswert ist, daß sich alle Linien ungefähr in einem Punkt schneiden; für diesen ist k rund 0,12. Besonders für die höheren Spannungen sind die k-Werte in einem weiten Bereich fast unveränderlich, so daß das gerade praktisch interessierende Gebiet der größten Steilheiten mittels der Toeplerschen Formel recht gut darstellbar ist. Die genaue experimentelle Bestimmung der Stirn im Anfang und im obersten Bereich ist schwierig, es ist daher sehr wohl möglich, daß bei künftiger Verbesserung der Messung das Aufbiegen der k-Linien in den genannten Bereichen wesentlich geringer sich ergeben wird.

18. Werte von k aus der maximalen Steilheit für verschiedene Anordnungen.

Entladung von Leitungen. Um den Einfluß des Wellenwiderstandes über einen großen Bereich untersuchen zu können, wurde von der Stoßschaltung auf die Entladeschaltung übergegangen, da an Leitungen mit sehr niedrigen Wellenwiderständen Stoßwellen schwierig herzustellen sind; es wären hierzu außerordentlich hohe Kapazitäten nötig. Zur Verfügung standen einige Freileitungen von 780 und 480 Ohm Wellenwiderstand; außerdem wurde durch Aneinanderfügung der Platten des in Abb. 170 dargestellten Luftkondensators ein Luftkabel (Abb. 58) hergestellt. Für die Plattenabstände 30, 10 und 5 cm konnten damit die Wellenwiderstände bis auf die Werte 190, 90 und 55 Ohm bei idealem Dielektrikum erniedrigt werden. Schließlich stand noch ein

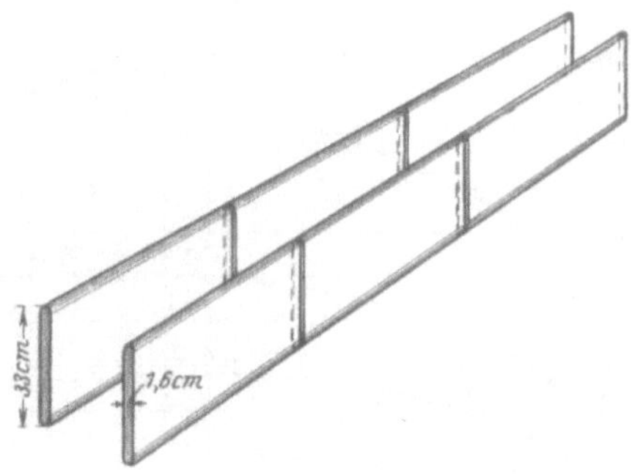

Abb. 58. Luftkabel.

20-kV-Drehstromkabel (verseilt) zur Verfügung, dessen Wellenwiderstand durch Strommessung in Entladeschaltung zu 80 Ohm ermittelt wurde.

Für alle die genannten Anordnungen wurden unmittelbar am Zündfunken die maximal auftretende Steilheit mittels Steilheitsmessers (s. Abb. 42) gemessen. Es ergaben sich für die verschiedenen Wellenwiderstände und Zündspannungen die in Abb. 59 eingetragenen Werte für die maximale Steilheit in kV/m. Hiermit ist nach Formel S. 47 der Wert k für die steilste Stelle unmittelbar zu errechnen. Die so ermittelten Werte sind für die Wellenwiderstände 480, 180 und 80 Ohm in Abb. 60 in den drei oberen Kurven dargestellt. Sie gelten für Zündung mit 100-mm-Kugeln. Danach ist der Wert k nur wenig abhängig von der Höhe der

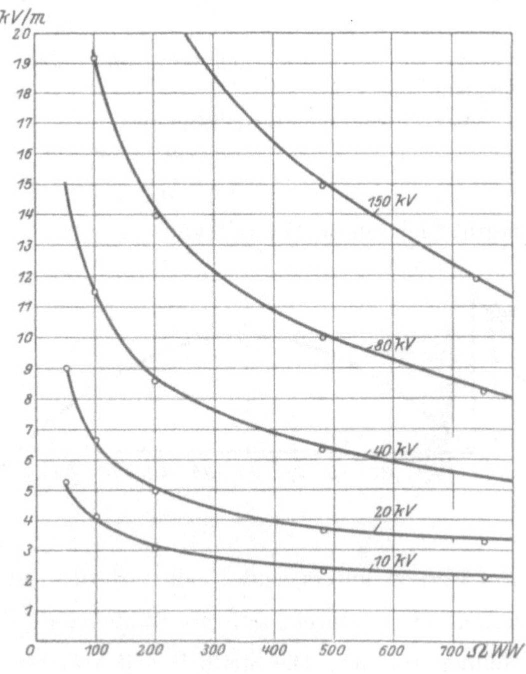

Abb. 59. Größte Steilheit unmittelbar am Zündfunken abhängig vom Wellenwiderstand.

Zündspannung, dagegen ist der Wellenwiderstand von erheblichem Einfluß. Ganz im Einklang hiermit stehen auch die Untersuchungen von O. Mayr[1] und H. Müller[2]. Bei Zündung mit Spitzen und 480 Ohm Wellenwiderstand gibt die gestrichelte Kurve die k-Werte. Sie liegen erheblich tiefer, obwohl die Wellen an sich viel flacher sind (siehe Abb. 53). Die niedrigen k-Werte ergeben sich dadurch, daß die Funkenlänge F bei Spitzen verhältnismäßig groß ist.

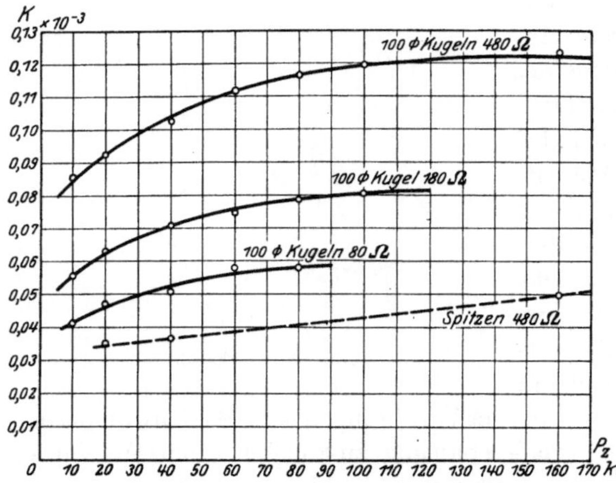

Abb. 60. Funkenkonstante abhängig von der Zündspannung für verschiedene Anordnungen.

Eine weitere Möglichkeit zur Bestimmung von k aus der Höchststeilheit ist grundsätzlich durch Verfolgung der Entladungsvorgänge an Kondensatoren gegeben, ohne daß es nötig ist, eine Leitung anzuschließen.

Auf Grund der Beziehungen:

$$i = C \cdot \frac{de}{dt} = \frac{e}{R} \quad \text{und} \quad R = \frac{k \cdot F}{C(E-e)}$$

ergibt sich unter Fortfall von C:

$$\left(\frac{de}{dt}\right) = \frac{e(E-e)}{kF}.$$

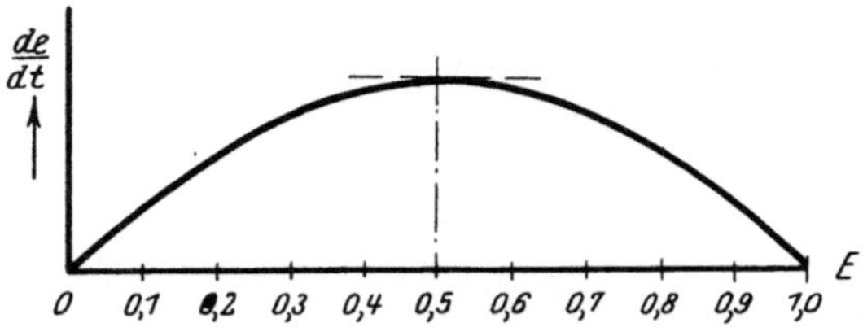

Die Funktion ist in Abb. 61 dargestellt und hat, wie man leicht findet, ihren Höchstwert bei $e = \frac{1}{2}E$, es ergibt sich dafür:

Abb. 61.

$$\left(\frac{de}{dt}\right) = \frac{E^2}{4\,kF}.$$

Die Formel unterscheidet sich von der erst abgeleiteten für Wanderwellen nur dadurch, daß an Stelle von $\frac{27}{4} = 6{,}75$ der Beiwert 4 im Nenner auftritt. Die Steilheit soll also bei der Kondensatorentladung größer sein. Nachstehend sind Ergebnisse einiger Versuche angegeben.

[1] Funkenwiderstand und Wanderwellenstirn. Arch. f. Elektrot. **17**, H. 1. 1926.
[2] Funkenkonstante, Stoßspannung und Wanderwellenstirn. Arch. f. Elektrot. **18**, S. 328. 1927.

An der Hochschul-Versuchsleitung ($Z = 750\,\Omega$) wurde in Entladeschaltung (s. Abb. 62) an den 100-mm-Zündkugeln bei 60 kV eine Steilheit von 8,6 kV/m gemessen. Nach Zuschaltung eines Kondensators von

$$C = 2080 \text{ cm}$$

ergab sich 8 kV/m, also etwas weniger.

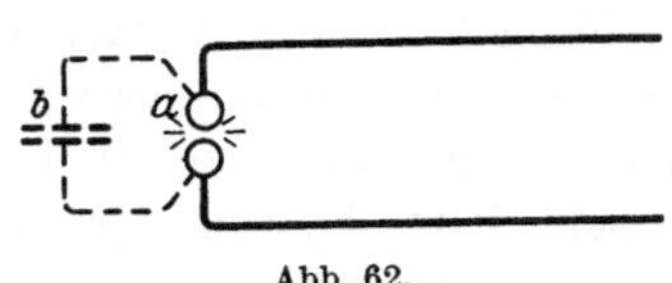

Abb. 62.

Sodann wurde die Leitung weggenommen und der Kondensator für sich entladen, die Steilheit betrug dann 8,2 kV/m, war also entgegen den Erwartungen auf Grund der Rechnung geringer als an der Leitung. Der Grund ist darin zu suchen, daß bei der Kondensatorentladung die Selbstinduktion eben doch nicht vernachlässigt werden kann. Daß selbst kurze Zuleitungen eine große Rolle spielen, zeigt der folgende Versuch.

Es wurde der Wert $\left(\dfrac{de}{dt}\right)_{\max}$ sowohl an den Zündkugeln (Stelle a), wie auch unmittelbar am Kondensator selbst (Stelle b) ermittelt, und zwar einmal für Länge $a \div b = 30$ cm und dann für Länge $a \div b = 80$ cm; bei 60 kV Zündspannung ergeben sich folgende Werte:

	Zündkugeln:	Kondensator:
Länge 30 cm	8,2 kV/m	6,8 kV/m
„　　80 cm	8,2 kV/m	2,9 kV/m

Der starke Rückgang des Gefälles bei Verlängerung der Zuleitungen ist ein Beweis dafür, daß wegen des Auftretens erheblicher Werte $L\dfrac{di}{dt}$ die Spannungsabsenkung am Kondensator nicht so rasch zu erfolgen braucht wie an den Zündkugeln. Die Steilheit an der Zündstelle wurde anscheinend überhaupt nicht beeinflußt.

Die Länge der Zuleitungen kann bei entsprechender Anordnung fast auf Null gebracht werden, aber der Kreis wird deshalb doch nicht völlig selbstinduktionsfrei, weil die technischen Kondensatoren erhebliche Längsausdehnung besitzen ($1 \div 2$ m) und infolgedessen die Ladungen erhebliche Wege zurücklegen müssen, bis sie an die Zündstelle gelangen.

Die günstigsten Verhältnisse liegen vor, wenn Platten oder auch Kugeln entladen werden, insbesondere wenn letztere gleichzeitig als Zündkugeln verwendet werden. So wurde an 250-mm-Kugeln bei 20 mm Abstand entsprechend 60 kV Zündspannung eine Steilheit von 9,2 kV/m gemessen, also bereits etwas mehr als bei dem vorerwähnten Kondensator mit Hartpapierisolierung. Unter gleichen Umständen ergab sich an dem Luftkondensator Abb. 170 eine Steilheit von 10,6 kV/m.

Sehr gut im Einklang mit diesen Überlegungen stehen auch die Messungen über die Entladestromstärken von Kondensatoren von

Zdralek (Arbeit Nr. 5, S. 24). Die gemessene max. Stromstärke blieb ganz erheblich hinter dem Rechnungswert $C \cdot \left(\dfrac{de}{dt}\right)_{\max}$ zurück.

Es ließen sich auch mit einem Wellenmesser die bei Vorhandensein von Selbstinduktion sich einstellenden Schwingungen sehr gut nachweisen; aus der Frequenz konnte die Größe der Selbstinduktion für verschiedene Anordnungen (Lage und Abstand der Kondensatoren geändert) bestimmt werden. Der scheinbare Widerstand des Kreises ist dann bei Vernachlässigung des Ohmschen Widerstandes durch die Formel $\sqrt{\dfrac{L}{C}}$ gegeben; es zeigte sich eine gute Übereinstimmung der so berechneten Entladeströme mit den berechneten Werten, wie folgende Aufstellung zeigt.

Zwei Zylinderkondensatoren $\varnothing = 13{,}5\,\text{cm}$, Länge $2{,}05\,\text{m}$, $C = 3{,}1 \cdot 10^{-9}\,\text{Fd}$ je Kondensator, zusammen $1{,}55 \cdot 10^{-9}\,\text{Fd}$.

Abstand cm	Wellenlänge m	$L\,10^{-8}$ Hy	J/ger. Amp.	J/gem. Amp.
19	75	100	650	630
30	90	147	540	530
40	106	204	445	450
60	118	253	408	400

Aus allen diesen Ergebnissen geht hervor, daß aus Kondensatorentladungsvorgängen eine unmittelbare Errechnung von k nicht möglich ist. An einer Wanderwellenleitung ist die Selbstinduktion von vornherein richtig in Rechnung gestellt, die Verhältnisse sind hier genau zu übersehen. Vorausgesetzt ist allerdings, daß die Leitung allein entladen wird. Schaltet man einen Kondensator zur Zündstrecke parallel, so wird meistens (s. z. B. den oben angeführten Versuch) die Steilheit verringert, es sind aber auch Fälle beobachtet worden, in denen eine Zunahme eintritt. Der Kondensator muß natürlich dann für sich größere Entladesteilheit wie die Leitung allein haben. Nach den angeführten Überlegungen muß hierbei die Selbstinduktion auf sehr geringe Werte gebracht sein.

Häufig schaltet man zu Zündfunken Kondensatoren parallel, um kräftige Funken zu erzielen. Der Versuch zeigt, daß hierbei die Steilheit nicht nur geringer wird wie am Kondensator für sich, sondern überraschenderweise unter die Steilheit der Leitung ohne Kondensator herabsinkt. Die rechnerische Verfolgung der Vorgänge an einer solchen Schaltung führt nicht zu einfachen Zusammenhängen, so daß man sich vorläufig mit dem Versuch begnügen muß.

E. Gleitfunken.

Die unter dem Einfluß eines hohen elektrischen Gefälles an Oberflächen von Isoliermaterialien sich bildenden Gleitfunken sind für die

Hochspannungstechnik von größtem Interesse. Zunächst in theoretischer Hinsicht, weil sie vor allem einen Einblick in den Verlauf des Widerstandes von Funkenkanälen bieten. Durch eingehendes Studium von Gleitfunken ist Toepler auf die nach ihm benannte Beziehung über den Funkenwiderstand gekommen. Eine wichtige Rolle spielen die Gleitfunken aber auch in der praktischen Hochspannungstechnik, da ihr Auftreten an Durchführungen und den mannigfaltigen Iso-lieranordnungen, bei denen Oberflächen gegen Überschlag isolieren, möglichst vermieden werden soll.

Abb. 63. Gleitrohr.

Es sind vor allem zwei Gesichtspunkte, welche eine Betriebsgefährdung beim Auftreten von Gleitfunken deutlich erkennen lassen: die Herabsetzung des Überschlagweges bei Durchführungen, und Anfressung und Schwächung des Isolationsmaterials.

Um einen tieferen Einblick in die Entstehung der Gleitfunken zu gewinnen, erschien es nützlich, die Wanderwellen-Meßmethoden auf solche Gleitanordnungen anzuwenden. Die Verhältnisse liegen offenbar am einfachsten bei Ausbildung von Linienfunken, wie sie sich an Glasrohren ergeben. Die Ergebnisse ausführlicher Untersuchungen dieser Vorgänge von Ježek[1] sind nachstehend angeführt.

Als Gleitanordnung wurden Glasrohre nach Abb. 63 verwendet. Die Rohre sind an einem Ende zugeschmolzen und durch Eingießen von Hg mit einem inneren Belag versehen. Den äußeren Belag bildet eine Schelle aus Messingblech, welche über das Rohrende geschoben wird.

Bei Anlegen von Spannung entsteht an der Schelle ein hohes Gefälle, die Luft wird durchbrochen und ein Gleitfunke setzt ein.

Abb. 64. Ersatzschema für Gleitfunkenbildung.

Bekanntlich kann der Vorgang an der Ersatzanordnung (Abb. 64) veranschaulicht werden, wenn man sich das Rohr in ganz kleine Teile zerlegt denkt. Dann bedeuten die parallel geschalteten Kapazitäten 1, 2, 3 usw. in der Abb. 64 die Elementarkapazitäten des Rohres. Kugel 1 möge zunächst auf ein hohes Potential gebracht werden, während die übrigen Kugeln noch das Potential der Schiene haben sollen. Der Prozeß beginnt, sobald der Potentialunterschied zwischen Kugel 1 und

---

[1] Arbeit Nr. 9.

der nächstfolgenden Kugel 2 einen so hohen Wert erreicht hat, daß ein
Funke zwischen beiden Kugeln überspringt. Kugel 2 wird so auf ein
annähernd gleiches Potential von Kugel 1 gebracht. Fließt nun
dauernd genügend Energie nach, so setzt sich der eben beschriebene
Vorgang zwischen zwei folgenden Kugeln fort, wobei er durch den
wachsenden Spannungsabfall an den vielen in Reihe geschalteten
Funkenstrecken schließlich zum Stillstand gebracht wird. Die Geschwindigkeit, mit welcher der Prozeß vor sich geht, hängt davon
ab, wie schnell der Funkenwiderstand zwischen zwei Kugeln zusammenbricht.

Damit sich der Vorgang auf dem Glasrohr in der oben beschriebenen
Weise abspielen kann, ist vorauszusetzen, daß die Spannung an der
Schelle in einer Zeit hochgebracht wird, die klein ist im Verhältnis zur
Ablaufsdauer des Gleitprozesses. Dies gelingt, wenn die Unterspannungsetzung der Schelle durch eine Stoßanordnung, wie sie auch für die
Wanderwellenerzeugung verwendet wird, erfolgt.

Vor allem erschien es wichtig, die Ströme zu messen, die in Gleitfunken fließen, weil mit den Strömen nach einer einfachen Beziehung
die Geschwindigkeiten verknüpft sind. Ferner sollte der zeitliche Verlauf des Vorganges dadurch festgestellt werden, daß die Gleitanordnung
an eine Wanderwellenleitung gelegt wird. Dabei tritt eine Formänderung der Urwellenstirn ein, aus der für jeden Augenblick der in
den Gleitfunken fließende Strom bestimmbar ist.

19. Gleitrohre unmittelbar an der Stoßanordnung.

Es wurde, wie Toepler es bereits getan hat, eine Stoßanordnung
nach Abb. 65 verwendet. Dabei ist auf genügende Ergiebigkeit der
Stoßkapazität zu achten. Durch Zusammenschalten mehrerer Kondensatoren
konnte die Kapazität in jedem Zweig
auf $C = 80000$ cm gebracht werden, so
daß eine wirksame Kapazität von
$C = 40000$ cm vorhanden war. Die verwendete Anordnung ist in Abb. 66 dargestellt.

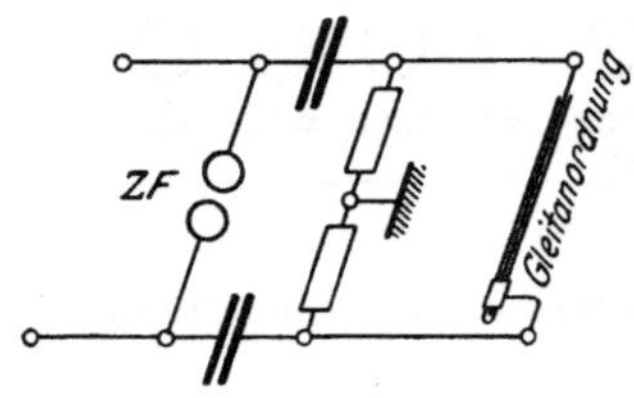

Abb. 65. Gleitrohr unmittelbar an
der Stoßanlage.

Von den 7 Rohren, welche untersucht wurden, seien 3 mit den folgenden Abmessungen herausgegriffen.

Rohr Nr.	Durchmesser a cm	Durchmesser i cm	Wandstärke cm	L cm
2	0,95	0,79	0,08	140
4	0,9	0,632	0,134	140
6	1,1	0,60	0,25	140

Abb. 66. Stoßanlage.

Länge der Gleitfunken. Die ermittelten Werte sind in Abb. 67 dargestellt. Der Verlauf der Schaulinien zeigt die bekannte Tatsache, daß die Länge sehr rasch mit der Spannung zunimmt: bei

Rohr Nr. 2 mit P^4
Rohr Nr. 4 mit $P^{4,55}$
Rohr Nr. 6 mit P^4.

Die Funkenlänge wurde so bestimmt, daß ein längs des Rohres leicht verschiebbarer Metallring so eingestellt wurde, daß die Mehrzahl der Funken den Ring gerade noch erreichte. Abweichungen von $\pm 5\%$ traten auf.

Strommessung. Die Messungen geschahen nach der auf S. 30 angegebenen Methode und ergaben die in Abb. 68 dargestellten Werte. Die Ströme steigen rascher an als die dazugehörigen Zündspannungen. Um dem abschwächenden Einfluß des vorge-

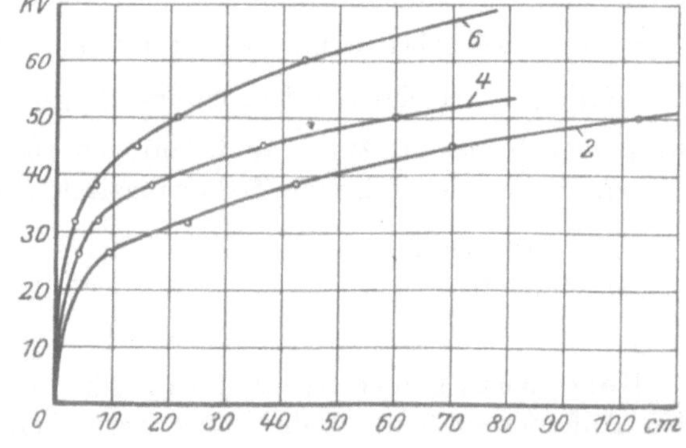

Abb. 67. Länge der Gleitfunken in Abhängigkeit von der Spannung.

schalteten Meßwiderstandes Rechnung zu tragen, wurde mit verschieden großen Widerständen gemessen und die Ströme für den Wert $R = O$ zeichnerisch ermittelt.

Bestimmung der Bahnkapazität. Um aus den gemessenen Strömen noch die Geschwindigkeiten berechnen zu können, ist es nötig, die wirksame Bahnkapazität zu kennen. Bei ganz kurzzeitigen Vorgängen stimmt diese nicht mit der statischen Kapazität überein. Zur Ermittlung der wirksamen Kapazität wurden die Rohre außen mit Stanniol belegt, so daß sie einen Kondensator bildeten. Hierauf

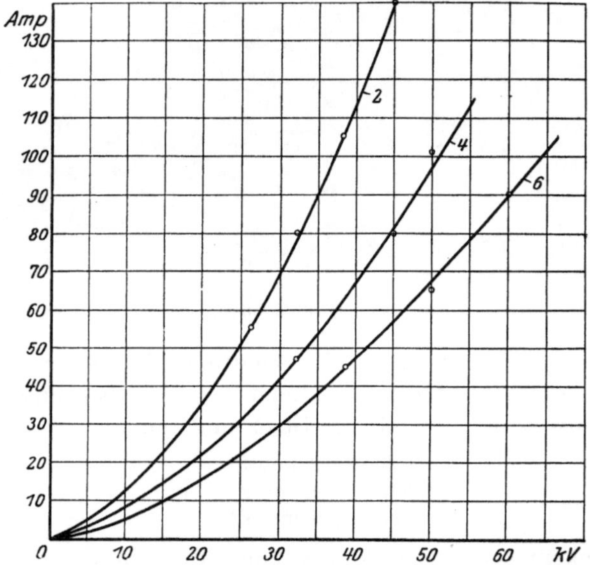

Abb. 68. Stromaufnahme der Gleitrohre in Abhängigkeit von der Spannung.

wurden die Rohre Spannungsstößen ausgesetzt und dabei J und $\left(\dfrac{de}{dt}\right)_{\max}$ nach den beschriebenen Methoden gemessen. Die nach der Beziehung $C = J : \left(\dfrac{de}{dt}\right)_{\max}$ errechneten Kapazitäten liegen erheblich tiefer als die statischen Kapazitätswerte und betragen im Mittel das 0,55fache davon. Es wurden folgende Bahnkapazitäten ermittelt:

für Rohr Nr. 2 . . . . . . $C = 9,1 \cdot 10^{-12}$ Farad/cm
„ Rohr Nr. 4 . . . . . . $C = 5,22 \cdot 10^{-12}$ Farad/cm
„ Rohr Nr. 6 . . . . . . $C = 3,85 \cdot 10^{-12}$ Farad/cm.

Berechnung der Geschwindigkeit. Für den fortschreitenden Aufladeprozeß der Bahn wird Strom benötigt, dessen Größe in erster Linie von der Geschwindigkeit und der Bahnkapazität je cm abhängt. Bei bekannter Bahnkapazität kann aus der Stromstärke die mittlere Geschwindigkeit des Vorganges berechnet werden.

Bezeichnet dQ die innerhalb der Zeit dt erfolgende Vergrößerung der auf dem Rohre sich befindenden Ladung, so ist die Stromstärke:

$$J = \frac{dQ}{dt}.$$

Weiter kann dQ ausgedrückt werden in der Form

$$dQ = ds \cdot c \cdot P \cdot \alpha,$$

wenn ds die Strekke, welche die Funkenspitze in der Zeit dt zurücklegt, ist, und α einen Faktor bedeutet, welcher der Ladungsverteilung Rechnung trägt. Wie später noch dargelegt wird, kann α etwa gleich 0,9 gesetzt werden. Für v ergibt sich die Beziehung:

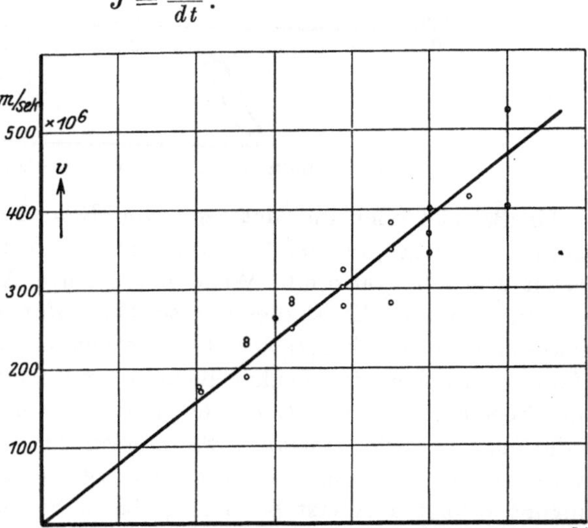

Abb. 69. Geschwindigkeit der Gleitfunken ermittelt aus der Stromaufnahme.

$$v = \frac{J}{\alpha \cdot c \cdot P}.$$

In Abb. 69 sind die so ermittelten Geschwindigkeitswerte für alle 7 untersuchten Rohre eingetragen; der Anstieg kann demnach fast durch eine gerade Linie dargestellt werden. Die hier eingetragenen Geschwindigkeitswerte stimmen mit den von Toepler durch Versuche an Gleitflächen ermittelten Geschwindigkeiten sehr gut überein.

20. Gleitrohre an einer Wanderwellenleitung.

Die verwendete Schaltung zeigt Abb. 70. Wegen der großen Längsausdehnung des Gleitrohres konnten, wie es eigentlich erwünscht wäre, nicht beide Pole an zwei einander gegenüberliegende Punkte der Leitung gelegt werden. Es wären sonst längere Zuleitungen nötig gewesen, die größere Störungen zur Folge gehabt hätten als der unsymmetrische Anschluß.

Die Form der Urwelle und der geänderten Welle wurde aus Schleifen- und Abschneidemessungen ermittelt. Aus den letzteren ergab sich, daß der Einfluß der Gleitanordnung im unteren Teile der Stirn gering ist und die kräftige Entwicklung des Gleitfunkens erst im Bereiche

der höheren Spannungswerte einsetzt. Es geben daher die Schleifenmessungen für sich allein schon ein gutes Bild.

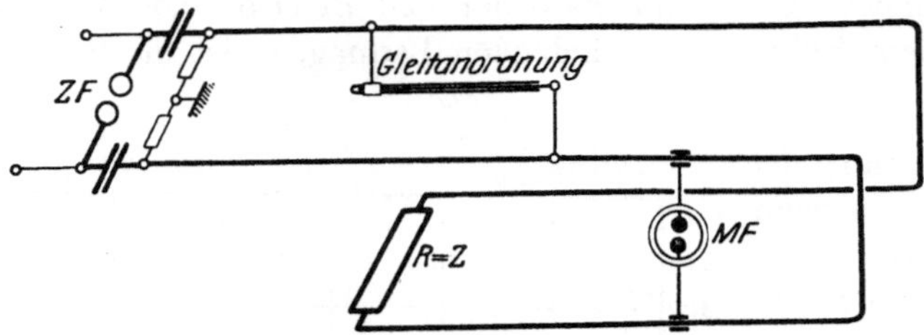

Abb. 70. Gleitrohre an der Wanderwellenleitung.

Als Beispiel seien die Meßwerte von Rohr Nr. 2, das die größte
Bahnkapazität hat, in Abb. 71 dargestellt. Bei den niedrigen Schleifen-
werten zeigt die verformte Welle nur geringe Abweichungen gegenüber der Urwelle. Es ist dies ein Zeichen dafür, daß an der steilsten
Stelle der Stirn noch kein hoher Strom entnommen wird. Die Ordinatendifferenz zwischen den beiden Kurven vergrößert sich erst, erreicht
dann über eine größere Strecke einen Höchstwert, später nähern sich
beide Kurven wieder einander. Sie müssen sich schließlich vereinigen,
da die Anordnung nur vorübergehend Strom aufnimmt. Die Ver-
einigung erfolgt aber erst bei viel größeren Schleifenlängen. Aus der

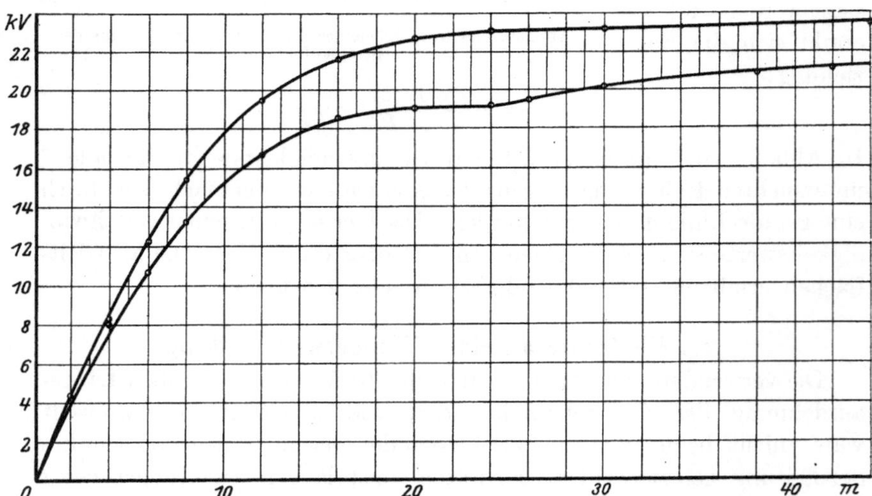

Abb. 71. Urwelle und durch Gleitrohr verformte Welle auf Grund von Schleifenmessungen.

maximalen Senkung der verformten Welle ergibt sich der von der Gleitanordnung entnommene Strom nach der Beziehung:

$$J = 2e : \frac{Z}{2},$$

da in der Schleife nur die halbe Querspannung gemessen wird und es sich um eine durchlaufende Leitung handelt. Im vorliegenden Falle ist $Z = 300$ Ohm und $e = 4$ kV, so daß

$$J = 54 \text{ Amp.}$$

wird. Dabei ist zu beachten, daß in dem Augenblick, in welchem der Strom seinen Höchstwert erreicht, die Spannung am Gleitrohr nicht den vollen Wert hat, sondern, wie aus Abb. 71 sich ergibt, nur etwa 38 kV beträgt. Nach den früheren Messungen (s. Abb. 68) sollte für diese Spannung die Stromstärke $J = 105$ Amp. betragen. Um diesen Unterschied aufzuklären, wurde noch eine unmittelbare Strommessung für die Schaltung (Abb. 70) ausgeführt. Sie ergab $J = 90$ Amp., also einen Wert, der der Kurve in Abb. 68 erheblich näher kommt. Daß sich aus der Senkung der Wanderwellenstirn ein wesentlich niedrigerer Wert ergibt wie aus der unmittelbaren Strommessung, ist vermutlich darauf zurückzuführen, daß der Vorgang unregelmäßig verläuft. Sicherlich kommt auch hier Entladeverzug in Frage, so daß der Funke unter Spannungsüberschuß entsteht und möglicherweise sich Schwellungen ausbilden. In der Schleife aber treten nur die mittleren Werte zutage, während im Spannungsabfall am Meßwiderstand die Höchstwerte sichtbar werden. Vermutlich hängen die Unterschiede zwischen den einzelnen Stromwerten auch damit zusammen, daß schon bei Wechselspannung mit den technischen Frequenzen ($15 \div 60$ Perioden) sich Gleitfunken ausbilden, obwohl der zeitliche Spannungsanstieg verschwindend klein ist im Vergleich zu $\frac{de}{dt}$ bei Wanderwellen.

21. Rechnerische Nachprüfung der Vorgänge.

Es stelle die in Abb. 72 gezeichnete Kurve für einen bestimmten Augenblick die Spannungsverteilung längs des Rohres dar. Für ein Bahnelement gilt dann die Gleichung:

$$i = \frac{de}{dx} \cdot \lambda,$$

wenn x die Bahnkoordinate und λ das augenblickliche Leitvermögen bezeichnet. Daraus ergibt sich:

$$\frac{di}{dx} = \frac{\partial \lambda}{\partial x} \cdot \frac{\partial e}{\partial x} + \lambda \cdot \frac{\partial^2 e}{\partial x^2}.$$

Steigt die Spannung an diesem Element in der Zeit dt um den Betrag de, so ergibt sich:

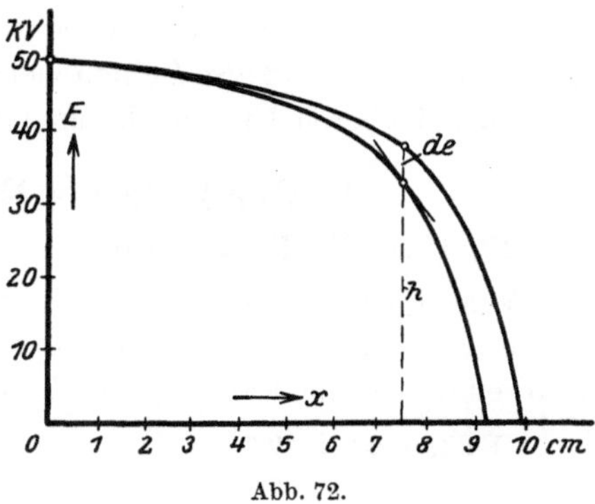

Abb. 72.

$C \cdot dx \cdot de = di \cdot dt$; damit kommt man auf die schon an anderer Stelle angegebene Differentialgleichung[1]:

$$C \frac{de}{dt} = \frac{\partial \lambda}{\partial x} \cdot \frac{\partial e}{\partial x} + \lambda \cdot \frac{\partial^2 e}{\partial x^2}.$$

Es wurde nun unter Zugrundelegung des Toeplerschen Funkengesetzes die Verteilung der Spannung für verschiedene Zeiten nach einem zeichnerischen Näherungsverfahren[2] ermittelt. Dabei ergaben sich die in Abb. 73 dargestellten Kurven. Sie entsprechen einem Werte $k = 0{,}12 \cdot 10^{-3}$ und einem Anfangsgefälle von 30 kV/cm bei einer aufgedrückten Spannung von 50 kV. Die Berechnung aus der Zeichnung ergab einen Strom von $J = 50$ Amp. Dieser Wert stimmt mit dem aus der Senkung der Wanderwellenstirn errechneten Strom von 54 Amp.

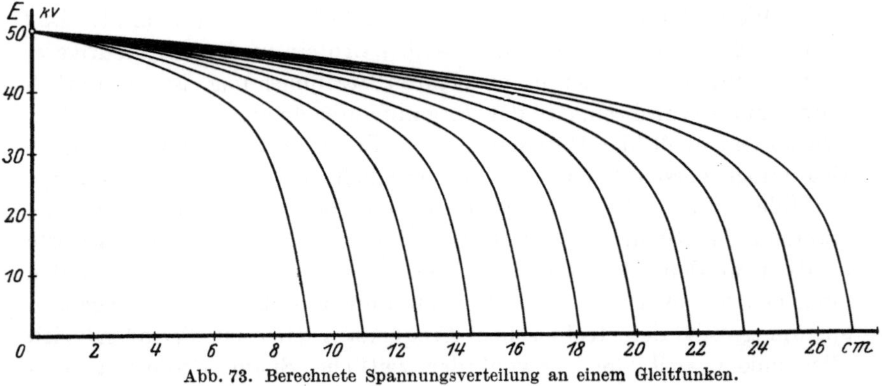

Abb. 73. Berechnete Spannungsverteilung an einem Gleitfunken.

gut überein. Wollte man den errechneten Strom mit den direkt gemessenen Stromwerten auf S. 56 in Übereinstimmung bringen, so müßte k statt $0{,}12 \cdot 10^{-3}$ noch erheblich kleiner angenommen werden, was allerdings der Wirklichkeit nicht entsprechen dürfte. Auf jeden Fall erscheint der von Toepler ermittelte Wert der Funkenkonstante für Gleitfunken $k = 0{,}8 \cdot 10^{-3}$ zu hoch. Auf Grund unserer Untersuchungen ist vielmehr anzunehmen, daß zwischen Gleitfunken und Luftfunken überhaupt kein wesentlicher Unterschied hinsichtlich der k-Werte besteht, daß also k einen viel weiteren Geltungsbereich hat, als es nach den früheren Untersuchungen anzunehmen war.

F. Der Blitz als Entladungsfunke.

22. Über die Entstehung der atmospärischen Entladungen.

Wenn eine Gewitterwolke sich wie ein geladener Metallkörper verhielte und die Erde eine große Metallkugel wäre, beide zusammen also einen Kondensator darstellten, für den wir auch noch ideales

<hr>

1 ETZ. 1928, S. 507.
2 Wegen der Einzelheiten s. Arbeit Nr. 9.

Dielektrikum voraussetzen wollen, so würde der Blitz nichts weiter als der Entladungsfunke dieses Riesenkondensators sein.

Wie das Studium der Gewittererscheinungen gezeigt hat, müssen aber an diesem Modell ganz wesentliche Änderungen vorgenommen werden, wenn es den wirklichen Vorgängen einigermaßen entsprechen soll.

1. Wie verschieden auch die Theorien, die man für die Entstehung der Gewitter entwickelt hat, sein mögen, im Endergebnis laufen sie darauf hinaus, daß zwei Arten von Ladungen, positive und negative, entstehen; da der aufsteigende Luftstrom hierbei eine wesentliche Rolle spielt, ist

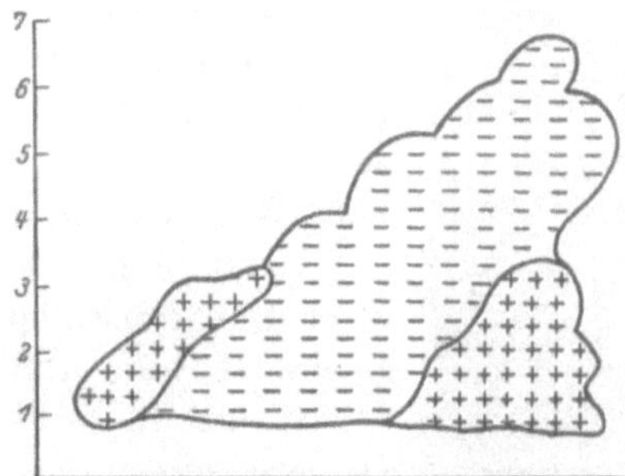

Abb. 74. Beispiel für die Gruppierung der Ladung in einer Gewitterwolke (nach Norinder).

anzunehmen, daß die Ladungen ursprünglich in Schichten übereinander befindlich sind. Im Laufe der Zeit treten dann Umlagerungen ein, wie das von Norinder[1] auf Grund eingehender Feldstärkemessungen an der Erdoberfläche ermittelte Bild (Abb. 74) erkennen läßt.

2. Durch photographische Aufnahmen mit einer Drehkamera hat Walter[2] gefunden, daß sehr häufig der Blitz aus mehreren Schlägen besteht, die derselben Bahn folgen und einen solchen zeitlichen Abstand haben, daß sie, wie Abb. 75 zeigt, klar auf der photographischen Platte als einzelne helleuchtende Linien erscheinen. Man kann an solchen Bildern auch erkennen, daß der Durchbruch nicht mit einem Schlag einsetzt, sondern daß dem Funken sein Weg erst durch mehrere stoßweise aufeinanderfolgende und von Stoß zu Stoß länger werdende Vorentladungen gebahnt wird; schließlich entsteht ein über die ganze Strecke reichender Funke.

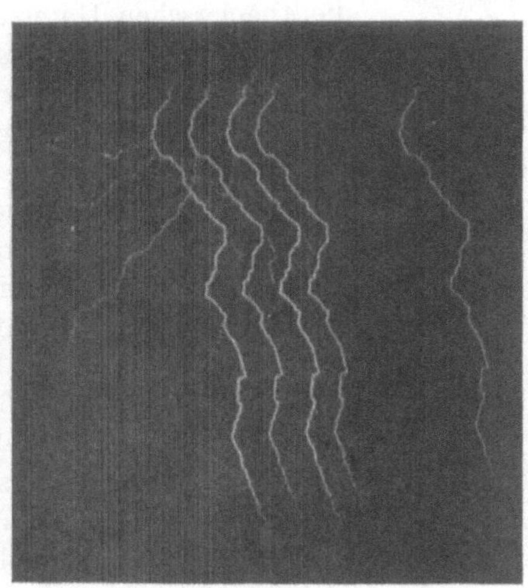

Abb. 75. Blitzbild, Aufnahme von Walter mit rotierender Kamera.

Dieser Vorgang spielt sich, wie Walter weiterhin gezeigt hat, auch beim Überschlag an einem Funkeninduktor in der geschilderten Weise

---

[1] Vgl. ETZ. 1925, S. 876.
[2] Jahrbuch der Hamburger Wissenschaftl. Anstalten 1903.

ab; in Abb. 76 ist das allmähliche Verlängern der Vorentladungsäste in einem solchen Falle deutlich sichtbar. Daß sie zunächst nur eine beschränkte Länge erreichen, ist darauf zurückzuführen, daß bei der ungeheueren Schnelligkeit, mit der Funken sich entwickeln, für die Stromlieferung nur die in der Eigenkapazität der Induktorwicklung aufgespeicherte Ladung in Frage kommt und diese gewöhnlich vorzeitig erschöpft ist. Bei Zuschaltung eines Kondensators hört die Entwicklung von Teilfunken auf.

Es ist daher der Schluß zu ziehen, daß auch bei einer Gewitterwolke der Stelle, an der der Durchbruch eingesetzt hat, ähnlich wie beim Funkeninduktor zunächst nur in gewissem Maße Ladung zufließen kann. Die beschränkte Ergiebigkeit der Quellen ist hier darauf zurückzuführen, daß die Ladungen im Innern der Wolke sich befinden und sich erst Zuführungsbahnen in Form von Funkenkanälen entwickeln müssen. Die eigentliche Blitzbahn wurzelt im Wolkeninneren (vgl. Abb. 77). Da die Zufuhr auf den einzelnen Bahnen unter gewissen Umständen ins Stocken kommt, entstehen mehrere Schläge in der Hauptbahn.

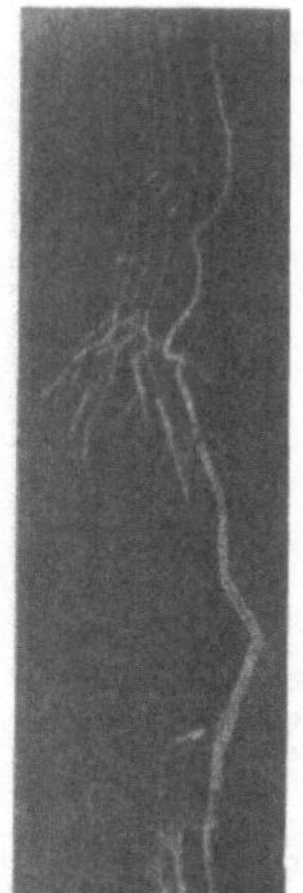

Abb. 76. Überschlag am Funkeninduktor, Aufnahme von Walter mit rotierender Kamera.

3. Diese Auffassung wird stark unterstützt durch die Toeplerschen Untersuchungen über Gleitfunken. An Glasplatten kann das Auftreten von sog. Ruckstufen deutlich sichtbar gemacht werden. Aus seinen Untersuchungen hat Toepler noch einen anderen wichtigen Schluß gezogen[1], nämlich daß auch in freier Luft weite Strecken mit verhältnismäßig geringer Spannung durchschlagen werden können dadurch, daß nicht gleichzeitig an allen Stellen der Strecke der Durchschlag einsetzt, sondern sich ein allmählich vordringender Funke ausbildet, der wie eine Rakete in den Raum schießt. Der in Abb. 77 dargestellte Blitz dieser Art würde sich also mit einer gewissen Geschwindigkeit von der Wolke aus

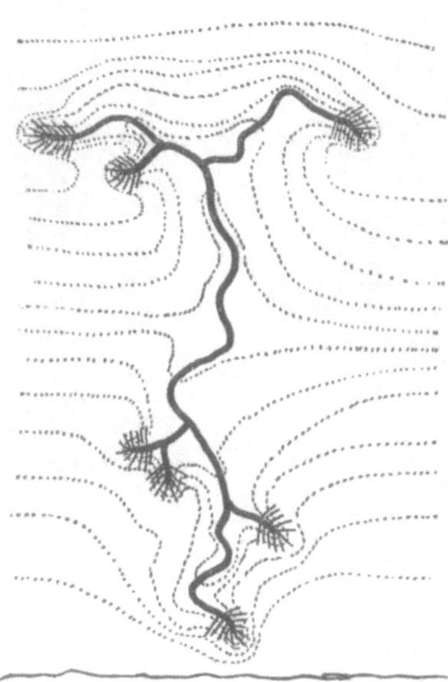

Abb. 77. Die Ausbildung eines Blitzes (nach Toepler).

[1] Toepler, Gewitter und Blitze, Mittlg. des Dresdner EV. 1917.

nach der Erde zu (oder auch umgekehrt) bewegen. Unter solchen Umständen könnte mit Spannungen in der Größenordnung von einigen hundert Millionen Volt auch die gewaltige Schlagweite zwischen Wolke und Erde überbrückt werden.

4. Ursprünglich zeigen die Gewitterwolken deutlich ausgesprochene Oberflächenbegrenzung, so daß man wohl annehmen kann, daß die Ladungen nur innerhalb der Wolke sich befinden; das Bild wird sich aber ändern, wenn Blitzschläge einsetzen. Hierdurch gelangen freie Ladungen auch in den Raum zwischen Wolke und Erde. Auch ist anzunehmen, daß das Leitvermögen von wesentlichem Einfluß auf die Vorgänge ist[1]:

Zusammenfassend ist also zu sagen, daß das eingangs erwähnte Kondensatormodell nicht genügt, und daß der Mechanismus der Blitzbildung sehr verwickelt ist; der Blitz stellt in seinem zeitlichen Verlauf und seiner räumlichen Ausdehnung durchaus kein einheitliches Gebilde dar. Es müssen daher, wie im folgenden erörtert werden soll, auch die Untersuchungsmethoden von Einfluß auf die Aussagen sein.

23. Dauer der Entladungen in der Blitzbahn.

Die Walterschen Bilder zeigen sehr schön, daß der dem menschlichen Auge als eine einzige Feuerlinie erscheinende Blitz vielfach aus mehreren getrennten Schlägen besteht; über die Dauer eines solchen Einschlages können sie aber nichts aussagen, da die Linien zu fein sind. Aus ihrer Breite kann man schließen, daß die Sichtbarkeit weniger als 0,002 sec beträgt. Einen weitergehenden Einblick geben in dieser Hinsicht die Untersuchungen von Rood und Schmidt[2]. An einer schnell umlaufenden Scheibe befand sich auf schwarzem Grund ein weißes Achsenkreuz. Nach den Angaben von Schmidt war bei vielen Blitzen das Kreuz einmal hell und scharf zu sehen. Der Ablauf der sichtbaren Entladung muß in solchen Fällen unter $^1/_{30000}$ sec gelegen haben. Häufig zeigte sich das Kreuz mehrfach in gleicher oder auch abnehmender Schärfe, so daß man an Oszillationen denken könnte. Die der Lage der einzelnen Kreuze entsprechenden Zeitabstände wechseln innerhalb sehr weiter Grenzen; vielfach liegen sie in der Größenordnung der Zeiten, die Walter für die Folge der Einzelentladungen gefunden hat. Manchmal erschien die Scheibe grau, ein Beweis dafür, daß auch langandauernde Entladungen vorkommen.

Unter der Voraussetzung, daß die Entladung wie bei einem großen Kondensator vor sich ginge, hat Emde[3] eine Schwingungszahl in der

---

[1] O. Mayr, Raumladungsprobleme der Hochspannungstechnik, Arch. f. Elektrot. **18**, S. 279. 1927.
[2] ETZ. 1905, S. 903.   [3] ETZ. 1910, S. 675.

Größenordnung von 5000 Hz berechnet. Der Widerstand der Blitzbahn selbst ist sicherlich in vielen Fällen so klein, daß die Dämpfung nicht zu groß sein würde. Anders liegt es bei den verzweigten Funkenkanälen mit denen der Blitz in der Wolke wurzelt; in diesen besitzt der Widerstand gegen das Ende hin sehr hohe Werte, so daß das Hin- und Herfluten von Ladungen weitgehend abgedämpft werden muß. Auf jeden Fall sind die auftretenden Schwingungen derartig stark gedämpft, daß in den Wirkungen kaum mehr ein Unterschied gegenüber aperiodischer Entladung vorhanden sein dürfte. Ob beim Aufstoßen des gut leitenden Hauptstrahles auf die Erde die auf der Blitzbahn eingeleitete Entladewelle zu erheblichen Schwingungen führt, wie der Verfasser gemeint hat, ist noch nicht entschieden.

24. Einwirkung des Blitzes auf Leitergebilde in der Nähe der Erdoberfläche. — Messungen mittels Staffelfunkenstrecke an der Dresdner Versuchsleitung.

Bei den nunmehr zu beschreibenden Untersuchungen wurde nicht der Blitz selbst beobachtet, sondern man suchte aus den Einwirkungen auf Leitergebilde, die in gewissem Abstand über der Erdoberfläche sich befinden, Rückschlüsse auf die Vorgänge in der Blitzbahn und innerhalb der Gewitterwolke zu ziehen. Diese Einwirkungen sind es auch, die die Hochspannungstechnik unmittelbar interessieren.

Aus den langjährigen Beobachtungen über Einschläge in Blitzableiter und andere an Gebäuden befindliche Metallgebilde weiß man, daß die Schläge nicht selten verheerende Wirkungen haben, andererseits aber auch Entladungsschläge sich einstellen, die recht harmloser Natur sind. Überraschenderweise hat öfters der auf eine Auffangstange übergegangene Blitz die den geringsten Widerstand bietende Bahn entlang dem Ableiterseil verlassen und ist über große Strecken auf benachbarte Gegenstände übergesprungen. Bevorzugt werden dabei großflächige Metallteile, wie z. B. Dachrinnen; daraus muß man schließen, daß der zeitliche Anstieg des Stromes außerordentlich rasch erfolgt. Wenn auch möglicherweise die Geschwindigkeit, mit der sich der Strahl der Auffangstange nähert, gar nicht so groß ist, so findet doch bei genügender Annäherung ein Zündvorgang statt, der wie immer außerordentlich schnell verläuft. Da, wie bereits bemerkt, die Blitzbahn nicht sehr hohe Widerstände hat, so steht für den Zündverzug auch sofort genügend Ladung zur Verfügung. Rechnet man die Spannungserhöhung des Ableiterseiles gegenüber Erde nach, indem man die Stromstärke, die schätzungsweise bekannt ist (s. Arbeit Nr. 10), mit den üblichen Werten der Übergangswiderstände nach Erde multipliziert, so würden die sich ergebenden Spannungshöhen nicht ausreichend sein, um die beobachteten Überschläge auf weiten Strecken zu erklären. Bei schnellem Anstieg kommt jedoch der Wanderwellenwiderstand oder wenigstens eine Art Hochfrequenzwiderstand für den Übergang in Erde in Frage, beide betragen natürlich ein Vielfaches der gewöhnlich mittels Gleichstrommessung gefundenen Erdungswiderstände. Die Erfahrungen an Freileitungen fügen sich zwanglos diesem Bilde ein. Die die Leitungen treffenden Schläge verursachen oft starke Zerstörungen, insbesondere auch an den Isolatoren. Häufig sind aber kaum die Spuren von Schlägen zu finden, bei denen einwandfrei das Auftreffen auf die Leitungen beobachtet wurde.

Auch wenn der Blitz nicht die Leitung trifft und in erheblichem Abstand davon niedergeht, so können doch, wie die Betriebserfahrungen mit Freileitungen gezeigt haben, erhebliche Einwirkungen auftreten. Durch das statische Feld der Wolke entstehen auf den Leitungen sog. gebundene Ladungen, die bei der Bildung von Blitzen zwischen den Wolken oder nach Erde hin frei werden und die Leitungen auf hohe Spannungen bringen. Die Theorie sagt, daß dabei die Spannung ebenso hoch ansteigt wie sie vorher gewesen wäre, wenn die Leitung völlig isoliert im Feld der Wolke gelegen hätte. Damit die Spannungen wirklich entstehen, darf die Ableitung durch Stromübergang an den isolierenden Flächen nicht zu groß sein, sonst fließt schon ein Teil der La-

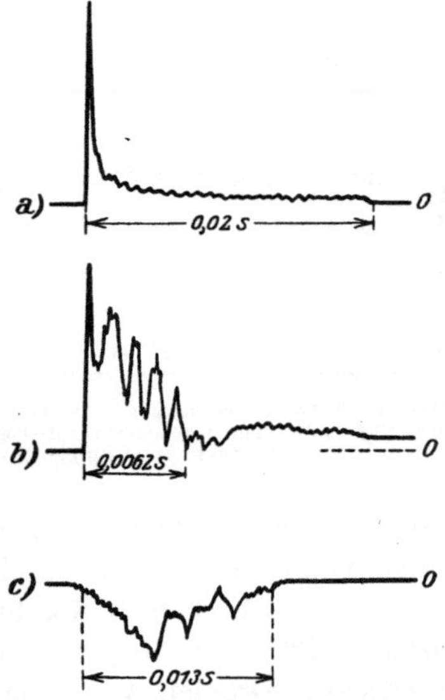

Abb. 78. Blitzoszillogramme von De Blois.

dung ab während der Zeit, in der sie frei wird[1]. Im übrigen aber sollte die Spannung auf der Leitung die Ladungsänderung der darüberstehenden Wolkenteile widerspiegeln.

Um einen Überblick über die Schnelligkeit des Verlaufs der Ladungsänderung, die innig mit der Ladungsabfuhr durch die Blitze zusammenhängt, zu gewinnen, hat man den Verlauf der auftretenden Spannungen untersucht. De Blois[2] hat mittels eines Schleifen-Oszillographen die Spannungsänderung an einer großen Antenne gemessen. Einige der erhaltenen Oszillogramme sind in Abb. 78 dargestellt; die gefundenen Zeiten wechseln in sehr weiten Grenzen, stehen aber durchaus im Einklang mit den beschriebenen Beobachtungen von Walter und Schmidt. Man hat gegen die Untersuchungen von De Blois eingewendet, daß

[1] Matthias, ETZ. 1927. H. 41, S. 1477.
[2] Proc. Am. Inst. El. Engs. Bd. 33, S. 567.

der Schleifen-Oszillograph nicht imstande wäre, die Änderungen ganz schneller Natur aufzuzeichnen. Um diesem Einwand zu begegnen, verwendete Norinder[1] bei seinen Untersuchungen, die er von 1918 an für die Schwedische Wasserfalldirektion durchführte, einen Kathodenstrahl-Oszillographen, so daß bestimmt auch die schnellsten Änderungen sichtbar werden mußten. Die ersten im Sommer 1922 gelungenen Aufnahmen bildeten aber eine große Überraschung. Es erfolgten die Änderungen viel langsamer, als nach allen früheren Untersuchungen anzunehmen war. Auch von Teilentladungen, wie sie Walter so oft beobachtet hatte, war nichts zu sehen. Bei den neueren Aufnahmen an längeren Fernleitungen hat sich aber das Bild vollständig geändert. Abb. 79 zeigt beispielsweise einige der Oszillogramme, die im

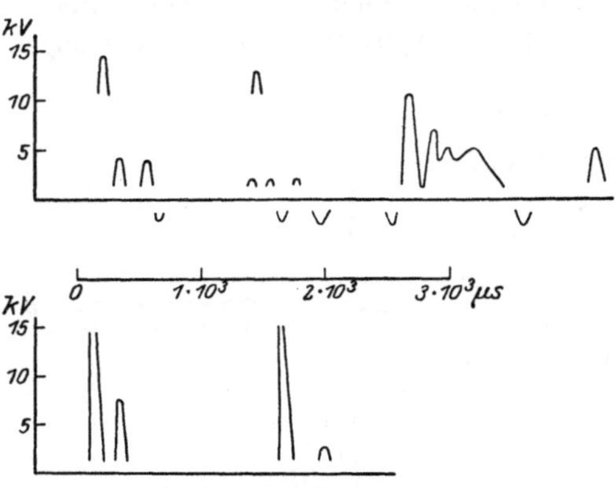

Abb. 79. Blitzüberspannungen, von Norinder im Sommer 1927 mit dem Kathodenstrahl-Oszillographen an einer 20-kV-Leitung aufgenommen.

Sommer 1927 aufgenommen wurden. Es zeigen sich sehr steile Anstiege, von denen manche anscheinend noch weit unter $^1/_{10000}$ sec liegen.

Zu ganz ähnlichen Ergebnissen führten die Messungen, die im Sommer 1927 von Heyne[2] an der Versuchsleitung der Technischen Hochschule Dresden vorgenommen wurden. Dabei handelte es sich um unmittelbare Bestimmung der Steilheit mittels Steilheitsmessers in der Schaltung nach Abb. 80. Da wegen des unregelmäßigen Verlaufs der Blitze in solchen Fällen die Funkenstrecke nicht von Hand nachgestellt werden kann, wurde eine Staffelfunkenstrecke entwickelt (s. Abb. 81), an der jeweils so viele Funkenstrecken zum Ansprechen

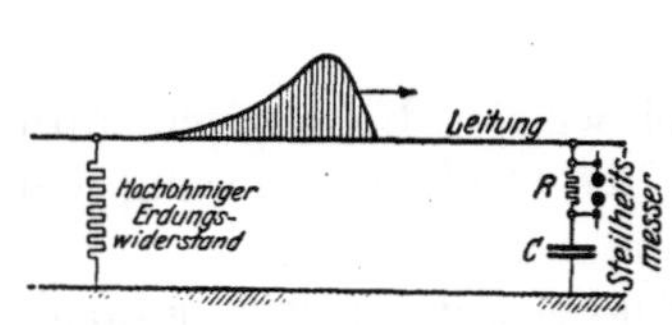

Abb. 80. Schaltung für die Steilheitsmessungen an der Dresdner Versuchsleitung im Sommer 1927.

kamen, als der Höhe der auftretenden Spannung entsprach. Es zeigte sich zunächst die bekannte Tatsache, daß die Stärke der Einwirkungen auf die Leitung vom Abstand der Gewitterwolken und Blitze abhängt. Sodann war aber bald zu erkennen, daß auch die Zeit, die jeweils für die Anstiege in Frage kam, stark von der Entfernung des Gewitterherdes

---

[1] Tekn. Tidskr. Bd. 55, H. 31.   [2] Arbeit Nr. 11.

abhing. Man konnte deutlich die Annäherung oder den Abzug des Gewitters an den Angaben der Meßfunkenstrecken verfolgen, da gleichzeitig nicht nur die Steilheit, sondern an einem dichtbenachbarten

Abb. 81. Staffelfunkenstrecke.

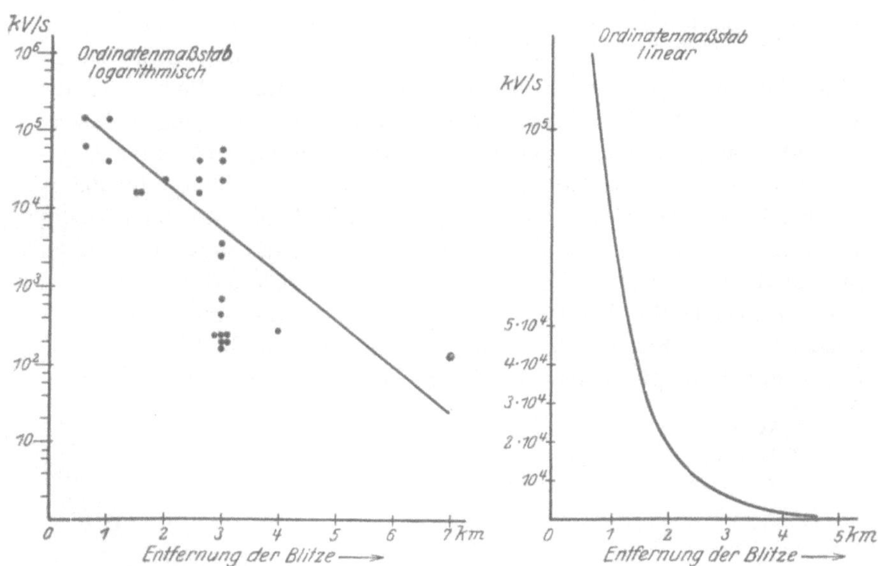

Abb. 82. Steilheiten de/dt der von Blitzen induzierten Wellen, gemessen in KV/S.

zweiten Strang auch die Höhe der auftretenden Spannung verfolgt wurde. Die Ergebnisse der Messungen sind in Abb. 82 und 83 dargestellt. Die Werte streuen außerordentlich stark ganz im Einklang mit den bereits geschilderten Untersuchungen. Für nahe Blitze werden natürlich die Entfernungsbestimmungen (als Unterschied zwischen Donner und Blitz) unsicher. Es ist auch durchaus nicht gesagt, daß etwa die Verlängerung der in den Abb. 82 und 83 eingezeichneten Geraden bis zur Ordinatenachse die richtigen Werte für die Entfernung Null, d. h. den direkten Einschlag, ergeben würde. Die Abhängigkeit der Anstiegdauer von der Entfernung ist vermutlich darauf zurückzuführen, daß bei Nahblitzen in erster Linie die Vorgänge in der Nachbarschaft der Blitzbahn maßgebend sind, während bei größerem Abstand eine Summenwirkung auftritt, bei der auch die allmählich vor sich gehende Umlagerung der Ladungen sich geltend macht.

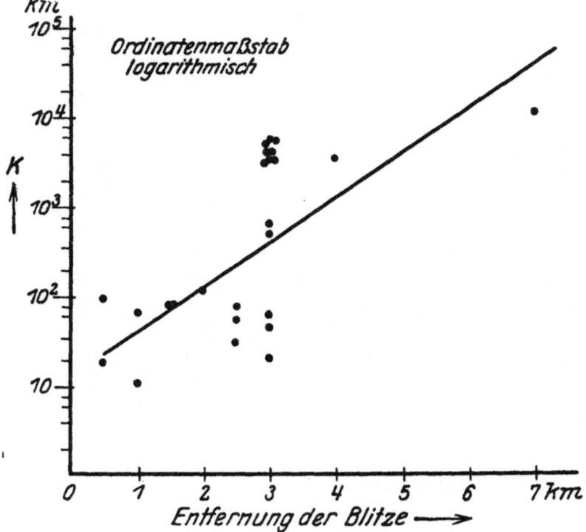

Abb. 83. Kopflängen K der von Blitzen induzierten Wellen, keilförmiger Anstieg zugrunde gelegt.

Schließlich sei noch angeführt, daß auch Peek[1] und Cox[2] neuerdings bei ihren Messungen mit dem Klydonographen Zeiten für die Dauer des Anstiegs gefunden hatten, die zwischen einigen Mikrosekunden und ein paar hundert Mikrosekunden bei indirekten Blitzschlägen betragen. Letzterer betrachtete seine Ergebnisse besonders in dem Licht der kürzlich von Simpson[3] veröffentlichten Theorie des Entladungsvorganges. Dabei sind positiv und negativ geladene Wolken in dem Sinn zu unterscheiden, daß der Entladungsvorgang der ersteren langsam aber häufig, bei den letzteren sehr rasch und heftig aber selten auftritt. Diese Erkenntnis könnte wesentlich dazu beitragen, in die ungeheure Mannigfaltigkeit der Vorgänge einiges Licht zu bringen.

[1] F. W. Peek, El. World. Bd. 90.
[2] J. H. Cox, The Electric Journ. Bd. 24.
[3] G. C. Simpson, Proc. Soc. Bd. 3, Serie a.

II. Die Vorgänge in den Hochspannungsanlagen.

Es ist eine alte Erfahrungstatsache, daß die Ergebnisse von Laboratoriumsversuchen nur dann als allgemeingültig angesehen werden dürfen, wenn sie durch Messungen am Objekt in der Natur kontrolliert sind. Deswegen wurde von Anbeginn größter Wert darauf gelegt, Messungen in Hochspannungsnetzen selbst durchzuführen. In früheren Zeiten war der „Experimentator" in den Anlagen nicht gerade ein gern gesehener Gast, seine Arbeiten konnten bei aller Vorsicht doch leicht Betriebsstörungen zur Folge haben. Es wurde daher als sehr erfreulicher Fortschritt empfunden, daß die A.G. Sächsische Werke bereitwilligst Leitungen zur Verfügung stellte und auch sonst die Arbeiten in jeder Hinsicht unterstützte. Die Messungen entlang einer Strecke von über 70 km Ausdehnung unter all den Unbilden der Witterung boten eine Menge praktische Schwierigkeiten. Sie brachten aber in verschiedener Hinsicht wertvolle Ergebnisse, so daß wir jetzt ein sicheres Bild über den wirklichen Verlauf der Vorgänge haben.

A. Verschleifung und Absenkung der Wellen auf Freileitungen.

Es sind eine Reihe von Erscheinungen, durch die auf Fernleitungen laufende Wanderwellen eine allmähliche Umbildung erleiden können. Man war bisher der Meinung, daß hierfür Korona, Ableitung und Ohmscher Widerstand der Leitung, alles Erscheinungen, die mit Verlusten verbunden sind, als Ursachen anzusehen seien. Die Korona, die hohe Verluste zur Folge haben könnte, tritt im allgemeinen in nennenswertem Maße erst bei sehr hohen Spannungen auf; die Wirkung der Ableitung ist bei der guten Isolierung der neuzeitlichen Leitungen ohne weiteres zu vernachlässigen, so daß von den genannten Erscheinungen nur der Ohmsche Widerstand zu berücksichtigen ist. Durch die Versuche von Riepl[1] ist nun ein neuer Gesichtspunkt zutage getreten, nämlich die Beeinflussung der Wellen durch die Kapazität der Isolatoren, die zu einer unerwartet hohen Verschleifung der Stirn führt. Es sei der letztere Einfluß zuerst betrachtet, da von ihm die Größe der Stromverdrängung und damit die Größe des wahren Widerstandes des Leiters abhängt.

---

[1] Arbeit Nr. 12.

25. Wirkung der Kapazität der Isolatoren. — Größe der wirksamen Kapazität.

Die Umformung einer beliebig gestalteten Welle durch einen Einzelkondensator (s. Abb. 84) läßt sich am besten in der folgenden

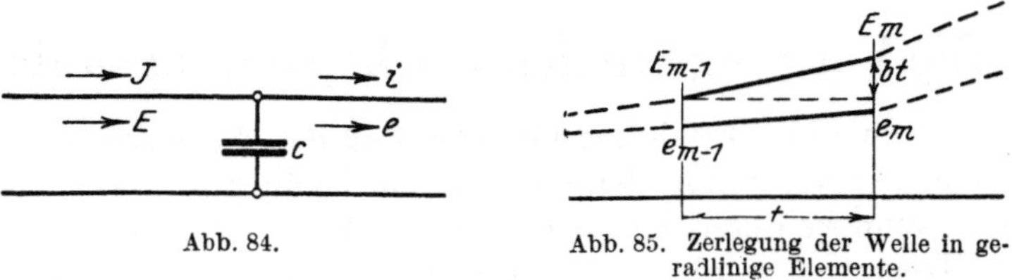

Abb. 84.

Abb. 85. Zerlegung der Welle in geradlinige Elemente.

Weise behandeln. Man denkt sich die Welle in kurze geradlinige Elemente (s. Abb. 85), deren Länge der Zeit t entsprechen, aufgeteilt. Für ein Einzelelement gilt die Beziehung:

$$E_m = E_{m-1} + bt.$$

Ist nun der Anfangswert des betrachteten Elementes der durch den Kondensator veränderten Welle e_{m-1}, so erhält man für den Endwert:

$$e_m = E_m\left[1 - \frac{T}{t}\cdot\left(1 - \varepsilon^{-\frac{t}{T}}\right)\right] - E_{m-1}\left[\varepsilon^{-\frac{t}{T}} - \frac{T}{t}\cdot\left(1 - \varepsilon^{-\frac{t}{T}}\right)\right] + e_{m-1}\cdot\varepsilon^{-\frac{t}{T}},$$

wobei $T = \dfrac{C\cdot Z}{2}$ die Zeitkonstante, C die Kapazität und Z den Wellenwiderstand bedeutet. Das erste Element der ursprünglichen und der veränderten Welle beginnt mit Null. Damit schrumpft die rechte Seite der vorgenannten Gleichung auf das erste Glied zusammen.

Der Endwert des einen ist der Anfangswert des folgenden Elementes, so daß man durch häufige Anwendung dieses Verfahrens die ganze Welle ermitteln kann. Die Rechnung ist um so genauer, je kleiner man die geradlinigen Elemente der Welle (t) wählt.

Da jeder Freileitungsisolator eine Kapazität darstellt, läuft eine Wanderwelle auf der Freileitung an einer Reihe gleicher Kondensatoren (Abb. 86) vorüber, so daß das eben geschilderte Verfahren

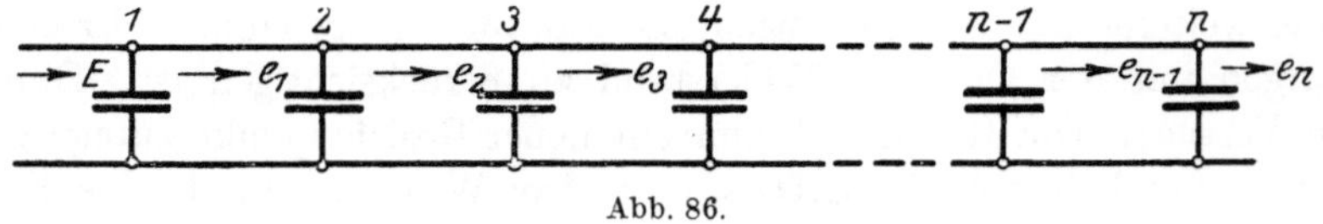

Abb. 86.

sehr häufig anzuwenden wäre. Mit der folgenden Gleichung läßt sich nun sofort der Endwert irgendeines Elementes der veränderten Welle nach Einwirkung einer bestimmten Zahl solcher Kondensatoren ermitteln (Abb. 87):

$$(e_n)_m = \binom{n}{0} \cdot (1-a)^n \cdot E_m + \binom{n}{1} \cdot a(1-a)^{n-1} \cdot E_{m-1} + \binom{n}{2} \cdot a^2(1-a)^{n-2} \cdot E_{m-2}$$

$$+ \binom{n}{3} \cdot a^3(1-a)^{n-3} \cdot E_{m-3} \cdots + \binom{n}{k} \cdot a^k(1-a)^{n-k} \cdot E_{m-k}.$$

Die Faktoren der Spannungsgrößen enthalten die sog. Binominal-koeffizienten. Es bedeutet:

$$\binom{n}{k} = \frac{n}{1} \cdot \frac{(n-1)}{2} \cdot \frac{(n-2)}{3} \cdots \frac{(n-k+1)}{k}.$$

Ferner ist:

$\quad a = T/t,$

$\quad T = {}^1/_2 \cdot C \cdot Z = $ Zeitkonstante,

$\quad t = $ Länge eines Wellenelementes,

$\quad n = $ Zahl der überlaufenen Leitungsaufhängepunkte,

$\quad m = $ Zahl der Elemente, vom Beginn der Welle ab,

$\quad C = $ Kapazität der Isolatoren an einem Leitungsaufhängepunkt,

$\quad Z = $ Wellenwiderstand der Leitung,

$\quad E_m = $ Spannung am Ende des m-ten Elementes der ursprünglichen Welle,

$\quad (e_n)_m = $ Spannung am Ende des m-ten Elementes nach n überlaufenen Leitungsaufhängepunkten.

Auf diese Art kann punktförmig die ganze Welle bestimmt werden. Der Abstand zweier Kondensatoren muß so groß sein, daß die zurückgeworfenen Wellen keinen nennenswerten Einfluß ausüben können, er muß also im Vergleich zur Stirnlänge groß sein.

Untersucht man eine Welle mit unendlicher Energie, die also nach dem Anstieg in der Stirn auf ihrer maximalen Höhe verbleibt, so erreicht auch die mittels der vorgenannten Gleichungen errechnete veränderte Welle

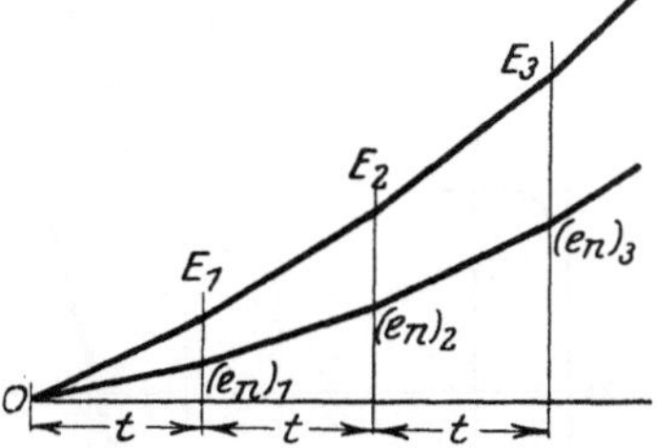

Abb. 87. Kennzeichnung der geradlinigen Wellenteile.

die gleiche maximale Höhe und behält sie dann bei. Die Isolatoren bewirken in einem solchen Falle lediglich eine Verflachung der Wellenstirn. Nur wenn die Energie der Welle im Verhältnis zu den Kapazitäten klein ist oder bei überlagerten Schwingungen kann auch eine Verminderung der Höhe bewirkt werden.

Zur Durchführung einer praktischen Rechnung ist noch die Kenntnis der wirksamen Kapazität der Isolatoren bzw. Isolatorenketten erforderlich. Diese hat nun bei Auftreffen von Wanderwellen nicht den gleichen Wert wie bei normalem Wechselstrom, sondern ist kleiner. Der in Frage kommende Wert ist durch den in Abb. 88 dargestellten Versuch zu bestimmen, und zwar mißt man mittels Funkenstrecke und parallel geschaltetem Widerstand den Ladestoß, sowie mittels der Schleifenmethode den maximalen Spannungsanstieg in der Wellenstirn und errechnet aus der Gleichung:

$$i = C\,\frac{de}{dt}$$

den Wert der Eigenkapazität. Abb. 89 zeigt das Ergebnis eines solchen Versuches für Kappenhängeisolatoren, woraus eine Spannungsabhängigkeit ersichtlich ist. Der nach anfangs wagerechtem Verlauf der Kurve auftretende schroffe Anstieg ist auf Glimmerscheinungen, insbesondere im Inneren am Klöppel, zurückzuführen.

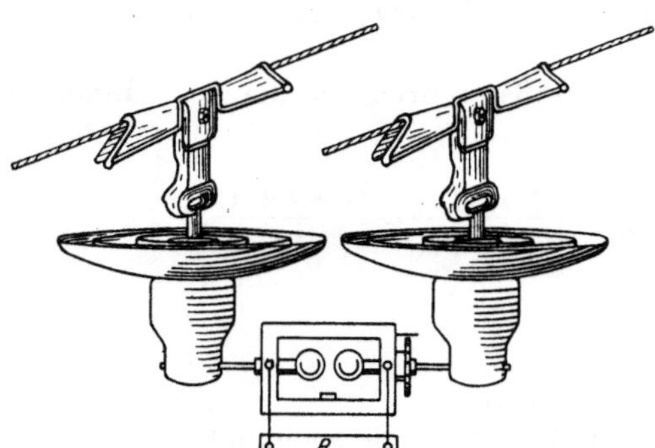

Abb. 88. Bestimmung der Kapazität von Isolatoren bei Stoßbeanspruchung.

Für die heute in der Praxis in der Hauptsache verwendeten Typen von Hängeisolatoren kommen für das von Glimmerscheinungen freie Gebiet folgende Werte in Betracht:

für Kugelkopfisolatoren $\sim 17 \cdot 10^{-12}$ F
für Kappenisolatoren $\sim 22 \cdot 10^{-12}$ F
für V-Ring-Isolatoren $\sim 33 \cdot 10^{-12}$ F

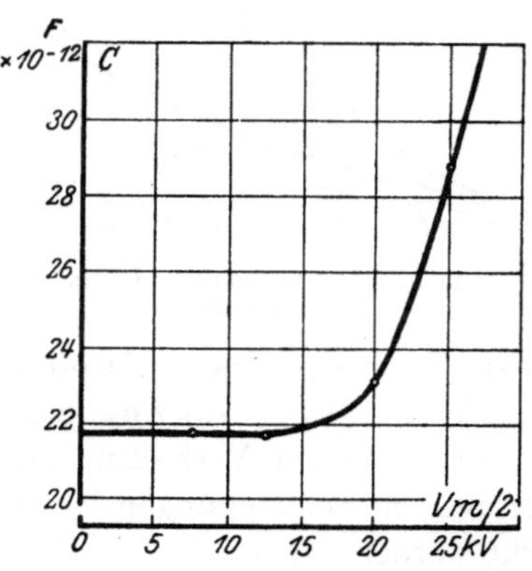

Abb. 89. Kapazität eines Kappenhängeisolators bei verschiedenen maximalen Spannungen Vm eines Leitungsstranges gegen Erde.

Um die wirksame Kapazität einer mehrgliedrigen Kette zu bestimmen, müßte man den gesamten Ladestrom, der von der Leitung in die Kette fließt, messen, da außer der Eigenkapazität auch die Kapazität der Armaturen gegen Erde (Ausleger und Mast) eine Rolle spielt. Der Versuch ist in der Praxis sehr schwer durchzuführen. Man kann den Wert auch rechnerisch ermitteln, wenn man die mittlere Größe der Kapazität der Armatur eines einzelnen Gliedes gegen Erde kennt. Bezeichnet man diese mit c, dann läßt sich die Gesamtkapazität einer Kette von n-Gliedern, wenn C den Wert der Eigenkapazität eines Gliedes bedeutet, mittels folgenden Kettenbruches von $(n-1)$ Gliedern errechnen:

$$K = c + C - \cfrac{C^2}{2 \cdot C + c - \cfrac{C^2}{2 \cdot C + c - \cfrac{C^2}{2 \cdot C + c - \cfrac{\;\;\cdots\cdots\;\;}{\cdots\cdots - \cfrac{C^2}{2 \cdot C + c}}}}}$$

Für die obengenannten Hängeisolatoren kann man $c = 3 \cdot 10^{-12}$ F setzen. Damit erhält man für eine Kette von 7 Gliedern

mit Kugelkopfisolatoren: $\infty\ \ 9 \cdot 10^{-12}$ F
mit Kappenisolatoren: $\infty 10 \cdot 10^{-12}$ F
mit V-Ring-Isolatoren: $\infty 12 \cdot 10^{-12}$ F.

26. Einfluß des Ohmschen Widerstandes der Leitung.

Der dem Strom einer Wanderwelle entgegentretende Ohmsche Widerstand der Leitung ist natürlich, da der Anstieg außerordentlich rasch erfolgt und deshalb eine starke Stromverdrängung auftritt, bedeutend höher als der Gleichstromwiderstand. Für einen hochfrequenten Wechselstrom mit gleicher maximaler Steilheit, wie sie in der Stirn einer Wanderwelle auftritt (Stirnlänge ungefähr $^1/_2$ Wellenlänge, s. Abb. 90), erhält man einen Widerstand bis zu dem 100fachen des Wertes für Gleichstrom. Für Wanderwellen ist der Einfluß der Stromverdrängung jedoch nicht so erheblich, da hier am Anfang der Wellenstirn noch keine Verdrängung besteht, sich diese vielmehr erst allmählich ausbildet. Bei stationärem Wechsel-

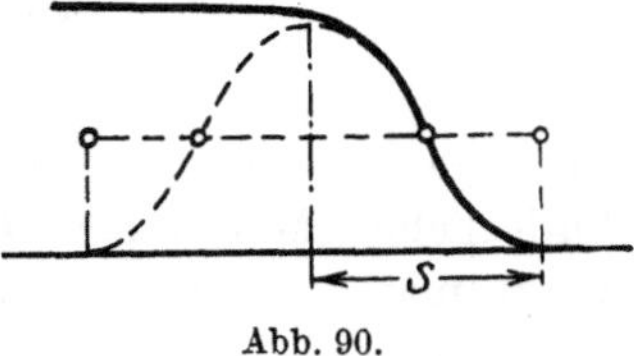

Abb. 90.

strom hoher Frequenz sind auch bei Gesamtstrom = 0 infolge Phasenverschiebung im Inneren des Leiters von den früheren Perioden herrührende starke einander entgegenfließende Teilströme vorhanden, wodurch die Verluste höher werden. Mittels der im folgenden geschilderten Methode wurde die tatsächliche Widerstandserhöhung für Wanderwellen bestimmt und gefunden, daß sie $^1/_2 \div \, ^1/_3$ der für Hochfrequenz geltenden Werte erreicht.

Die allgemeine Lösung der Aufgabe:

Für einen in Abhängigkeit von der Zeit beliebig verlaufenden Wellenstrom J die sich ausbildende Stromverdrängung in geschlossener Form zu finden, ist nicht möglich. Mit einer für praktische Fälle völlig genügenden Genauigkeit führt der von Riepl beschrittene Weg zum Ziel.

Bedeutet i die Stromdichte und s den spezifischen Widerstand, so gilt, da für jede Faser im Innern des Leiters (vgl. Abb. 91) der Spannungsabfall den gleichen Wert besitzt:

$$i \cdot s + L \frac{di}{dt} = \text{konstant für } \varrho = 0 \div r.$$

Führt man an Stelle der Induktivität L den Induktionsfluß ein, der entsprechend Abb. 91 in Φ und Φ' zerfällt, so läßt sich, da Φ' von dem Abstand der betrachteten Faser von der Leiterachse unabhängig ist, schreiben:

$$i \cdot s + \frac{d\Phi}{dt} = \text{konstant.}$$

Φ läßt sich in Abhängigkeit des Stromes darstellen, der innerhalb des Zylinders vom Radius ϱ fließt. Außerdem gilt:

$$J = \Sigma i.$$

Mit Hilfe dieser Beziehungen wäre das Problem zu lösen, wenn die Abhängigkeit der Stromdichte i von der Zeit t für jede Faser durch eine einfache Funktion darstellbar wäre, wie z. B. für Wechselstrom, wobei immer sinusförmiger Verlauf zugrunde gelegt wird. Für den vorliegenden Fall ist dies nicht möglich, man muß daher versuchsweise einen Ansatz machen und diesen so wählen, daß die obengenannte

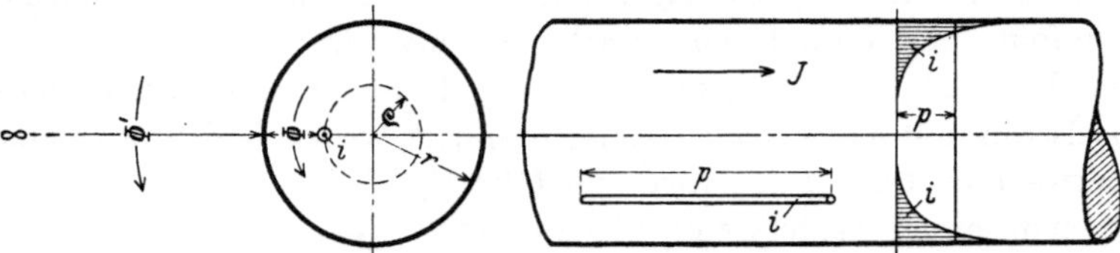

Abb. 91. Stromverdrängung.

Spannungsgleichung möglichst weitgehend erfüllt ist. Dies ist in erforderlichem Maß zu erreichen und führt zu den einfachsten Gleichungen, wenn man von den für den Ansatz in Frage kommenden Größen: Stromdichte, Feldstärke oder Induktionsfluß, den letzteren wählt und für diesen einen bestimmten Verlauf annimmt und den Ansatz macht:

$$\Phi = A\left(r^2 - \varrho^2 \varepsilon^{-\alpha(r-\varrho)}\right).$$

A und α sind hier nur von der Zeit bzw. dem Ort in Richtung der Leiterachse abhängig, nicht aber von ϱ.

Daraus erhält man mit $J = \Sigma i$ für die Abhängigkeit der Stromdichte i von ϱ folgende Beziehung:

$$i = \frac{J \cdot \varepsilon^{-\alpha(r-\varrho)}}{2r^2 \pi(2 + \alpha r)} \cdot (4 + 5\alpha\varrho + \alpha^2\varrho^2).$$

α kennzeichnet darin die Stromverteilung. Für Gleichstrom ist $\alpha = 0$. Da es für den Wellenstrom J keine einfache Funktion über die Abhängigkeit von der Zeit gibt, muß man wiederum, um α in Abhängigkeit von der Zeit zu erhalten, eine Zerlegung der Wanderwelle in kurze geradlinige Elemente vornehmen. Für den Endwert des Elementes m gilt dann:

$$J_m = J_{m-1} + b't,$$

wobei J_{m-1} den Anfangswert (= Endwert des vorhergehenden Elementes) und $b't$ die Zunahme des Stromes bedeuten. Bei Vornahme einer für höhere Werte von α geringfügigen Vernachlässigung, ergibt sich damit für den Wert α am Ende des betrachteten Elementes m:

$$\alpha_m = \frac{J_m}{\sqrt{\dfrac{s}{6\pi b'}\left(J_m^3 - J_{m-1}^3\right) + \dfrac{J_{m-1}^2}{\left(\dfrac{2}{r} + \alpha_{m-1}\right)^2}}} - \frac{2}{r}\,,$$

wobei α_{m-1} den entsprechenden Wert am Anfang des betrachteten Elementes gleich dem am Ende des vorhergehenden Elementes darstellt. Ist der Maximalwert der Welle erreicht, so bleibt bei genügend großer Energie deren Höhe eine gewisse Zeit konstant, so daß $b' = 0$ und $J_m = J_{m-1}$. Mit diesen Werten wird das erste Glied unter dem Wurzelzeichen zu einem unbestimmten Ausdruck, dessen Wert durch Differentiation nach b' zu ermitteln ist. Für diesen Bereich ist:

$$\alpha_m = \frac{1}{\sqrt{\dfrac{s\,t}{2\pi} + \dfrac{1}{\left(\dfrac{2}{r} + \alpha_{m-1}\right)^2}}} - \frac{2}{r}\,.$$

Als Vorzeichen für die Wurzel in den beiden letzten Gleichungen kommt nur das positive in Betracht, da das negative physikalisch unmögliche Werte liefert. Die Rechnung ist auch hier um so genauer, je kleiner man die Elemente macht.

Der Wert von α zu Beginn der Welle müßte streng genommen Null (Gleichstrom) sein. Infolge der erwähnten Vernachlässigung ist aber für diesen Wert der Fehler unendlich groß. Man muß demnach mit einem von Null verschiedenen Wert ($\alpha = 2$) beginnen. Für den Einfluß des Ohmschen Widerstandes auf die Wanderwelle ist diese Vernachlässigung sehr unbedeutend.

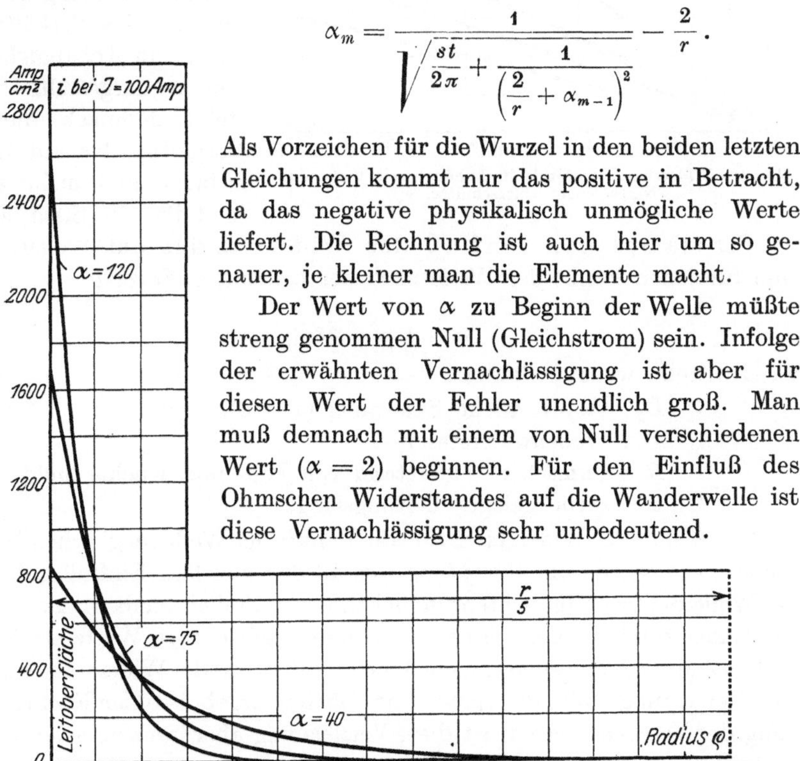

Abb. 92. Stromverteilung im äußeren Teile des Querschnittes.

Abb. 92 enthält mehrere Beispiele der Stromverteilung. Es ergibt sich die bekannte Tatsache, daß der Hauptanteil des Stromes nur in der äußersten Schicht zusammengedrängt ist.

Errechnet man mittels der so erhaltenen Stromverteilung die Summe der in den einzelnen Fasern auftretenden Stromwärmeverluste, so erhält man für den scheinbaren Ohmschen Widerstand R_s eines Leiters (gleich dem Quotienten: Verluste durch Quadrat des gesamten Wellenstromes) eine recht verwickelte Gleichung, die man mit ziemlich großer Annäherung durch folgende Beziehung ersetzen kann:

$$R_s = R_g \left(1 + \frac{\alpha\, r}{4} \right),$$

wobei R_g den Gleichstromwiderstand bedeutet. In Abb. 93 ist für normale Leitungsquerschnitte das Verhältnis $R_s : R_g$ in Abhängigkeit von α dargestellt. Es steigt demnach dieses Verhältnis bis auf das 50fache und mehr an, je steiler die Stirn ist.

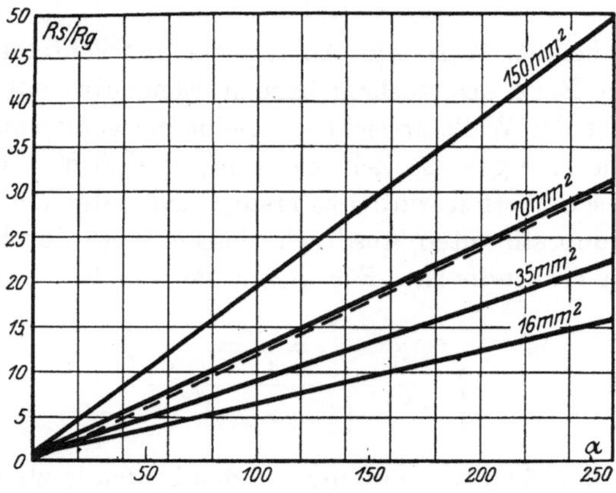

Abb. 93. Widerstandsverhältnis in Abhängigkeit von α für verschiedene Querschnitte.

Der dämpfende Einfluß des Widerstandes auf Wellen ist nun für jeden Punkt der Welle nach der bekannten Formel:

$$E = E_0 \cdot \varepsilon^{-\frac{R}{2Z}\,x}$$

zu ermitteln, wobei bedeuten:

E_0 : ursprüngliche Spannung ($x = 0$),

Z : Wellenwiderstand,

R : Ohmscher Widerstand von Hin- und Rückleitung,

x : zurückgelegte Leitungslänge.

Wenn sich der Widerstand für alle Punkte der Welle im gleichen Maß erhöhte, so würde die Dämpfung überall den gleichen Einfluß haben, die Welle demnach ihrer ursprünglichen Form ähnlich bleiben. Da aber der Widerstand im Bereich der Stirn wesentlich höhere Werte erreicht (vgl. in Abb. 94, oben eingetragene Werte), so bewirkt der Widerstand auch eine Verzerrung. Wie die später angeführten Ergebnisse der Nachrechnung der Versuche zeigen, ist diese Verflachung aber ganz unbedeutend gegenüber derjenigen, die durch Isolatorenketten verursacht wird.

27. Zusammenwirken von Isolatorenkapazität und Ohmschem Widerstand.

Um die tatsächliche Formänderung einer Welle auf ihrem Lauf entlang einer Freileitung zu verfolgen, müßte man streng genommen abwechselnd den Einfluß der Isolatoren an einem Leitungsmast und den des Ohmschen Widerstandes des Leitungsstückes zwischen zwei Masten ermitteln. Für letzteren besteht noch die Schwierigkeit, daß er nicht nur innerhalb der Welle selbst verschiedene Werte hat, sondern sich auch infolge Verzerrung der Welle bei ihrem Lauf entlang der Leitung allmählich verändert. Eine solche Rechnung (auf 100 km kommen $400 \div 1000$ Maste) wäre sehr langwierig. Um diese zu vereinfachen, geht man am besten wie folgt vor. Will man die Welle nach einer bestimmten Laufstrecke ermitteln, so berechnet man erst die Veränderung der Welle durch die Isolatoren von etwa $^1/_3$ bis $^1/_2$ Laufstrecke mittels der auf S. 71 angegebenen Gleichung, ohne Berück-

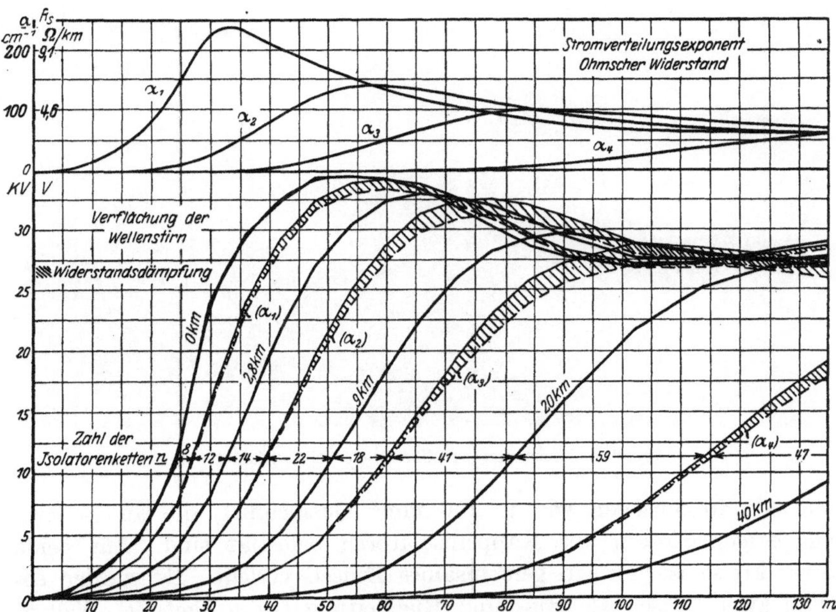

Abb. 94. Einfluß von Ohmschem Widerstand und Kettenkapazität auf die Wellenstirn.

sichtigung des Widerstandes. Für diese so gefundene Welle bestimmt man den Ohmschen Widerstand und betrachtet diesen für jeden Punkt der Welle für die gesamte Laufstrecke als konstant, so daß für die Bestimmung der Dämpfung jedes Wellenpunktes die Gleichung auf S. 76 angewendet werden kann ($x = $ gesamte Laufstrecke). Auf die so erhaltene Welle läßt man nun die in der ersten Rechnung noch nicht berücksichtigten Isolatoren (von $^2/_3 \div ^1/_2$ Laufstrecke) einwirken, wodurch man die endgültige Welle erhält. In Abb. 94 sind die stark ausgezogenen Linienzüge die wirklichen Wellen nach den angeschriebenen Laufstrecken, die dazwischenliegenden schwach ausgezogenen Linienzüge geben den Einfluß der Isolatoren des ersten Teiles der Laufstrecke, die schraffierten Flächen die Dämpfung durch den Widerstand für die gesamte Laufstrecke wieder.

28. Versuche an der 100 kV-Freileitung Silberstraße—Lausen.

Im Umspannwerk Silberstraße (bei Zwickau i. Sa.) der A.G. Sächsische Werke (s. Abb. 95a) wurden mit einer Stoßanlage Wanderwellen auf die 70 km lange Leitung Silberstraße—Lausen (bei Leipzig) (s. Abb. 95b und 95c) gesandt; der Verlauf der Strecke ist in Abb. 96 dargestellt. Die Leitung besteht aus zwei parallelen Stromkreisen

Abb. 95a. Umspannwerk Silberstraße bei Zwickau i. Sa.

mit Aluminiumseilen von je 150 mm² Querschnitt, die an 7- bzw. 8gliedrigen Ketten aus Kappenisolatoren befestigt sind. Für beide Stromkreise ist nur ein gemeinsames Erdseil verlegt. Es wurden sowohl zwei Phasen als Hin- und Rückleitung (Doppelleitung, Wellenwiderstand $= 725 \div 800$ Ohm), als auch eine Phase (Einzelleitung, Wellenwiderstand $= 435 \div 455$ Ohm) mit der Erde als Rückleitung verwendet. Bemerkenswert war die Feststellung, daß die sich am Ursprungsort ausbildenden Wellen an der Einzelleitung eine geringere prozentuale Steilheit besaßen als an der Doppelleitung. Außerdem schienen die absoluten Werte der Steilheit im ersten Fall von Witterungseinflüssen abzuhängen. Mittels der Schleifenmethode (s. Abb. 97a und 97b) wurden nun die Wellen in verschiedenen Abständen vom Ursprungsort gemessen. Die Abb. 98 und 99 geben die an der Doppelleitung gemessenen Schleifenspannungen und die maximale Wellenhöhe wieder. Daraus ist eine starke Abnahme der Wellenhöhe und eine beträchtliche Verminderung der Steilheit bereits nach kurzen

Laufstrecken zu erkennen. Über 20 km hinaus erfuhr die Steilheit eine starke Erniedrigung, deren Ursache in der zur Verfügung stehenden kurzen Zeit nicht geklärt werden konnte. Für die Einzelleitung erhielt man eine etwas stärkere Abnahme der Wellenhöhe als bei der Doppelleitung. Die Verschleifung der Wellenstirn war hingegen

Abb. 95 b. Tragmast.

etwas geringer, was jedoch auf den Umstand zurückzuführen ist, daß die ursprüngliche Welle bereits flacher und folglich die Einwirkung der Isolatoren naturgemäß geringer war.

Um die Meßergebnisse nachzurechnen, mußte erst die ursprüngliche Form der Welle ermittelt werden. Hierbei wurde festgestellt, daß durch das Durchlaufen von Außendurchführungen (Kapazität = 150 cm) die Wellenform bereits etwas geändert und der ursprünglichen

Welle eine stark gedämpfte Schwingung überlagert worden war, wie Abb. 100 zeigt; es sind hierin auch die errechneten Wellen für verschiedene Abstände vom Ursprungsort eingetragen (vgl. auch Abb. 94). Es ergab sich hinsichtlich Steilheit und Wellenhöhe eine recht befriedigende Übereinstimmung zwischen Rechnung und Versuch, wie aus der Tabelle Seite 81 hervorgeht.

  Vergleicht man in Abb. 94 die zwischen den stark ausgezogenen Linienzügen liegenden weißen Flächen (Einfluß der Isolatoren) mit den schraffierten (Einfluß des Widerstandes), so erkennt man deutlich den überragenden Einfluß der Isolatorenkapazität bezüglich der Verschleifung der Stirn. Außerdem ist ersichtlich, wie die Wellenhöhe durch den Einfluß des Ohmschen Widerstandes, aber auch, wenn auch in bedeutend geringerem Maß,

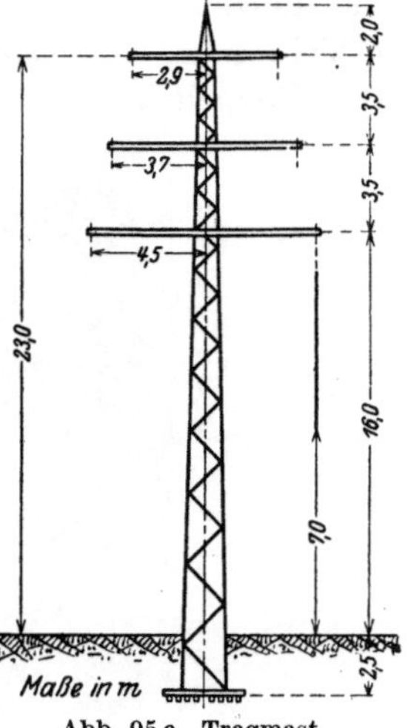

Abb. 95 c. Tragmast.

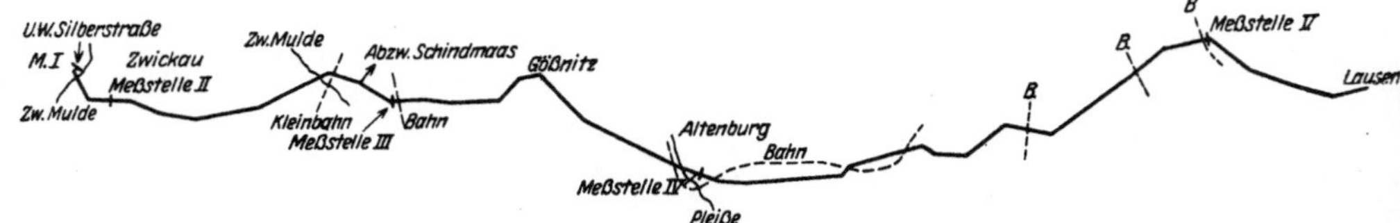

Abb. 96. Kartenskizze der Freileitung Silberstraße—Lausen (Maßstab 1:600 000).

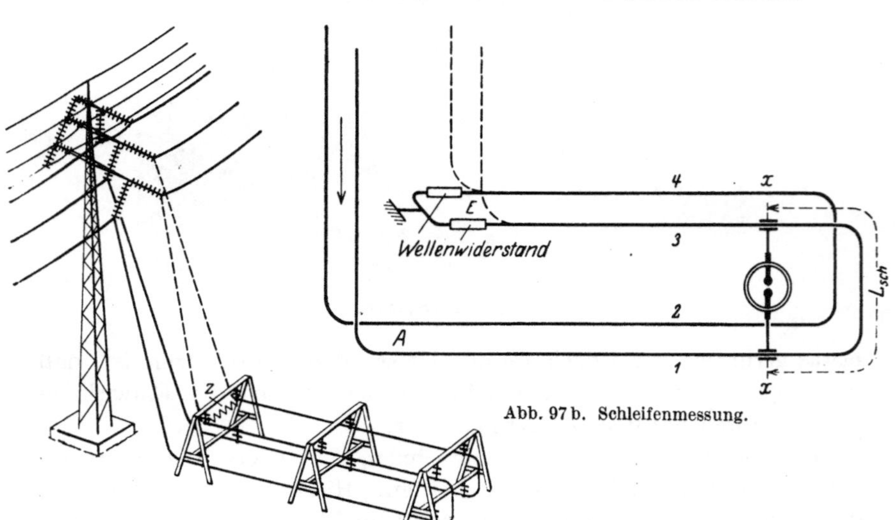

Abb. 97 b. Schleifenmessung.

Abb. 97 a. Schleifenanlage.

durch die Kapazität der Isolatoren, vermindert wird. Die Stärke der letztgenannten Auswirkungen ist auf Vorhandensein der überlagerten Schwingung zurückzuführen, die sehr bald stark gedämpft wird, wie besonders Abb. 100 erkennen läßt.

Zündspannung = 60 kV.

Meß-stelle	Ent-fernung km	Spannungen in kV	Schleifenspannungen bei einer Schleifenlänge $L_{\text{Sch}} =$				Wellenhöhe kV
			5 m	10 m	20 m	50 m	
I	0	gemessen	10,7	17,4	25,7	34,6	34,5
II	2,8	gemessen	6,6	12,1	21,6	31,5	33,0
		errechnet	5,8	11,3	20,4	31,8	33,0
III	20	gemessen	2,7	6,0	11,2	21,6	25,4
		errechnet	2,6	5,6	11,3	21,5	28,0

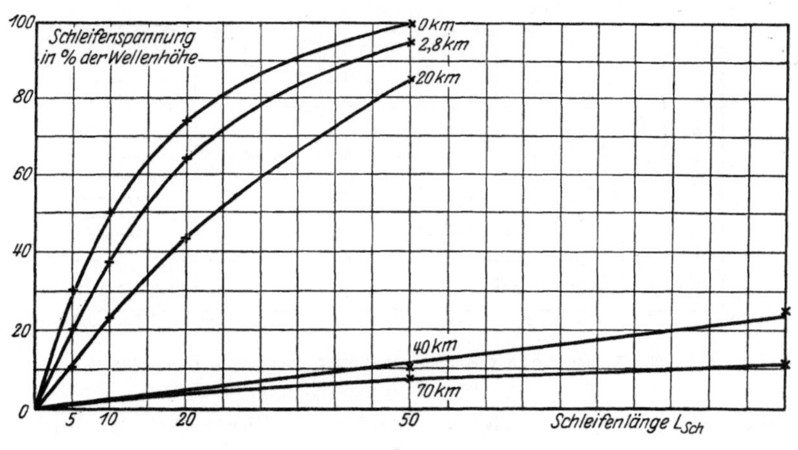

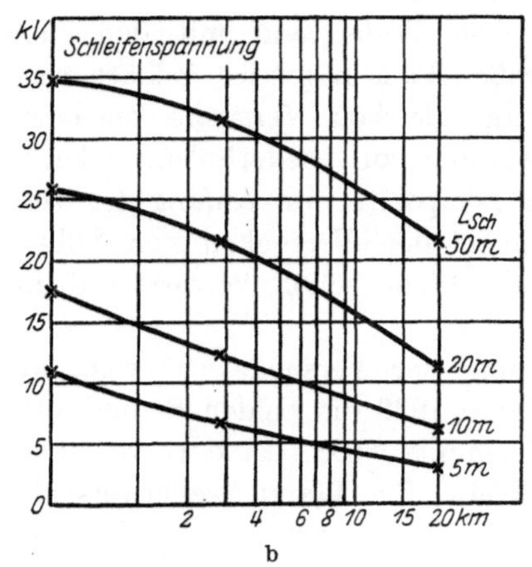

Abb. 98 a—c. Steilheitsmessungen an der Doppelleitung.

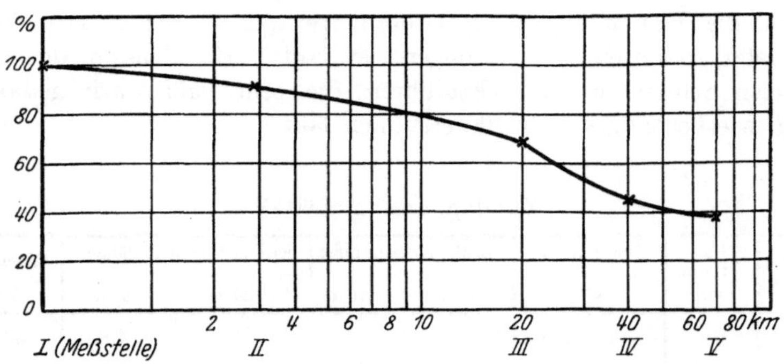

Abb. 99. Abnahme der Wellenhöhe an der Doppelleitung.

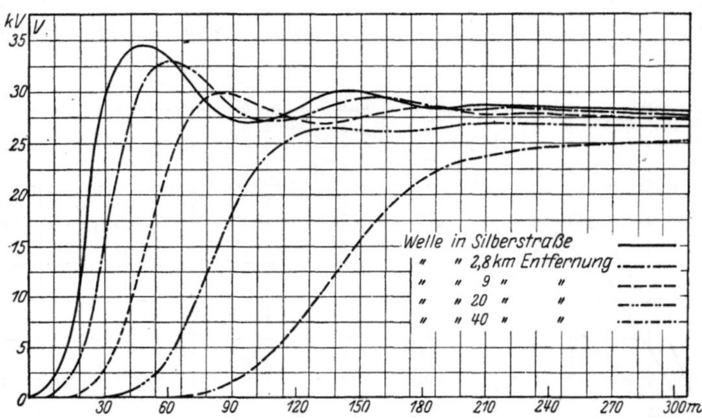

Abb. 100. Wellenform in verschiedenen Entfernungen vom Ursprungsort.

29. Versuche an der 100-kV-Freileitung Chemnitz—Etzdorf.

Wenn auch die Verschleifung der Wanderwellenstirn durch die
Isolatorenkapazität und den Ohmschen Widerstand mit den Versuchen an der Freileitung Silberstraße—Lausen restlos geklärt war,
so war es doch wünschenswert, die gleichen Versuche an einer
Leitung mit anderen Leitungskonstanten zu wiederholen. Gleichzeitig sollte hierbei jede Durchführungskapazität am Anfang der Versuchsleitung vermieden werden, die bei den Versuchen von Silberstraße insofern störend wirkte, als die Welle schon verzerrt auf die
Leitung gelangte.

Eine Gelegenheit zur Wiederholung der Versuche bot sich, als
die A.G. Sächsische Werke im Jahre 1926 die beiden Stromkreise
der neu gebauten 100-kV-Leitung Chemnitz-Nord—Etzdorf vor ihrer
Inbetriebnahme in dankenswerter Weise für Wanderwellenversuche
zur Verfügung stellte und eine weitgehende Unterstützung der Versuche

zusagte. Die Versuche wurden von Dr.-Ing. Zdralek und Dipl.-Ing. Katzschner durchgeführt.

Das Leitungsstück Chemnitz-Nord—Etzdorf, das einen Teil der 100-kV-Verbindungsleitung zwischen dem Großkraftwerk Böhlen und

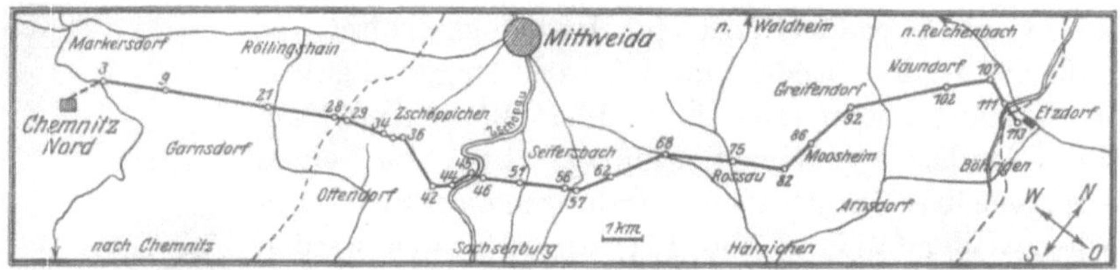

Abb. 101. Kartenskizze der Freileitung Chemnitz-Nord—Etzdorf (Maßstab 1:250000).

dem Hauptumspannwerk Dresden-Nord bildet und ca. 25 km lang ist, geht, wie die Abb. 101 zeigt, von der Nähe des Dorfes Markersdorf nördlich von Chemnitz aus, führt südlich an dem Städtchen Mittweida

Abb. 102. Freiluftstation des Umspannwerkes Etzdorf des Elektrizitätsverbandes Gröba.

vorüber und endigt nahe an der Freiluftstation des Umspannwerkes Etzdorf des Elektrizitätsverbandes Gröba (s. Abb. 102).

Die Leitung selbst aus 95 qmm Kupferseil ist auf den genannten Teilstrecken an insgesamt 280 Masten an 7- bzw. 8gliedrigen Ketten aus V-Ring-Isolatoren befestigt und hat für jeden Stromkreis ein Erdseil. Die Phasenabstände sind aus dem Mastbild (Abb. 103) ersichtlich.

Für die Wanderwellenversuche wurden die für die Messungen verwendeten beiden Phasen der Stromkreise in Chemnitz-Nord in Reihe geschaltet, so daß die beiden Enden der 52 km langen Leitung in Etzdorf lagen und hier über Meßschleifen an die Wanderwellenerzeugungsanlage bzw. an einen aus geeichten Silitstäben zusammengesetzten Ohmschen Widerstand (s. Abb. 104) angeschlossen werden konnten.

Die bereits bei den Versuchen von Silberstraße angewendete Wanderwellenerzeugungsanlage war in einem Holzhäuschen untergebracht. Das Häuschen selbst mit dem nötigen Zubehör (s. Abb. 105) stellte der Elektrizitätsverband Gröba zur Verfügung, der dem Unternehmen in dankenswerter Weise weitgehendes Interesse entgegenbrachte. Die Einführung der Leitungen erfolgte ohne Durchführungen durch abdeckbare Öffnungen in der Holzwand. Zunächst wurden durch Strommessung in Entladeschaltung die Wellenwiderstände bestimmt; der wechselnde Abstand der Leitungen machte sich dabei deutlich bemerkbar. Es ergaben sich die nachstehenden Werte, die gut mit den berechneten übereinstimmen.

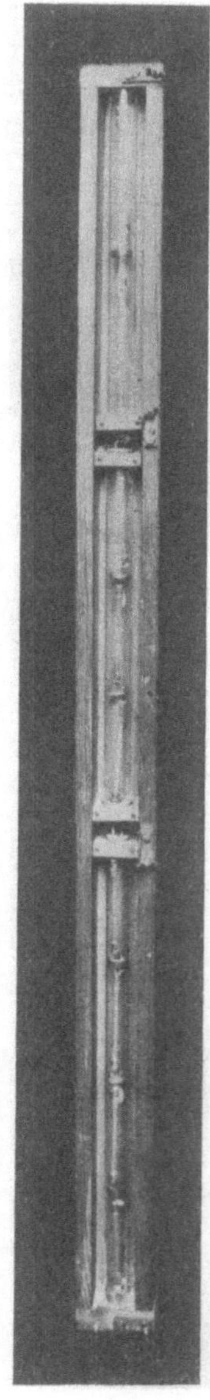

Abb. 103. Tragmast.

Abb. 104. Ohmscher Widerstand aus Silitstäben.

Phase gegen Phase	T_rechts T_links	T_rechts R_links	R_links T_links	S_rechts T_rechts	T_links Erde	R_links Erde	S_rechts Erde	T_rechts Erde
Ohm	870	804	770	750	500	470	470	450

(Bezeichnung der Phasen und Stromkreise s. Abb. 103.)

Da die Errichtung von Meßschleifen auf der Strecke große Schwierigkeiten bereitete, wurde in 13 und 26 km Entfernung von Etzdorf die

Abb. 105.

dort abgespannte Leitung in einer Schleife bis etwa 1 m über den Erdboden herabgeführt (s. Abb. 106) und hier die Spannungshöhe der

Abb. 106.

Welle und die maximale Stirnsteilheit, letztere mit dem Steilheitsmesser, bestimmt.

Wie auf Grund der Versuche an der Leitung Silberstraße—Lausen zu erwarten war, wurde auch an dieser Leitung eine sehr starke Abnahme der Stirnsteilheit mit dem Laufweg der Wanderwellen gefunden. Die Versuchswerte sind in nachstehender Tabelle aufgeführt und in Abb. 109 eingetragen; sie gelten für 60-kV-Zündspannung.

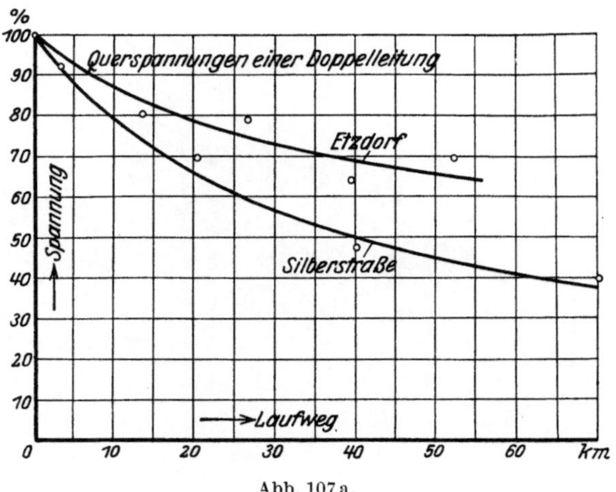

Abb. 107a.

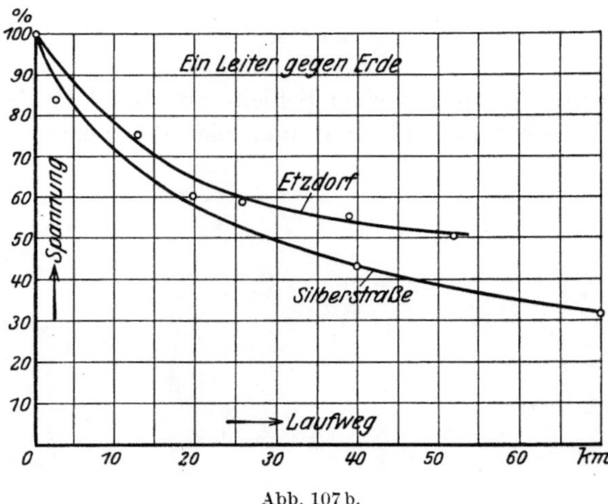

Abb. 107b.

Doppelleitung, Wellenwiderstand 800 Ohm.			Einzelleitung, Wellenwiderstand 475 Ohm.		
Entfernung ab Etzdorf km	Maximale Steilheit je Strang in kV/m	Halbe Querspannung kV	Entfernung ab Etzdorf km	Maximale Steilheit kV/m	Spannung gegen Erde kV
0	3,75	29	0	7,5	58
13	0,55	23	13	0,65	44
26	0,19	22	26	0,28	34
39	0,15	20	39	0,22	32
52	0,14	19,5	52	0,12	29

Zum Vergleich wurden auch noch Versuche mit einem einzelnen Leitungsstrang bei gleicher Zündspannung ausgeführt, wobei der eine Pol der Stoßanlage mit dem Erdseil verbunden war.

Die Abnahme der Querspannungen lassen die Abb. 107a und 107b erkennen.

30. Versuche an den Hochschulleitungen.

Zur Verfügung stand hier die in Abb. 108 dargestellte Versuchsleitung von rund 700 m Stranglänge, an der durch Aufteilung auch kürzere Längen untersucht werden konnten. Es wurde hier eine viel stärkere Verflachung gefunden als an den beschriebenen 100-kV-

Abb. 108. Wanderwellenversuchsleitung der T. H. Dresden.

Leitungen. Der Grund hierfür ist darin zu suchen, daß an der Hochschul-Versuchsleitung aus baulichen Gründen eine verhältnismäßig hohe Zahl von Aufhängepunkten nötig war; an jedem Strang befinden sich 15 dreigliedrige Ketten von normalen Kugelkopfisolatoren. Eine derartige Anhäufung von Kapazität hat natürlich eine stark verschleifende Wirkung zur Folge. Dies ist auch der Grund, warum bei den in Arbeit Nr. 2, S. 382 angeführten Versuchen schon nach 150 m Laufweg erhebliche Verflachung sich ergeben mußte. Es waren hier alle 5 m Tragpunkte der Leitung an Stützern vorgesehen.

Ferner erfolgten Messungen über die Verschleifung an einem 20000-Volt-Kabel (verseiltes Dreiphasenkabel von 35 mm² Querschnitt). Durch Aneinanderschalten konnten die Längen 40, 90 und 130 m hergestellt werden. Die Steilheitsmessung erfolgte hier in Entladeschaltung mit Hilfe des Steilheitsmessers. Dieser wurde an den Anfang und dann an das Ende der Leitung gelegt, wodurch unmittelbar ein Ver-

gleich möglich war. Es ergab sich in Übereinstimmung mit den bereits
im Jahre 1916 ausgeführten Messungen (Arbeit Nr. 2), daß bei Kabeln
die Verschleifung außerordentlich stark ist. Nach 130 m Laufweg
war nur noch $^1/_5$ der Anfangssteilheit vorhanden.

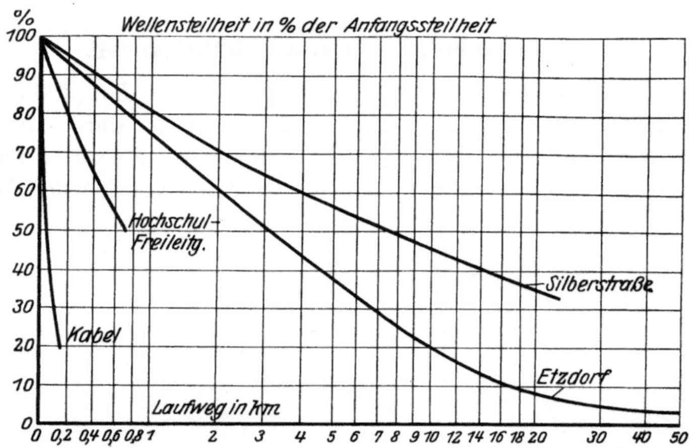

Abb. 109. Verschleifung abhängig vom Laufweg x (wagerecht aufgetragen ln [$x+1$]).

Eine Übersicht der in den verschiedenen Fällen gemessenen Ver-
schleifungen gibt Abb. 109. Die höhere Verschleifung der Etzdorf-
Leitung gegenüber der Silberstraße-Leitung ist in erster Linie durch
die erhöhte Kapazität der Isolatoren zu erklären.

31. Dämpfung von Leitungsschwingungen.

Nach dem in Abb. 107a und 107b dargestellten Abfall der Querspannung konnte man schließen, daß die Welle eine sehr starke Dämpfung erführe, wenn sich Leitungsschwingungen ausbilden. Dieser Schluß
war nicht zutreffend, weil bei Leitungsschwingungen die Wellen nicht
einen auf so kurzen Bereich zusammengedrängten Scheitel besitzen,
sondern sehr flach verlaufen. Der Ohmsche Widerstand erreicht daher
längst nicht die hohen Werte, wie sie für die Stoßwellen sich ergeben
müssen.

Es erschien daher wünschenswert, durch direkte Messungen die
Dämpfung der Schwingungen zu ermitteln, wie sie sich beim Aufladen
oder Entladen einer Leitung ausbilden können. Zu diesem Zweck wurde
ein besonderer Dämpfungsmesser entwickelt. Es liegt ihm der Ge-
danke zugrunde, die Leitung einmal aperiodisch zu entladen, das
andere Mal die Leitung mit dem gleichen Anfangsstrom frei ausschwingen
zu lassen und mittels eines auf Stromwärme ansprechenden Gerätes
die Stromwirkung zu vergleichen. Zdralek schaltete hierzu in den

Stromkreis einen kleinen Silitwiderstand ein und bestimmte dessen Erwärmung mittels Thermometers. Von besonderer Wichtigkeit ist natürlich eine gute Wärmeübertragung auf das Thermoneter, da dieses sonst zu sehr nachhinkt. Es wurde deswegen das Silitstäbchen und auch das Thermometer an der Meßstelle mit einem dichten Metallbelag versehen und beides mittels Gummischnur gut aneinander gedrückt (s. Abb. 110). Die vom Thermometer abgeleitete Wärme und die infolgedessen eintretende Temperatursenkung ist natürlich beträchtlich, fällt aber bei dem Verfahren so gut wie völlig heraus, da es sich um einen Vergleich handelt und sowohl bei einmaligem Stoß wie bei abklingendem Stoß die Dauer der Wärmeentwicklung außerordentlich kurz ist (ballistische Erzeugung). Da bei einem einzelnen Schlag die erzielbare Temperaturerhöhung nur Bruchteile eines Zentigrades betrug, wurde in regelmäßiger Folge eine große Zahl von Schlägen auf das Gerät geschickt. Es ergab sich dann ein fast geradliniger Anstieg des Thermometers mit der Zeit, so daß aus den gezeichneten Temperaturlinien sehr genau die Vergleichswerte zu entnehmen waren.

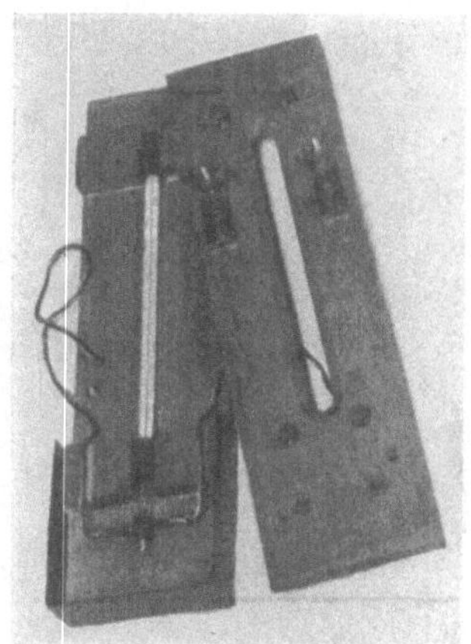

Abb. 110. Dämpfungsmesser.

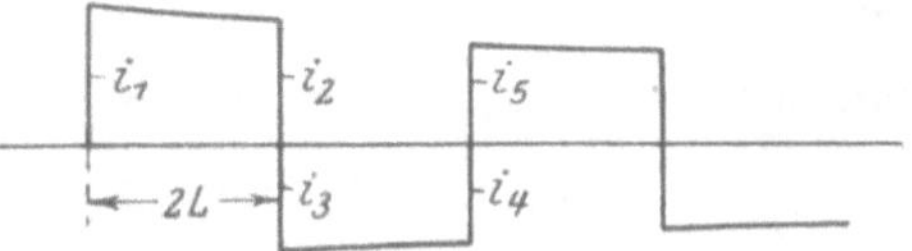

Abb. 111. Verlauf des Stromes an der Schaltstelle.

Abb. 111 stellt in etwas idealisierter Form den Verlauf des Stromes an der Schaltstelle dar. Der Strom setzt mit dem Wert i_1 ein, fällt dann nach dem Laufweg $2L$ (doppelte Streckenlänge) wegen der Dämpfung durch den Leiterwiderstand X auf den Wert i_2 ab; durch Umklappen an der Schaltstelle ergibt sich dann der Wert i_3, der wegen des Einflusses des Meßwiderstandes M im Verhältnis $\dfrac{Z - M}{Z + M}$ verkleinert sein muß. Der Strom i_3 fällt nun wieder weiter ab wegen der Dämpfung durch den Leiterwiderstand. Es erfolgt neuerdings ein Umklappen unter den angegebenen Bedingungen usw. In Wirklichkeit werden die Wellen allmählich auch eine Formänderung erleiden, da die Ecken immer wieder abgeschliffen werden. An Hand der Rieplschen Methode könnte man die Verhältnisse genauer verfolgen. Das Verfahren wird aber außerordentlich verwickelt, es sollen daher für die folgenden Berechnungen gleiche Form der Wellen und dementsprechend gleiche Widerstandsverhältnisse vorausgesetzt werden; dann stehen die Ströme immer im gleichen Verhältnis, also:

$$\frac{i_2}{i_1} = \frac{i_4}{i_3} = \frac{i_6}{i_5} = \cdots ,$$

ferner:

$$\frac{i_3}{i_1} = \frac{i_5}{i_3} = \frac{i_7}{i_5} = \cdots = \frac{Z - X'}{Z + X'} = \sqrt{k} ,$$

wenn X' der an der Strom-Meßstelle konzentriert gedachte Gesamt-dämpfungswiderstand ist.

Die Erwärmung des Meßwiderstandes ist jeweils proportional den Quadraten der auftretenden Einzelströme, die Zeitdauer fällt heraus, da sie in allen Fällen den gleichen Betrag hat. Es muß also für das Verhältnis der Erwärmung ϑ_2 bei frei ausschwingender Leitung zu derjenigen ϑ_1 bei aperiodisch sich entladender angenähert gelten:

$$\frac{\vartheta_2}{\vartheta_1} = \frac{i_1^2 + i_3^2 + i_5^2 + \cdots}{(i_1^2)_{\text{ap}}} .$$

Wird durch entsprechende Änderung der Zündspannung $i_1 = (i_1)_{\text{ap}}$ gemacht, so erhält die Beziehung unter Berücksichtigung der oben eingeführten Größe k die Form:

$$\frac{\vartheta_2}{\vartheta_1} = 1 + k + k^2 + k^3 + \cdots .$$

Der Wert der Summe ist, für unendlich viele Glieder, da $k < 1$, be-kanntlich $= \dfrac{1}{1 - k}$, so daß schließlich:

$$\frac{\vartheta_2}{\vartheta_1} = \frac{1}{1 - k} \quad \text{oder auch:} \quad k = 1 - \frac{\vartheta_1}{\vartheta_2} .$$

Hieraus ergibt sich der gesamte im Kreis wirksame Dämpfungswider-stand X'. Um den Dämpfungswiderstand X der Leitung selbst zu erhalten, muß man den Wert M des Meßwiderstandes noch abziehen. Der gefundene Wert X gestattet nun ohne weiteres, die Berechnung des logarithmischen Dekrementes δ und dann auch der Dämpfungs-konstanten α der Leitung allein. Aus den allgemeinen Schwingungs-gleichungen ist bekannt, daß die Funktion ε^δ das Verhältnis zweier aufeinanderfolgender gleichgerichteter Amplituden darstellt, also nichts anders ist als:

$$\varepsilon^\delta = \frac{i_5}{i_1} = \sqrt{k}^{\,2} = k = \left(\frac{Z - X}{Z + X}\right)^2 ,$$

da $X = X'$ wegen $M = 0$.

Aus dieser Beziehung kann ohne weiteres ε^δ berechnet werden, wo-durch auch δ selbst bekannt ist. Andererseits ist aber $\delta = \alpha \cdot \tau$, wenn τ die Schwingungsdauer darstellt.

Diese ist aber $\tau = \dfrac{4l}{v}$, wobei bei den Freileitungsversuchen $v =$

300000 km/sec. eingesetzt werden muß, während für das Kabel die Fortpflanzungsgeschwindigkeit der Wellen experimentell[1] zu $v = 175000$ km/sec. festgestellt wurde.

Es errechnet sich somit die Dämpfungskonstante bezogen auf die Zeiteinheit zu: $\alpha = \delta \cdot \dfrac{v}{4l}$ 1/sec und bezogen auf die Wegeinheit zu: $\alpha = \dfrac{\delta}{4l}$ 1/km.

Die Ergebnisse der nach diesem Verfahren ausgeführten Dämpfungsmessungen sind in der folgenden Tabelle zusammengestellt. Bei den Freileitungsversuchen hatte der Meßwiderstand 12 Ohm, bei den Kabelversuchen 10 Ohm.

Ergebnisse der Dämpfungsmessungen.

A. Freileitungen. $v = 300000$ km/sec.

1. Phase gegen Phase:

Leiter-länge l	Leiter-querschnitt q	Wellen-widerstand Z	$\dfrac{\vartheta_2}{\vartheta_1}$	k	Dämpfungs-widerstand X	Log. Dekr. δ	Dämpfungskonstant α	
m	mm³	Ohm			Ohm		1/km	1/sec
20	78,8	480	3	0,665	37,0	0,31	3,88	1160000
90	78,8	480	7	0,858	2,4	0,02	0,0556	16700
135	50,0	770	13	0,923	3,7	0,02	0,0367	11000
700	50,0	770	9,5	0,895	10.0	0,05	0,0177	5300
13000	95,0	770	10	0,900	7,7	0,04	} 0,000785	235
39000	95,0	770	6,8	0,852	23,4	0,12		
52000	95,0	770	5,1	0,800	30,5	0,16		

2. Phase gegen Erde:

Leiter-länge l	Leiter-querschnitt q	Wellen-widerstand Z	$\dfrac{\vartheta_2}{\vartheta_1}$	k	Dämpfungs-widerstand X	Log. Dekr. δ	1/km	1/sec
700	50,0	515	2,8	0,640	44,5	0,35	0,123	37000

B. Kabel. $v = 175000$ km/sec.

1. Phase gegen Phase:

Leiter-länge l	Leiter-querschnitt q	Wellen-widerstand Z	$\dfrac{\vartheta_2}{\vartheta_1}$	k	Dämpfungs-widerstand X	Log. Dekr. δ	1/km	1/sec
40	35,0	81,5	2,2	0,550	2,5	0,12	} 0,75	131000
90	35,0	81,5	1,9	0,470	5,4	0,27		
130	35,0	81,5	1,65	0,396	8,0	0,39		

2. Phase gegen Mantel (Erde):

Leiter-länge l	Leiter-querschnitt q	Wellen-widerstand Z	$\dfrac{\vartheta_2}{\vartheta_1}$	k	Dämpfungs-widerstand X	Log. Dekr. δ	1/km	1/sec
40	35,0	62,0	1,90	0,467	2,9	0,18	} 1,14	200000
90	35,0	62,0	1,50	0,333	6,7	0,41		
130	35,0	62,0	1,30	0,264	10,0	0,60		

B. Beanspruchung der Wicklungen von Umspannern.

32. Über die rechnerische Ermittlung der Windungsspannungen.

Die steile Stirn von Wanderwellen wirkt gefährdend in allen Fällen, in denen zwei zu demselben Leitungsstrang gehörige Punkte nahe

---

[1] Mit Wellenmesser und bei den später beschriebenen Resonanzversuchen bestimmt.

aneinander gerückt sind, z. B. bei benachbarten Windungen oder Lagen in den Wicklungen von Umspannern und Maschinen oder auch den Einführungen von Stromwandlern. Es ergeben sich dann an diesen Stellen Spannungen, die ein Vielfaches der im regelmäßigen Betrieb vorhandenen Werte betragen können.

Man war ursprünglich der Meinung, daß beispielsweise zwischen zwei Windungen (s. Abb. 112) die Spannung einer herankommenden

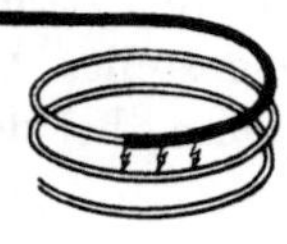

Abb. 112.

steilen Welle in voller Höhe auftreten müßte, da die zweite Windung erst eine Erhöhung des Potentials erfahren könnte, wenn die Wellenstirn auf ihrem Lauf diese Windung erreicht hätte. Abb. 112 läßt ohne weiteres erkennen, daß eine benachbarte Windung ebenso wie der zweite Schleifendraht in Abb. 24 bereits unter Spannung gesetzt wird, sobald die Welle auf der ersten Windung angelangt ist und von hier aus ihr elektrisches Feld entwickelt. Die zwischen den beiden Windungen auftretende Spannung (die Windungsspannung) wird daher wesentlich unter der vollen Wellenspannung bleiben.

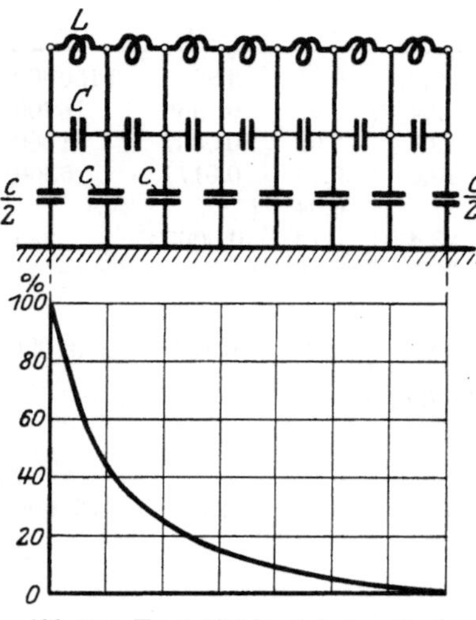

Abb. 113. Ersatzbild der einlagigen Spule nach K. W. Wagner.

Unter Zugrundelegung des Ersatzschemas in Abb. 113 hat K. W. Wagner[1] den genauen Verlauf der Spannungen an den einzelnen Punkten der Wicklung berechnen können. In erster Linie ist, wie die Rechnung gezeigt hat, das Verhältnis der Kapazität zwischen zwei Windungen (C) zur Kapazität einer Windung gegen Erde (c) von ausschlaggebendem Einfluß. Dieses Ersatzschema wird in weitgehender Annäherung die Verhältnisse für eine einlagige Spule wiedergeben. Bei den Wickelungen von Umspannern für höhere Spannungen kommt jedoch dieser Fall kaum vor, hier sind zum mindesten eine Reihe von Lagen übereinander gewickelt. Dabei kommt aber beispielsweise die Anfangswindung einer Lage dicht zusammen mit der letzten Windung der darüber befindlichen Lage und da sich dieses Zusammentreffen bei jeder neuen Lage jeweils am anderen Ende wiederholt, so ergibt sich keine regelmäßige Folge hinsichtlich der wirksamen Kapazitäten.

Noch stärker ausgeprägt sind diese Unregelmäßigkeiten beim Aufbau der Wicklung aus Scheibenspulen, wie es in Abb. 114 dargestellt ist.

[1] K. W. Wagner, E. u. M. 1915, S. 89.

Ein Schema, das den verschiedenen Kapazitäten der Windungen je nach ihrer Lage entspräche, würde so verwickelt werden, daß es aussichtslos ist, daran das Vordringen der Welle in das Innere der Wicklung studieren zu wollen; schon für das einfache Schema erfordert die Rechnung die Anwendung der hyperbolischen Funktionen. Trotzdem läßt sich mit einfachen Mitteln das Wesen der Verhältnisse kennzeichnen[1].

Wie die noch zu beschreibenden Versuche gezeigt haben, ist für die höchsten Windungsspannungen die Spannungsverteilung im Anfangszustand maßgebend. Man denkt sich sämtliche Windungen aufgeschnitten und die erste Windung, welche an den positiven Leitungspol anschließt, und die letzte Windung, die mit dem negativen

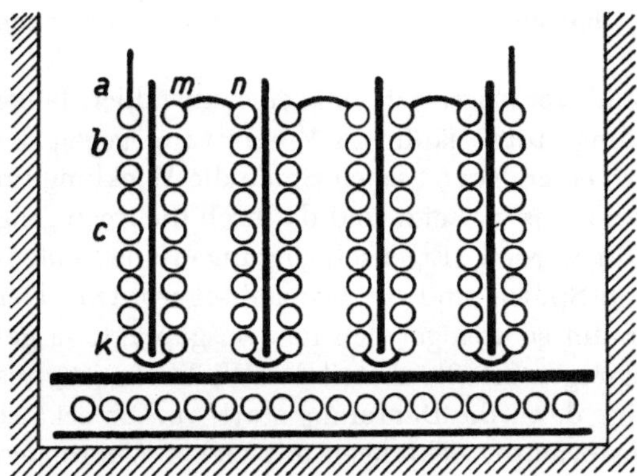

Abb. 114. Schematischer Querschnitt durch eine Transformatorwicklung.

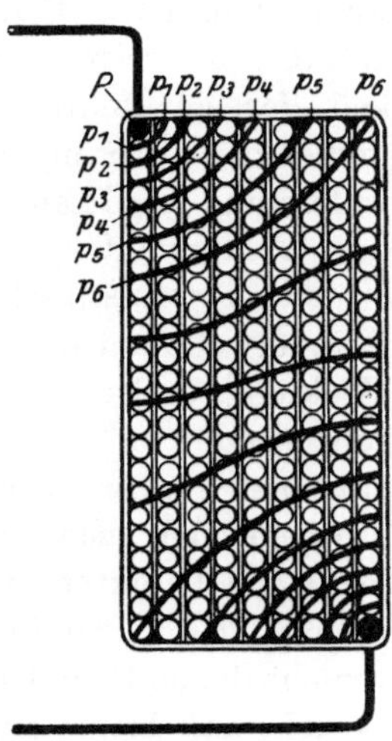

Abb. 115. Spannungsverteilung in einer Spule im Anfangszustand.

Leitungspol verbunden ist, entsprechend der Wellenspannung gegeneinander aufgeladen. Die genannten Windungen entwickeln dann ein elektrisches Feld, dessen Verlauf natürlich davon abhängt, in welcher Weise der Raum zwischen den aufgeladenen Windungen mit Wicklungskupfer ausgefüllt ist. Es können daher die Linien gleichen Potentials (siehe Abb. 115) erheblich von dem in Abb. 24 gezeichneten Verlauf abweichen; ebenso wie dort, kann aber an ihnen die Spannung abgelesen werden, die zwischen der Eingangswindung und irgendeiner der folgenden Windungen auftritt. Das größte Gefälle ergibt sich zwischen Eingangswindung und der benachbarten Windung; wie die Messungen zeigen (s. Abb. 119), kann die eindringende Welle an keiner Stelle eine höhere Windungsspannung hervorrufen.

Man kann gegen dieses Verfahren einwenden, daß bei den außerordentlich schnell verlaufenden Vorgängen die elektrischen Felder sich

---

[1] L. Binder, E.T.Z. 1916, S. 600.

nicht sofort so ausbilden, wie es dem Dauerzustand entspricht; verschiedene in diesem Buch beschriebene Messungen haben auch gezeigt, daß die Dielektrizitätskonstante bei Stoßvorgängen fast bis auf die Hälfte zurückgeht. Es muß aber hervorgehoben werden, daß der hier eingeschlagene Weg immer noch der beste ist; um den genannten Einflüssen Rechnung zu tragen, müßte man beispielsweise in dem Schema Abb. 113 die Kapazitäten C und c als mit der Zeit veränderlich annehmen, wobei bereits in diesem einfachen Fall dann eine Lösung der Gleichungen unmöglich würde. Auch wenn man nach Rogowski[1] die Wicklung als Mehrleiteranordnung auffaßt, so zeigen sich die genannten Störungen als Veränderlichkeit der einzuführenden Wellenwiderstände. Das elektrische Feld ist immer das Ursprüngliche (das Primäre), Kapazität und Wanderwellenwiderstand sind aus ihm abgeleitete Größen und richten sich nach dem Feldverlauf.

Bisher war stillschweigend vorausgesetzt, daß eine unendlich lange Wanderwelle auf die Wicklung stößt; läuft ein Wellenzug gegen die Wicklung, so kann nach Art einer Seibtschen Spule die Wicklung im ganzen oder in Teilen in Resonanz versetzt und dadurch die Spannung einzelner Punkte stark erhöht werden. Eigenschwingungeu von Spulengruppen oder auch einzelnen Spulen sind oft beobachtet worden. Der Resonanzcharakter ist aber um so weniger deutlich ausgeprägt, je geringer der von den Schwingungen erfaßte Anteil der Wicklung ist; aus verschiedenen Gründen steigt dann die Dämpfung stark an. So erklärt es sich, daß bisher an Transformatorwicklungen mit vielen Windungen niemals Resonanz einer einzelnen Windung nachgewiesen werden konnte. Wird die Isolation nicht durch festes Dielektrikum sondern durch Luft gebildet, so ist unter Umständen die Dämpfung so gering, daß auch einige Windungen in Schwingungen geraten können, wie verschiedene mit Schutzdrosselspulen angestellte Versuche vermuten lassen. Derartige Spulen kommen aber als Transformatorwicklungen so gut wie nicht in Frage. Stellt sich an einer der Spulen eines Transformators Resonanz ein, so überschreitet trotz der erhöhten Spulenspannung die Spannung zwischen zwei aufeinanderfolgenden Windungen nicht die Werte für Stoßbeanspruchung mit der normalen Spannung, da im Resonanzfalle die Wellensteilheit verhältnismäßig gering ist. Die Bestimmung der Windungsspannungen aus dem Anfangszustand gibt also (abgesehen von Lagenspannungen und Spannungen gegen Erde) die ungünstigsten und für die Isolierung der Windungen maßgebenden Werte.

Nachdem durch die im ersten Teil beschriebenen Messungen klargelegt war, daß eine belichtete Meßfunkenstrecke auch die kurzzeitig-

---

[1] Arch. f. Elektrotechn. 1918, S. 265 u. 377; 1919, S. 17, 33, 161, 320.

sten Spannungsspitzen erfaßt, konnte darangegangen werden, auf experimentellem Weg ein Bild der an einem Umspanner auftretenden Spannungen, insbesondere zwischen je zwei benachbarten Windungen, zu gewinnen; dabei kommt der große Vorzug der Funkenstrecke zur Geltung, daß an ihr die Zuleitungen bis auf etwa 1 cm verkürzt werden können, so daß die Rückwirkungen auf die Windungsspannungen verschwindend gering werden.

Nachstehend seien die Ergebnisse einer eingehenden Untersuchung von W. Reiche[1] dargestellt.

33. Messungen.

Die Versuche wurden an dem in Abb. 116 dargestellten Lufttransformator für 30000 Volt und 30 kVA Nennleistung durchgeführt. Die Hochspannungswicklung hat auf jedem Schenkel zwei Eingangsspulen mit 238 Windungen mit 4facher Baumwollisolierung und 14 andere Spulen von je 375 nur 2fach mit Baumwolle isolierten Windungen. Jede der Spulen hat die übliche Doppelscheibenanordnung (Abb. 114); die Windungen bestehen aus 0,8 mm dickem Kupferdraht mit einer mittleren Windungslänge von 78 cm. Außerdem sind noch verschiedene Spulen in Sonderausführung vorhanden, die noch näher beschrieben werden.

Von einem mit Gleichspannung aufgeladenen Kondensator aus wurde über eine Zündstrecke die Wicklung des einen Schenkels an 30000 Volt gelegt, während der zweite Schenkel bereits angeschlossen war.

Abb. 116. Lufttransformator 30 kVA.

a) Spannungsverteilung an der gesamten Wicklung: Abb. 117 zeigt die Spannungen, die zwischen dem Schaltpol und den 16 Spulen des ersten Schenkels gemessen wurden, und zwar einmal für einen lichten Abstand der Spulen von 30 mm und dann für den Abstand von

---

[1] Arbeit Nr. 13.

nur 3 mm (gestrichelte Linie). Es ist unverkennbar, daß die Spannungsverteilung gut derjenigen nach dem Schema Abb. 113 entspricht. Man darf daraus aber nicht den Schluß ziehen, daß nun auch die Verhältnisse innerhalb einer Spule sich entsprechend ergeben müßten. Wie Abb. 118 für die ersten drei Spulen zeigt, treten im einzelnen ganz erhebliche Abweichungen auf; insbesondere für den Anfang der ersten Spule macht sich ein außerordentlich scharfer Anstieg bemerkbar, etwa 8 mal so groß, als er nach der am Spulenende gemessenen Gesamtspannung zu erwarten wäre (gestrichelte Kurve).

b) **Windungsspannungen:** In Abb. 119 sind die auf je eine Windung entfallenden Spannungen für die ersten 600 Windungen und zugleich im Nebenbild genauer die Windungsspannungen bis zur 20. Windung dargestellt. Es zeigt sich, daß nur der Anfang der Wicklung stark beansprucht ist, beim Über-

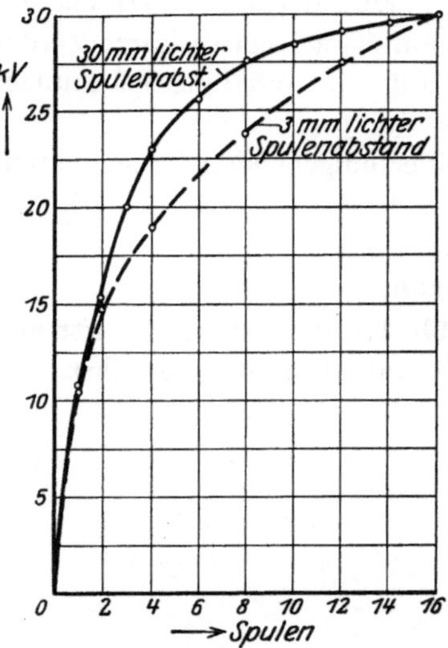

Abb. 117. Spannungsverteilung auf der Gesamtwicklung bei weitem und engem lichten Spulenabstand.

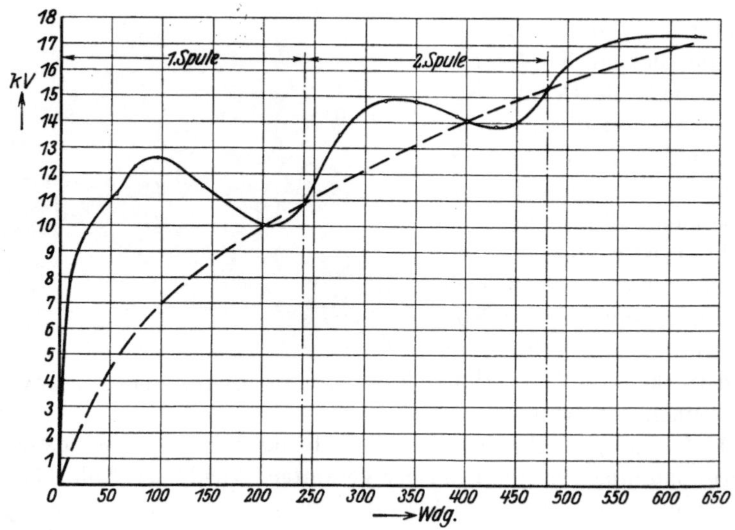

Abb. 118. Spannungsverteilung auf den ersten drei Spulen bei weitem Spulenabstand.

gang von einer Spule in die andere sind jeweils noch Erhöhungen merklich, sie fallen aber kaum mehr ins Gewicht. In Abb. 120 zeigt die obere Linie genauer die Spannung, die sich zwischen der ersten Windung und irgendeiner Windung höherer Ordnungszahl ergab.

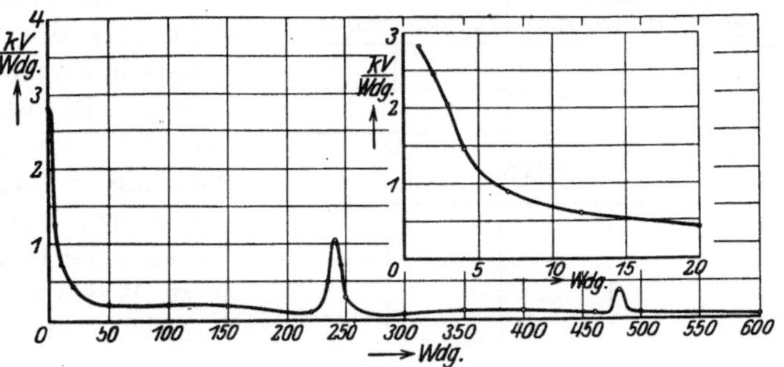

Abb. 119. Windungsspannungen bei weitem Spulenabstand.

c) Einfluß verstärkter Isolierung. Die gestrichelten Linien in Abb. 120 geben die Windungsspannungen und die gesamten Spannungen für Versuchsspulen, bei denen die Eingangswindungen ebenso wie die übrigen Windungen nur 2 fach mit Baumwolle isoliert waren. Die Eingangswindungen rücken dadurch näher zusammen, gemäß dem Feldbild Abb. 115 muß dann auch die auftretende Spannung geringer werden. Man erkennt durch diese Betrachtung auch, daß umgekehrt die Windungsspannung erheblich ansteigen muß, wenn die Isolation

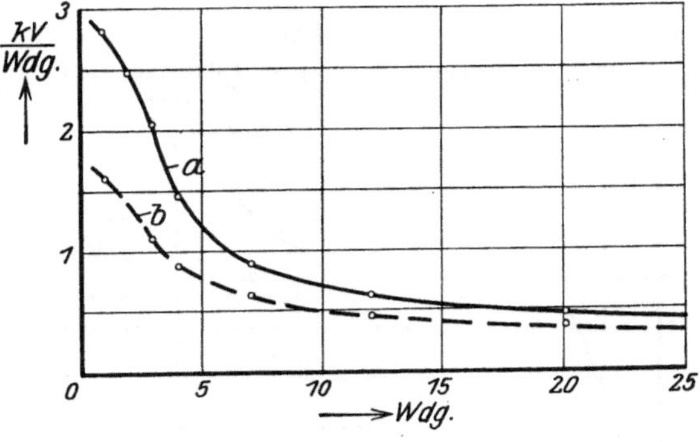
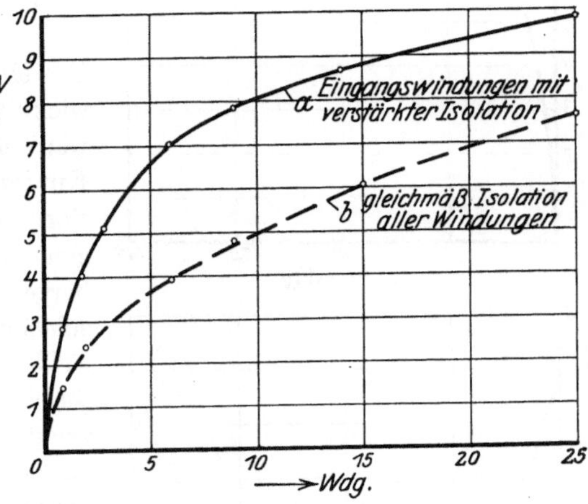

Abb. 120. Einfluß verstärkter Isolation auf die Spannungsverteilung.

verstärkt wird, so daß die Verhältnisse längst nicht in dem Maß günstiger werden, wie die Isolationsdicke zunimmt.

Binder, Wanderwellenvorgänge. 7

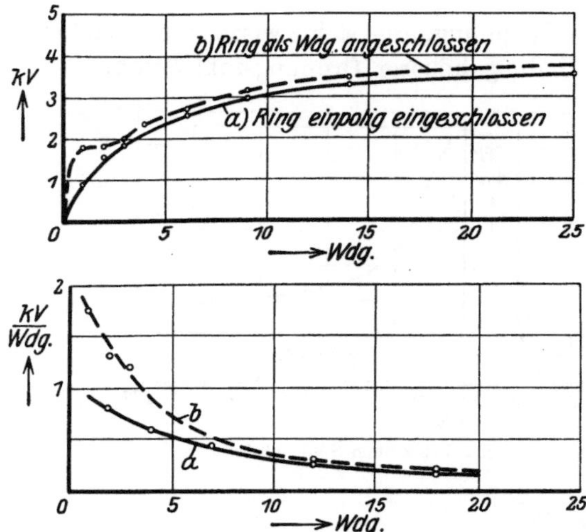

Abb. 121. Spannungsverteilung bei Anbringung einer Ringscheibe am Anfang der Wicklung.

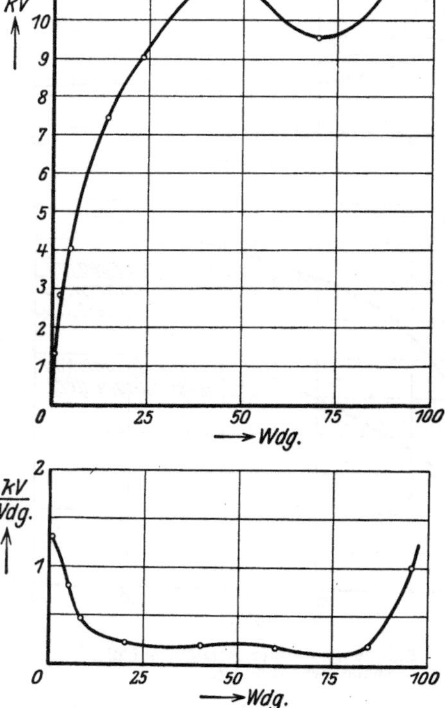

Abb. 122. Spannungsverteilung bei flachgewickelten Bandspulen.

d) Schutz durch Ringscheiben. Als Abschluß der Schenkelwicklung liegt dicht über der Eingangsspule ein geschlitzter Metallring. Er wurde zum Vergleich einmal an die Wicklung totliegend angeschlossen, zum anderen Mal als erste Windung benutzt. Wie Abb. 121 beim Vergleich mit Abb. 120 zeigt, gingen hierdurch die Windungsspannungen ganz erheblich zurück, da das Potentialgefälle in der Nähe einer großen Fläche längst nicht mehr so groß ist, wie in der Nähe eines dünnen geladenen Drahtes. Als günstig erwies es sich, den Ring nur einpolig anzuschließen. Wird der Ring als erste Windung benutzt, so findet am Übergang in die erste Drahtwindung ein starker Sprung statt.

e) Flachgewickelte Bandspulen. Um einen Vergleich mit Runddrahtwicklung durchführen zu können, war eine Spule aus $0,2 \cdot 5$ mm² Kupferband mit 0,22 mm Isolation und insgesamt 95 Windungen in Doppelscheibenanordnung hergestellt worden. Auch in einem solchen Fall ist das Gefälle im Feld viel geringer, wie wenn es durch einen dünnen Draht erzeugt wird. Abb. 122 zeigt die zu erwartende erhebliche Verminderung der Windungsspannungen und auch der gesamten Spannung im Vergleich zu Abb. 120, die für Runddrahtspulen gilt.

Es wurden auch einige Versuche mit einer hochkant gewickelten Bandspule durchgeführt, die ebenfalls ein günstiges Ergebnis hatten; wegen der Herstellungsschwierigkeiten kommen aber solche Spulen für Transformatoren höherer Spannung kaum in Frage.

C. Resonanzvorgänge in den Anlagen.

34. Rechnungsmäßige Erhöhung der Spannung.

Eine auf einer Fernleitung herankommende Wanderwelle trifft bei ihrem Eindringen in ein Schaltwerk zunächst auf die Durchführungen, gelangt dann über kürzere oder längere Verbindungsleitungen zu den Trennschaltern, Ölschaltern, Auslösespulen, Meßwandlern, Sammelschienen und kommt weiterhin auch auf Schutzdrosseln und schließlich auf die Umspanner. Allen diesen Teilen ist Induktivität und Kapazität zuzuschreiben. Als Induktivitäten kommen vornehmlich die Schutzdrosseln, Auslösespulen, Meßwandler und auch Verbindungsleitungen in Frage, während die Kapazitäten hauptsächlich an den Durchführungen, Schaltern, Sammelschienen und Umspannern hervortreten. Da nicht nur jeder Teil für sich ein schwingungsfähiges Gebilde darstellt, sondern auch verschiedene Teile der gesamten Anlage jeweils zusammenwirken können, sind Schwingungskreise in unendlicher Mannigfaltigkeit vorhanden.

Der denkbar einfachste Fall ist in Abb. 123a dargestellt, am Ende einer Leitung befindet sich ein aus der Induktivität L und der Kapazität C bestehender Schwingungskreis.

a) **Aufschwingen infolge einmaligen Stoßes.** Es ist zunächst darauf hinzuweisen, daß bereits ein einmaliger Wellenstoß einen am Ende einer Leitung angeschlossenen Schwingungskreis auf erhebliche

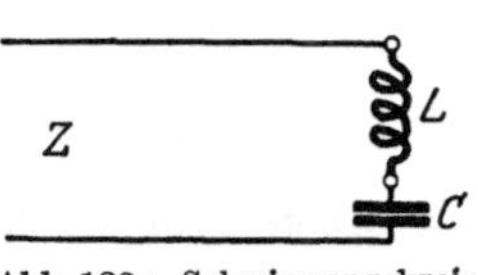

Abb. 123 a. Schwingungskreis am Ende einer Leitung.

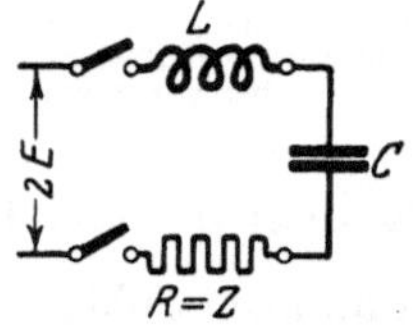

Abb. 123 b. Ersatzschema.

Spannungen bringen kann. Bekanntlich schwingt ein Kondensator, wenn er über eine Drossel aufgeladen wird, auf den zweifachen Wert der Ladespannung auf; als Ladespannung kommt aber unter günstigen Umständen (offenes Leitungsende) die doppelte Höhe der heranlaufenden Leitungswelle in Frage, so daß insgesamt eine Vervierfachung der Spannung möglich ist. Unter Zugrundelegung des Ersatzschemas in Abb. 123b kann man ohne weiteres die aus der Schwingungstheorie bekannte Gleichung für die in einem beliebigen Fall auftretende Spannung anschreiben:

$$E_C = 2 \cdot E\left(1 + \varepsilon^{-\frac{\pi}{2} \cdot \frac{Z}{\sqrt{L/C}}}\right),$$

wobei vorausgesetzt ist, daß:

$$\sqrt{\frac{L}{C}} > \frac{Z}{2}$$

ist, andernfalls würden keine Schwingungen auftreten.

b) Anstoß durch Leitungsschwingungen, Resonanzfall. Wie Petersen[1] und Böhm[2] gezeigt haben, kann nun eine viel weitergehende Spannungserhöhung dadurch eintreten, daß durch einen Wellenzug auf der Leitung der Schwingungskreis sehr häufig angestoßen wird, wobei Resonanz möglich ist, wenn die Schwingungszahl der Leitungswellen mit derjenigen des Schwingungskreises zusammenfällt. Bezeichnet α den Dämpfungsfaktor der Leitung, β denjenigen des Schwingungskreises, und führt man einen gemeinsamen Dämpfungsfaktor $\gamma = \dfrac{\alpha + \beta}{2}$ ein, was häufig ohne große Fälschung des Endergebnisses geschehen kann, so wird die Höhe der Überspannung:

$$E_{\ddot{u}} = E\left(1 + \varepsilon^{\left(\frac{\pi}{2} \cdot \frac{\gamma}{\omega} - 1\right)} \cdot \frac{2\omega}{\pi \cdot \gamma}\right).$$

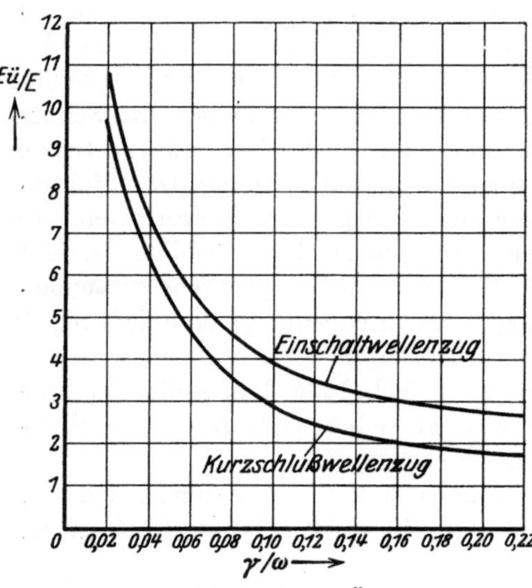

Abb. 124. Abhängigkeit der Überspannung von der Dämpfung bei Resonanz mit Rechteckwellen berechnet von Böhm.

Abb. 124 zeigt die von Böhm an Hand dieser Gleichung berechneten Überspannungen abhängig vom Wert $\dfrac{\gamma}{\omega}$. Die obere Kurve gilt für einen Einschaltwellenzug, die untere für einen Kurzschlußwellenzug, wobei das Verhältnis $\dfrac{E_{\ddot{u}}}{E}$ um 1 geringer ist, da der Ausgleich sich nicht auf dem Niveau $+ E$, sondern auf dem Niveau 0 abspielt.

Böhm und Gábor haben durch Versuche nachgewiesen, daß solche Überspannungen infolge Wanderwellenresonanz sich tatsächlich einstellen. Um die Erscheinungen klar hervortreten zu lassen, wurden

[1] Petersen, Arch. f. El. Bd. 1, Heft 6.
[2] Böhm, Arch. f. El. Bd. 5, H. 12.

dabei für das Aufschwingen günstige Verhältnisse gewählt, Kabel als ergiebige Erreger und Luftdrosseln, an denen die Dämpfung gering ist. Man darf daher die Ergebnisse solcher Laboratoriumsversuche nicht ohne weiteres auf die Praxis übertragen. Um übersehen zu können, inwieweit hier tatsächlich eine Gefährdung auftreten kann, wurden von Katzschner[1] eingehende Untersuchungen im Laboratorium und dann in den Anlagen selbst unter möglichst der Wirklichkeit entsprechenden Umständen vorgenommen. Die Messungen an den Transformatoren bis zu den größten Leistungen und die Versuche auf der Strecke waren natürlich umständlich und zeitraubend, haben aber dafür eine Reihe interessanter Ergebnisse gehabt.

35. Das Verhalten der in den Anlagen vorhandenen Schwingungsgebilde.

Es sollte für die verschiedenen Fälle der wirksame Wert von L und C ermittelt und ferner festgestellt werden, inwieweit bei den hohen Frequenzen mit stärkerer Dämpfung wegen der hohen Verluste zu rechnen ist.

a) Induktivitäten. Um die Drosseln zu prüfen, wurden möglichst einfache Schwingungskreise (siehe Abb. 125) gewählt, an denen

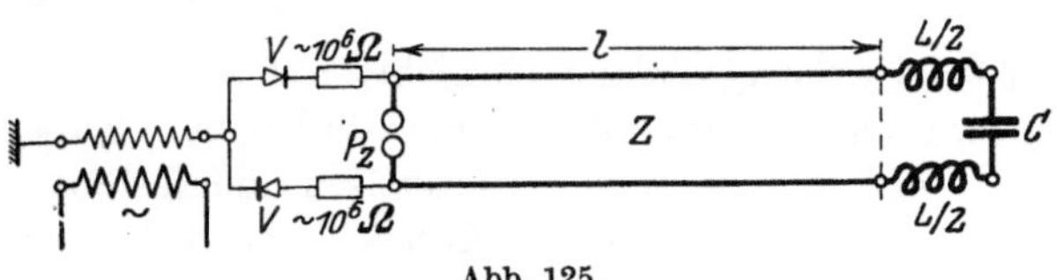

Abb. 125.

leicht eine Nachrechnung durchgeführt werden kann. Aus diesem Grunde kamen auch Luftkondensatoren zur Verwendung (Teile des in Abb. 170 dargestellten Kondensators), da diese praktisch verlustfrei sind.

Abb. 126a zeigt die gefundenen Resonanzkurven für $L = 45{,}5 \cdot 10^5$ cm und veränderliche Kapazität; es ist jeweils die Wurzel aus der Kapa-

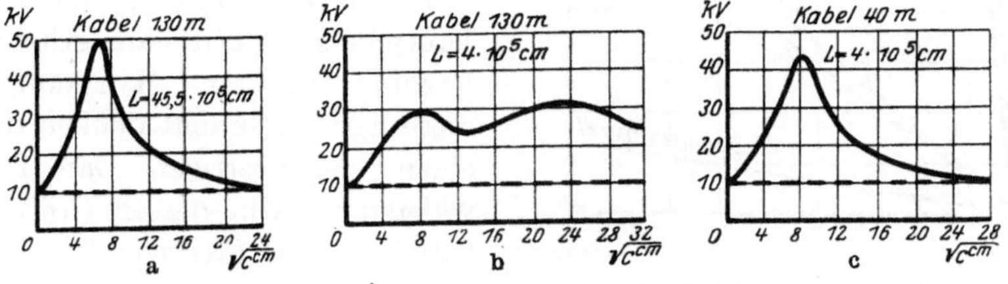

Abb. 126. Kabel als Schwingungserreger.

zität wagerecht aufgetragen, so daß die Abszissenwerte zugleich der Wellenlänge des angehängten Schwingungskreises proportional sind.

---

[1] Arbeit Nr. 14.

Als Erreger diente ein Kabel von 130 m Länge. Für eine etwa 10 mal kleinere Induktivität ergaben sich unter sonst gleichen Umständen

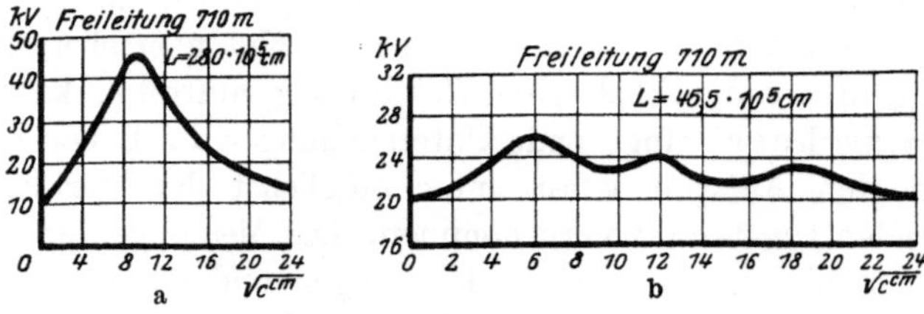

127 a—b. Freileitung als Schwingungserreger.

die in Abb. 126b dargestellten Verhältnisse. Den Einfluß einer Frequenzerhöhung auf ungefähr das Dreifache (Kabel nur 40 m lang) läßt

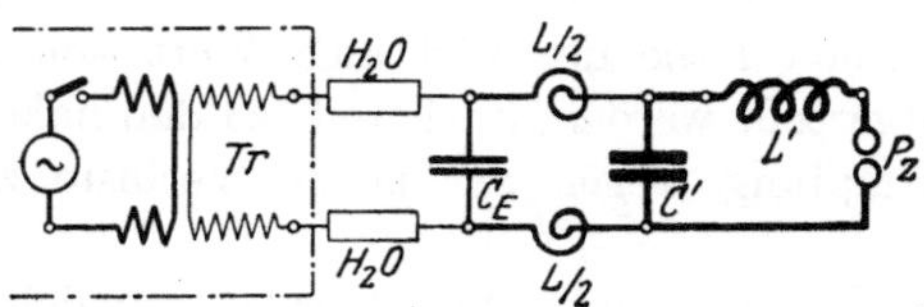

Abb. 128. Bestimmung des Dämpfungswiderstandes von Drosselspielen.

Abb. 126c erkennen. Bei den genannten Versuchen konnte der praktisch punktförmige Kondensator durch ein Leitungsstück entsprechender Kapazität ersetzt werden, ohne daß eine merkliche Änderung eintrat. Bei den Versuchen mit der 700-m-Freileitung gelang es nicht, mit kleinen Induktivitäten Resonanz zu erregen, während andererseits bei den Kabelversuchen C praktisch mindestens 25 cm war. Abb. 127a zeigt die Ergebnisse eines Versuches mit $L = 280 \cdot 10^5$ cm; mit etwa $1/6$ dieses Wertes ergab sich die in Abb. 127b gezeichnete Resonanzkurve, an der sehr deutlich die Resonanz mit Oberwellen ausgeprägt ist. Die Nachrechnung der Resonanzhöhen ergab, daß in den Drosseln zum Teil ganz erhebliche Verluste auftreten. Man kann sich diese hervorgebracht denken durch einen gleichwertigen Dämpfungswiderstand. Um dessen Größe abhängig von der Frequenz bestimmen zu können, wurden Spulen verschiedener Art, und zwar Zylinderdrosseln

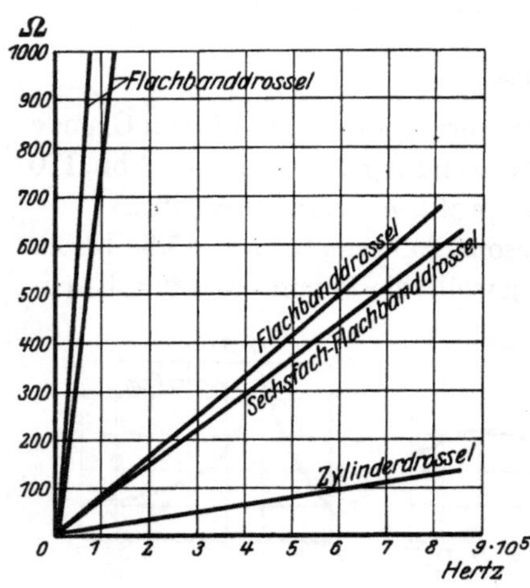

Abb. 129. Dämpfungswiderstand von Drosseln (je Stück).

(Abb. 155) und Tellerdrosseln (Abb. 164) in der Schaltung (Abb. 125) und Sechsfach - Tellerdrosseln für einen 15000 kVA - Transformator (Abb. 166) in der Schaltung Abb. 128 untersucht. Es zeigt sich in allen Fällen eine starke Abhängigkeit von der Frequenz, die, wie aus Abb. 129 zu ersehen, linear ist.

b) Kapazitäten. Für Leitungen, Sammelschienen, bei denen gewöhnlich Luft das Dielektrikum bildet, lassen sich die Kapazitäten errechnen[1].

Um auch für Durchführungen zuverlässige Werte zu haben, wurden mit einer Reihe Durchführungen Messungen vorgenommen. Die Hermsdorf-Schomburg-Isolatoren G. m. b. H. hatte hierzu entgegenkommenderweise Durchführungen der verschiedensten Größe und auch die Einrichtungen ihres Versuchsfeldes zur Verfügung gestellt. Es wurden mittels der bereits beschriebenen Methoden der Ladestrom bei Stoß bestimmt und gleichzeitig der Wert $\left(\dfrac{de}{dt}\right)_{\text{max}}$ festgestellt, so daß C berechnet werden kann. Es ergaben sich die in der folgenden Tafel zusammengestellten Kapazitätswerte, die langsam eine Steigerung mit wachsenden Modellgrößen aufweisen. Bei den hohen Spannungen sind zwar die Längen ganz erheblich größer, da aber auch der Durchmesser wächst, nimmt die Kapazität nur langsam zu.

Kapazität von Hescho-Porzellandurchführungen[2] bei Stoßbeanspruchung.

Type . . .	$Df\,3$	$Df\,6$	$Df\,12$	$Df\,24$	$Df\,35$	$Df\,65$	$Df\,110$	$Df\,150$
Füllung . .	Öl	Öl	Öl	Öl	Öl	Masse	Öl	Masse
C cm . . .	18,5	20,5	22,0	24,3	28,0	36,0	45,0	63,7

Von besonderem Interesse war das Verhalten verschieden großer Umspanner; bekanntlich hat Böhm gefunden, daß beim Aufprall von Schwingungswellen auf Umspanner die sog. Eingangskapazität zur Wirkung kommt; mit vorgeschalteten Drosselspulen bildet diese Schwingungskreise, die leicht angestoßen werden können.

Beim Versuch wurde der 30-kVA-Lufttransformator (Abb. 116) den Kurzschlußschwingungen des 130-m-Kabels ausgesetzt; es ergaben sich ganz ähnliche Resonanzkurven wie in Abb. 126 und 127, nur etwas niedriger. Die Öltransformatoren wurden im Sachsenwerk, das den Untersuchungen alle Unterstützung zuteil werden ließ, untersucht; die Leistungen gingen von 50 kVA bis 20000 kVA. Da eine für solche Fälle als Schwingungserreger ausreichende Leitung nicht zur Verfügung stand, wurden die Umspanner an einen Schwingungskreis gelegt. Es ergaben sich die in Abb. 130 dargestellten Resonanzkurven, aus denen die in der folgenden Tafel aufgeführten C-Werte errechnet werden konnten.

---

[1] Gabor, Arch. f. El. Bd. 14, S. 247.
[2] Die bei den einzelnen Typen angegebenen Zahlenwerte geben die Betriebsspannung an.

Größe der Eingangskapazität von Transformatoren.

Nr. Art des Transformators	I Luft- Einphas.-	II Öl- Drehstr.-	III Öl- Drehstr.-	IV Öl- Drehstr.-	V Öl- Drehstr.-
Leistung kVA	30	50	160	3000	20000
Spannungen V	30000/440	20000/380	20000/395	30000/10000	60000/8000
Ströme Amp..	1/68	1,3/76	4,75/234	1,65/57,7	184/1445
Schenkelachsabstand mm	430	245	300	610	1035
Bewickelte Schenkellänge mm	500	360	465	1270	1490
Lichter Schenkelabstand .	130	30	32	54	63
Radius d. H-V-Wicklg. mm	130	169 · 241	130	260	465
Radius d. N-V-Wicklg. mm	80	125 · 180	95	210	380
Abstand HV—NV . . .	50	25	34	45	75
Leiterlänge je Schenkel km	4,0	3,5	3,0	1,5	1,5
Eingangskapazität cm . .	25	88,5	146	178	320

c) Dämpfungswiderstand von Transformatoren. Die gestrichelten Linien in Abb. 130 entsprechen Parallelversuchen, wobei die Umspanner

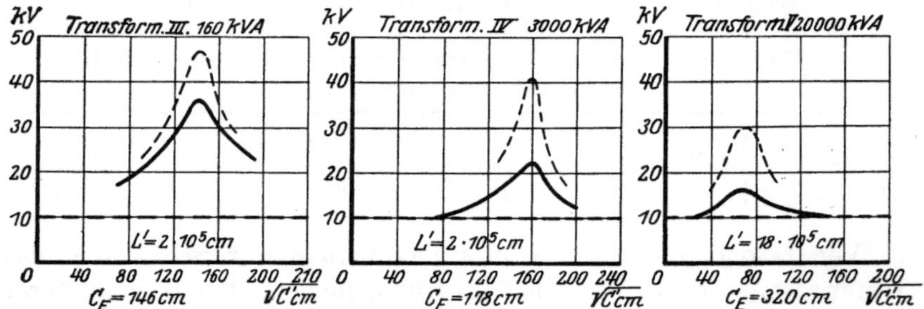

Abb. 130. Verhalten von Transformatoren verschieden großer Leistung im Anschluß an einen Schwingungskreis.

durch einen Luftkondensator von einer der Eingangskapazität entsprechenden Größe ersetzt waren. Die zugehörigen Kurven liegen bedeutend höher; es ist dies ein Beweis dafür, daß in Umspannern ganz erhebliche Verluste bei den Schwingungen auftreten. Denkt man sich die gleiche Wirkung durch einen Reihenwiderstand hervorgebracht, so errechnen sich dafür die in der folgenden Tafel angegebenen Dämpfungswiderstände. Dieser Widerstand ist aber nicht konstant, sondern wächst, wie schon Böhm gefunden hat, mit der Größe der vorgeschalteten Drosseln.

Dämpfungswiderstand von Transformatoren.

Transformatoren Nr.	L 10^{-4} Hy	C_E 10^{-11} F	R_{Tr} Ohm	R/L konstant
I	4	2,8	48	120000
I	45,5	2,8	550	120000
II	280	9,85	300	11000
III	280	16,2	530	19000
IV	280	19,8	1700	61000
V	280	35,6	1800	65000

36. Resonanzversuche im Netz.

In dem Bestreben, die in Wirklichkeit vorliegenden Verhältnisse aufzuklären, wurde schließlich die Schaltung eines Transformators mit seinen zugehörigen Drosseln an einer langen Freileitung untersucht, bei der nicht durch Verändern der Kapazität die Resonanzkurve aufgenommen wurde, sondern die Lage der Störungsquelle und somit die Länge der schwingenden Leitung wechselte. Hierzu bot sich Gelegenheit an der langen Freileitung Etzdorf—Chemnitz-Nord, die für diese Untersuchungen über die Drosseln $L = 280 \cdot 10^5$ cm an den 30-kVA-Transformator angeschlossen war.

Es wurde vollständig der normale Betriebsfall hergestellt, indem der Transformator niederspannungsseitig mit Wechselspannung ge-

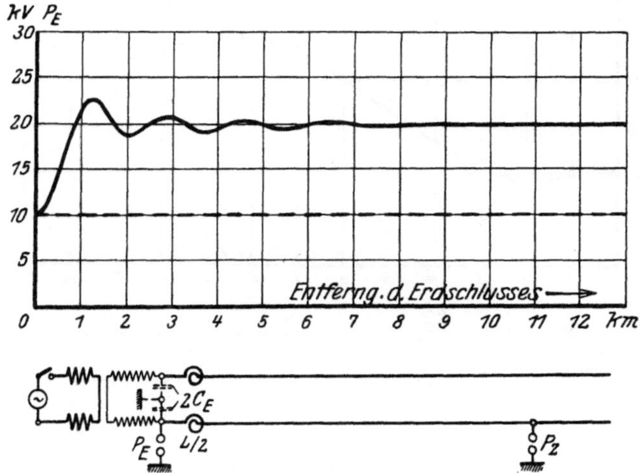

Abb. 131. Spannung: Transformatorklemme—Erde abhängig von der Entfernung des Erdschlusses.

speist und mit der Hochspannung die offene Leitung aufgeladen wurde. Ganz entsprechend den praktischen Störungsfällen, bei denen ja (meistens durch atmosphärische Störungen) an den verschiedensten Punkten der Leitung Isolatorenüberschläge entstehen, wurden nun künstlich über eine Zündfunkenstrecke an Masten in verschiedener Entfernung solche Erdschlüsse hergestellt und ihre Wirkung hinter den Drosseln an den Klemmen des Transformators geprüft. Die Spannung Phase gegen Erde ergab dabei eine Resonanzkurve, die zusammen mit dem Schaltbild in Abb. 131 dargestellt ist. Entsprechend den Werten der Induktivität je Drossel von $L = 140 \cdot 10^5$ cm und der Eingangskapazität zwischen Phase und Erde $2 \cdot C_E = 50$ cm ergab sich eine Wellenlänge $\lambda = 1665$ m; die Überspannung erreichte maximal den 2,3fachen Betrag und pendelte um das Zweifache der Erdschlußspannung.

Man sieht also, daß trotz des Auftretens mehrerer Oberwellen keine übermäßig hohen Überspannungen zu befürchten sind, und daß schon ein kleiner Widerstand genügen würde, die Resonanzgefahr völlig zu beseitigen. Dabei braucht nicht etwa an eine künstliche Dämpfung gedacht zu werden, denn jeder Apparat, der noch hinter den Drosseln parallel zum Transformator angeschlossen wird, würde diesen Dienst wenigstens soweit erweisen, daß die Spannung nicht über den 2fachen Betrag hinausschwingt.

Bei dieser Versuchsreihe war es auch möglich, das Aufschwingen der ganzen Wicklung eines Schenkels zu beobachten und damit das Entstehen hoher Spannungen im Nullpunkt des Transformators zu

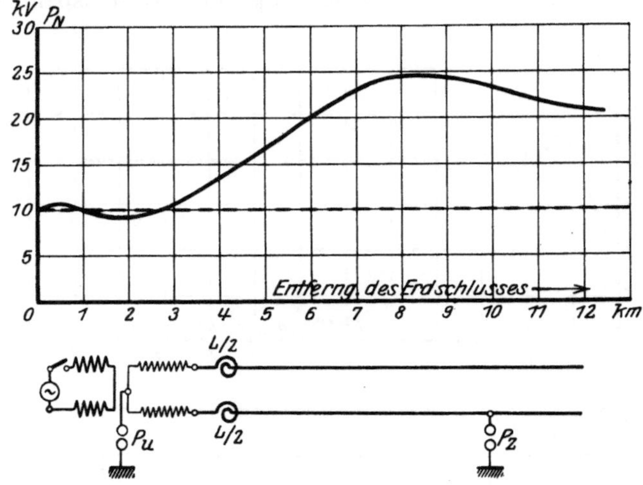

Abb. 132. Spannung: Transformatornullpunkt—Erde abhängig von der Entfernung des Erdschlusses.

verfolgen. Bei immer größer werdenden Entfernungen des Erdschlusses zeigte sich ein sanftes Ansteigen der Spannung: Nullpunkt gegen Erde, die bei etwa 8000 m mit 25 kV ihr Maximum erreichte. Die Mitwirkung der vorgeschalteten Drosseln war dabei, wie zu erwarten, nicht von Bedeutung, sie verlängern nur die Leiterlänge eines Schenkels von 4000 m um etwa 3%; auch ohne sie wurde dieselbe Kurve gefunden, wie sie in Abb. 132 dargestellt ist.

Bei Doppelerdschluß oder Kurzschluß zwischen 2 Phasen liegen, wie weitere Versuche gezeigt haben, die Verhältnisse grundsätzlich ebenso; es ergab sich, daß die Überspannungen sich im gleichen Verhältnis entwickeln, wie in den Abb. 131 und 132 für den Erdschluß angegeben.

Die Versuche zeigen, daß in Wirklichkeit die Resonanzüberspannungen in mäßigen Grenzen bleiben; dabei ist zu beachten, daß bei den kleinen Transformatoren die ungünstigsten Verhältnisse vorliegen, während die großen Umspanner mit ihrer starken Eigendämpfung die Vorgänge an sich harmlos verlaufen lassen.

Bei den beschriebenen Untersuchungen wurde auch ein Vergleich angestellt über die innere Beanspruchung der Umspanner, wenn diese

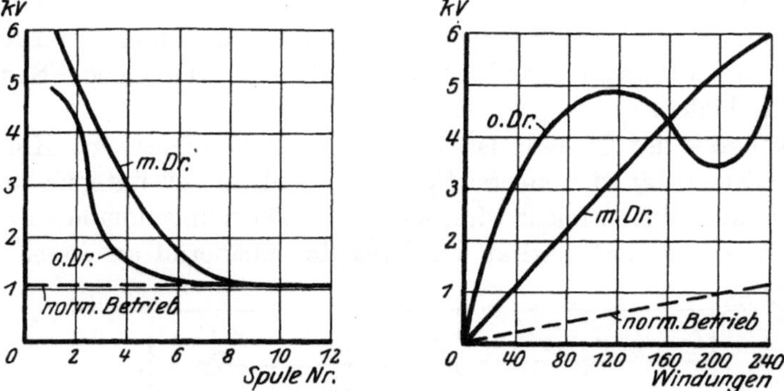

Abb. 133. Spannung je Spule und Spannung gegen den Anfang, Resonanzfall.

einmal unmittelbar an die Leitung angeschlossen sind, während das andere Mal Drosseln zum Schutz vorgeschaltet waren. Abb. 133 zeigt die gemessenen Spulen- und Windungsspannungen für den Fall von Resonanz des Eingangskreises (Erdschluß an Mast 108). Ein Bild über die Spannungsverteilung außerhalb des Resonanzbereiches — der

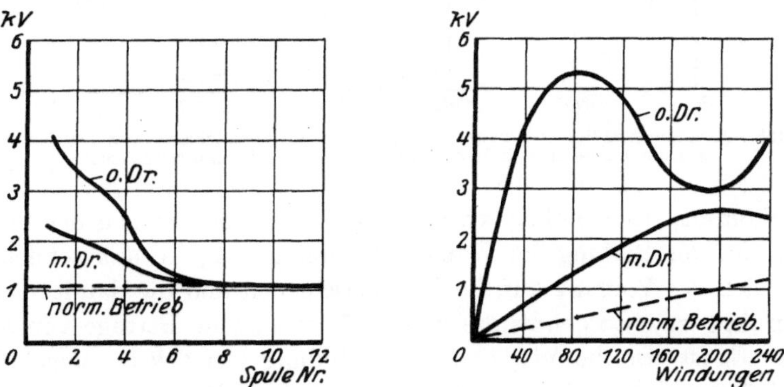

Abb. 134. Spannung je Spule und Spannung gegen den Anfang, ohne Resonanz.

Erdschluß erfolgte an Mast 113 in 200 m Entfernung vom Transformator — gibt Abb. 134. Die Kurven zeigen alle den günstigen Einfluß der durch die Drosseln bewirkten Abschleifung der Wellen.

37. Die Grenzen der Gefährdung in den Hochspannungsanlagen.

Nachdem in den bisherigen Untersuchungen das Verhalten der einzelnen Schwingungselemente bis zu den größten Ausmaßen klar-

gestellt ist und diese Versuche in tatsächlichen Betriebsschaltungen
die Anwendbarkeit der Berechnungen dargetan haben, kann mit genügender Zuverlässigkeit vorausberechnet werden, welche Spannungs-
erhöhungen bei Hochspannungsanlagen mittlerer und großer Leistungen,
in denen Versuche aus naheliegenden Gründen nicht durchführbar sind,
zu erwarten sind.

Die größten Überspannungen treten auf, wenn hinter den Drosseln
eine reine Luftkapazität liegt, wie sie offene Leitungen oder Sammelschienen bilden.

Die Größe der Drosseln ist dabei als gegeben anzusehen. Hinsichtlich der Kapazität ist weitester Spielraum denkbar; als unterste Grenze,
die wohl nur selten erreicht wird, kann $C = 25$ cm angenommen werden,
da schon die Eigenkapazität der Drosseln annähernd an diesen Wert

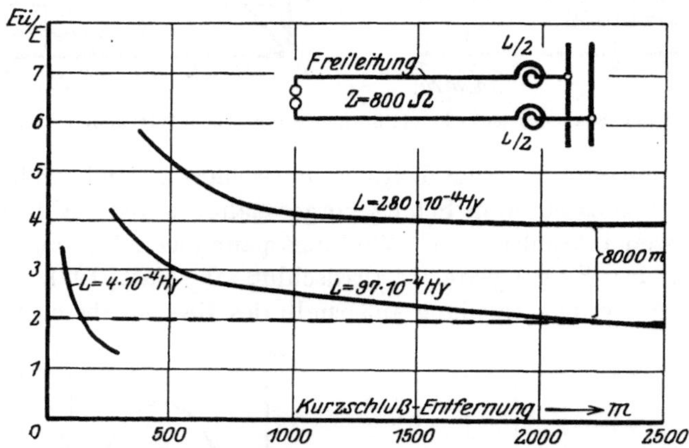

Abb. 135. Rechnungsmäßige Resonanzspannungshöhen in Abhängigkeit von der Kurzschluß-
entfernung. — Am Ende der Leitung Drossel mit Sammelschienen.

herankommt. Gewöhnlich wird aber ein viel größerer Teil der Schaltanlage an der Bildung der Kapazität beteiligt sein, so daß schließlich,
wenn sich der Vorgang auf die Sammelschienen und die damit verbun-
denen Apparate ausdehnt, die Kapazität erhebliche Beträge annehmen
kann. Es ist also die Möglichkeit zur Bildung von Schwingungskreisen
mit den verschiedensten Frequenzen in großem Maße gegeben.

Da Erdschluß oder Kurzschluß an jeder beliebigen Stelle der Leitung
auftreten kann, wird es für eine Reihe von Punkten möglich sein, daß
die Erregerfrequenz eine ihr entsprechende in der Schaltanlage vor-
findet und mit ihr in Resonanz kommt. Es wurde nun für einige der
praktisch in Frage kommenden Drosseln die Höhe der Resonanzüberspannungen in Abhängigkeit von der Entfernung des Störungs-
punktes berechnet, wobei jeweils angenommen war, daß die zur Resonanz nötige Kapazität in der Schaltanlage vorhanden sei. Es waren

also für jede Stelle die zur Entwicklung von Resonanz günstigsten
Verhältnisse vorausgesetzt. Wie Abb. 135 zeigt, können die Spannungen
erhebliche Werte erreichen; dies ist erklärlich, weil bei den betrachteten
Anordnungen nur wenig Dämpfung vorliegt.

Diese Überspannungsgefahr wird aber sofort erheblich begrenzt,
wenn Umspanner in den Schwingungskreis mit einbezogen sind.

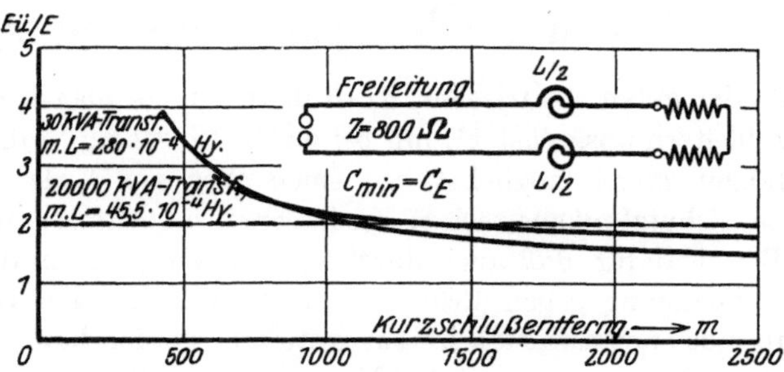

Abb. 136. Resonanzspannungshöhen. — Transformator mit vorgeschalteten Drosseln.

In solchen Fällen macht sich die nach Katzschner gefundene starke
Dämpfung bemerkbar; wie Abb. 136 zeigt, liegen die Überspannungs-
werte ganz wesentlich tiefer und erreichen nur wieder bei ganz kleinen
Kapazitäten Höhen, die man als bedrohlich bezeichnen könnte.

Werden, wie in Abb. 137 gezeigt ist, die Drosseln vor die gesamte
Umspanneranlage geschaltet, so ist die Abschwächung der Resonanz-

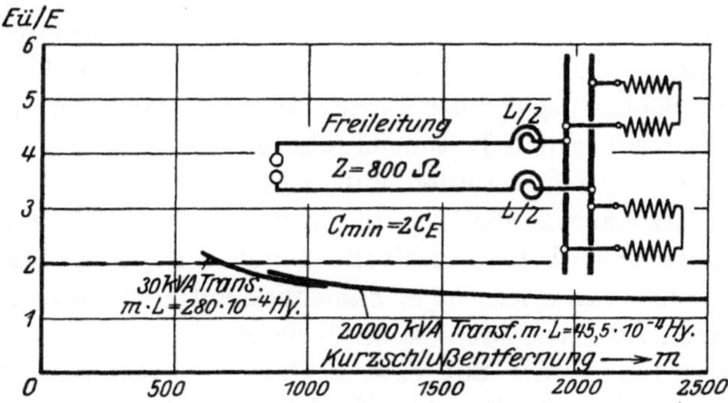

Abb. 137. Resonanzspannungshöhen. — Mehrere Transformatoren an Sammelschienen mit vorgeschalteten gemeinsamen Drosseln.

spannungen noch stärker ausgeprägt. Der zweifache Wert der Betriebsspannung, der ja schon bei jeder normalen Schalthandlung in
Erscheinung tritt, wird nicht mehr überschritten, so daß von einer
Gefährdung durch Resonanz überhaupt nicht mehr gesprochen werden
kann.

III. Verhalten der Überspannungsschutzgeräte.

Bereits die ersten elektrischen Kraftübertragungsanlagen hatte man mit Blitzableitern ausgerüstet[1], um bei einem Einschlag in die Leitung den Ladungen einen möglichst bequemen Weg zur Erde zu bieten. Daß diese Schutzfunkenstrecken auch sonst manchmal ansprachen, war ein Beweis dafür, daß auch durch gewisse Vorgänge in der Anlage selbst die Spannung gegen Erde oder auch zwischen den Leitern erheblich über das normale Maß hinaus gesteigert werden konnte. Außerdem zeigte sich, als man auf 3 kV und höhere Betriebsspannungen überging, eine andere eigenartige Erscheinung. Gewöhnlich im Zusammenhang mit Gewittern bildeten sich in den Maschinen Kurzschlußwindungen aus. Man fand aber auch bald, daß Erdschlüsse in dieser Hinsicht sehr gefährlich seien. Die Ursache dieser Erscheinungen erblickte man in dem Auftreten von sehr schnellen elektrischen Schwingungen, durch die auch längs eines Stranges große Spannungsgefälle und dementsprechend hohe Windungsspannungen hervorgerufen werden können. So kam es, daß schon frühzeitig Schutzdrosseln zur Fernhaltung der steilen Wellen von den Wicklungen eingebaut wurden.

Die grundsätzliche Erkenntnis, daß in den elektrischen Anlagen sowohl ein Schutz gegen unzulässiges Ansteigen der Querspannungen (Spannung zwischen den Leitungen oder gegen Erde) wie auch gegen kurze Wellen vorgesehen werden muß, geht also bis in die ersten Zeiten zurück. Trotzdem war die weitere Entwicklung des Überspannungsschutzes außerordentlich wechselvoll. Durch das genaue Studium der Störungserscheinungen kam man allmählich auf eine ganze Reihe von Möglichkeiten für das Auftreten gefährlicher Spannungen; um ihnen entgegenzutreten, wurde mit dem Einbau von Schutzgeräten nicht gespart; neben den altbekannten Einrichtungen kam auch eine Reihe verschiedener neuer Anordnungen zum Einbau, gemäß dem Grundsatz: Probieren geht über Studieren. Die Probe verlief vielfach mehr als unbefriedigend, in nicht wenigen Fällen nahm die Zahl der Störungen erheblich zu statt ab, so daß, wie ohne Übertreibung gesagt werden kann, manchen Betriebsleitern die Überspannungen mehr Sorge verursachten als die Gesamtheit ihrer eigentlichen Aufgaben.

---

[1] Schrottke: Aus den Pionierjahren des Überspannungsschutzes, E.T.Z. 1922, S. 1259.

Man verfiel daher in das andere Extrem: die Anlagen sollten so gut isoliert werden, daß Schutzgeräte überhaupt nicht mehr nötig seien. Aber auch dieser Standpunkt ließ sich nicht halten, sowohl die Betriebserfahrungen wie auch wirtschaftliche Erwägungen drängten wieder dazu, Schutzanordnungen vorzusehen. Dieser Wechsel in den Anschauungen über die Nützlichkeit der Überspannungsvorrichtungen vollzog sich in der Folgezeit noch mehrmals. Daß die Entwicklung so nach Art des Pilgerschritts vor sich gehen mußte, ist auf dreierlei Schwierigkeiten zurückzuführen:

1. konnten die zum Teil sehr verwickelten Vorgänge in den Anlagen erst allmählich aufgeklärt werden;

2. fehlte es an Versuchen, die einen Einblick in das tatsächliche Verhalten der Schutzgeräte insbesondere gegenüber Wanderwellen gaben;

3. ist vielfach die Aufgabe unterschätzt worden, Schutzgeräte so zu bauen, daß sie den hohen Anforderungen des praktischen Betriebes standhalten.

Bei dieser Sachlage erschien es als dankenswerte Aufgabe, Überspannungsschutzgeräte einer systematischen Untersuchung hinsichtlich ihres Verhaltens gegen Wanderwellen zu unterziehen. Fast alle Störungen werden durch Wanderwellenerscheinungen eingeleitet, und außerdem stellen solche Vorgänge die höchsten Anforderungen an die Geräte hinsichtlich Schnelligkeit der Wirkung und Höhe der zu bewältigenden Stromstärken.

Es seien zunächst die Schutzgeräte zur Verschleifung steiler Wellen, sodann diejenigen zur Spannungsbegrenzung behandelt.

A. Schutzdrosselspulen.

Drosselspulen werden meistens in unmittelbarer Verbindung mit den zu schützenden Transformatoren verwendet. Um zu möglichst leicht übersehbaren Verhältnissen zu gelangen, wurde bei den Versuchen von der Schaltung Abb. 138 ausgegangen. Später wurden auch im Zuge der

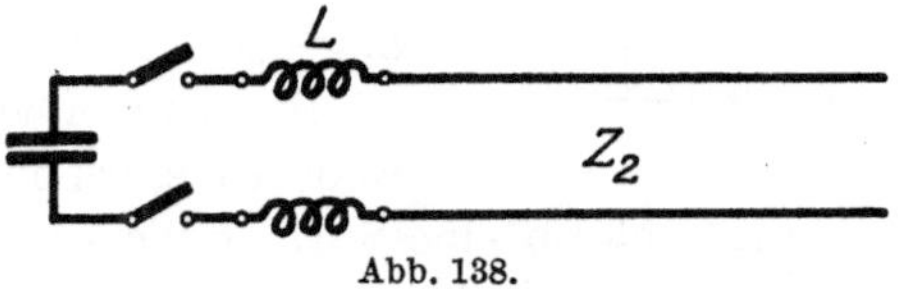

Abb. 138.

Leitung liegende Drosseln untersucht. Bevor auf die Versuche selbst eingegangen wird, sei eine

Berechnung der durchgelassenen Wellen unter Berücksichtigung der Spulenkapazität

soweit als es nötig und mit einfachen Mitteln möglich ist, vorangestellt.

38. Drosseln an der Schaltstelle der Leitung liegend.

Man könnte sich vorstellen, daß die Drosseln der Leitung vorgeschaltet wurden, um die Ausbildung steiler Wellen zu verhindern. Diese Schaltung hat den Vorzug, daß die Spannung an den am Schalter liegenden Klemmen der Drossel als unmittelbar gegeben anzusehen ist. Würde die Drossel weiter ab vom Schalter im Leitungszuge liegen, so wird ein Anstau der anlaufenden Welle eintreten, der ganz vom Verhalten der Drossel abhängt, also von Fall zu Fall wechselt.

a) Punktförmige, reine Induktivität. Für diesen Fall ist bekanntlich[1] die Beziehung:

$$L\frac{di_2}{dt} + i_2 \cdot Z_2 = e$$

gültig. Dabei ist e die Funktion, die den zeitlichen Verlauf der Spannung am Schaltpol darstellt, L die Gesamtselbstinduktion der in die beiden Leitungsstränge eingeschalteten Drosseln, Z_2 der Wellenwiderstand der geschalteten Leitung.

Bei plötzlichem Anstieg der Spannung, wie er für die Bildung von rechteckigen Wellen an der Leitung ohne Drossel vorauszusetzen ist, springt e von Null auf den konstanten Wert E, so daß auf der rechten Seite der Diff. Gl. eine Unveränderliche erscheint. Es ergibt sich dann als Lösung:

$$i_2 = \frac{E}{Z_2}\left(1 - \varepsilon^{-\frac{t}{T}}\right),$$

wobei $T = \dfrac{L}{Z_2}$ gesetzt ist. Der Verlauf ist genau derselbe, wie wenn eine Selbstinduktion L mit dem Ohmschen Widerstand Z_2 in Reihe liegend an eine Gleichspannung E angelegt wird; auch der Wert T hat die gleiche Bedeutung, er stellt die sog. Zeitkonstante dar. Da $e_2 = i_2 Z_2$, hat die Spannung e_2 den gleichen Verlauf wie der Strom; beide steigen in Form einer Exponentiallinie nach Abb. 139 an.

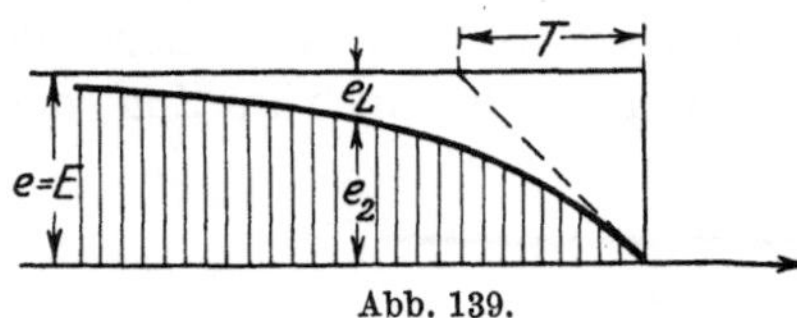

Abb. 139.

Die Annahme der Rechteckwelle ist stark idealisiert. Es soll deswegen die Rechnung noch für eine Stirn endlicher Längsausdehnung, und zwar für die denkbar einfachste Form, nämlich für eine Keilwelle (Abb. 18) durchgeführt werden. In diesem Falle ist zu setzen:

$$e = \frac{E}{S}\,t,$$

---

[1] Wagner, K. W.: Elektromagnetische Ausgleichsvorgänge in Freileitungen und Kabeln, 1908.

auf der rechten Seite der Diff.Gl. tritt also ein mit t behaftetes Glied auf. Als Lösung finden wir:

$$e_2 = \frac{E}{S}\left(t - T\left[1 - \varepsilon^{-\frac{t}{T}}\right]\right),$$

wobei T die gleiche Bedeutung wie im vorhergehenden Falle hat. Auch hier kommen wir zur gleichen Lösung, wie wenn die Reihenschaltung: Drossel und Ohmscher Widerstand, an eine mit der Zeit gleichmäßig ansteigende Spannung gelegt wird[1]. Der Verlauf der Funktion für e_2 ist in Abb. 140 dargestellt. Die schräge Linie rechts entspricht der Steilheit, die sich einstellen würde, wenn keine Drossel vorgeschaltet ist. Abgezogen werden hiervon die Ordinaten einer Exponentiallinie $\left(\text{Form } 1 - \varepsilon^{-\frac{t}{T}}\right)$ mit der Zeitkonstanten T und der Höhe $\frac{E}{S}T$. Diese Höhe kann in der Zeichnung leicht gefunden werden. Sie ist aus dem Keil für die Abszisse T abzugreifen. Als Endergebnis erhält man für e_2

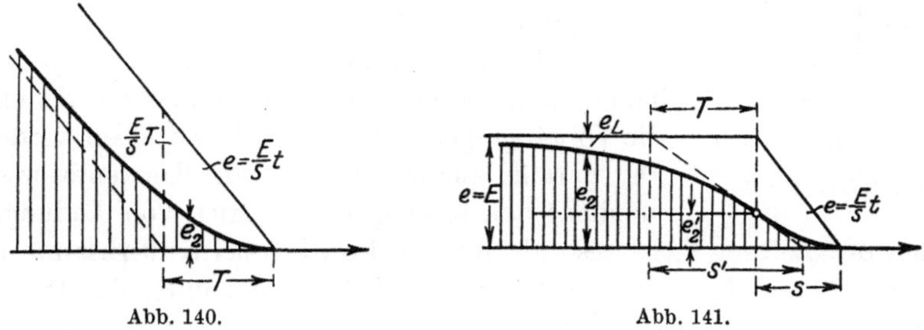

Abb. 140.
Abb. 141.

eine Linie, die sich mit wagerechter Tangente an der Keilspitze von der Abszissenachse löst und sich asymptotisch einer zur ursprünglichen Stirn parallelen Geraden nähert, die auf der Zeitachse die Strecke T abschneidet.

Die Gültigkeitsgrenze der Rechnung ist $t = S$, durch ein Lot (s. Abb. 141) findet man die bis dahin erreichte Spannung e_2. Von dieser Stelle aus findet der weitere Anstieg nach einer Exponentiallinie (Zeitkonstante T) wie im erstbehandelten Falle statt; es wird schließlich auch hier der Endwert E erreicht, wie wenn keine Drossel vorhanden gewesen wäre.

Für die Neigung im Bereich des Keiles findet man:

$$\frac{de_2}{dt} = \frac{E}{S}\left(1 - \varepsilon^{-\frac{t}{T}}\right),$$

die Steilheit nimmt fortwährend zu und erreicht ihren Höchstwert für $t = S$; es ist leicht zu erkennen, daß sie weiterhin wieder abnehmen

---

[1] Für diesen Fall findet sich bereits eine Lösung bei Schwaiger, „Das Regulierproblem in der Elektrotechnik".

muß, da ja die aufgedrückte Spannung nicht mehr wie bisher ansteigt. Führt man zur Kennzeichnung der Steilheit wieder eine neue Keilwelle entsprechend der Neigung an der steilsten Stelle ein (vgl. S. 35), so besteht für deren Kopflänge S' die Beziehung:

$$\frac{1}{S'} = \frac{1}{S}\left(1 - \varepsilon^{-\frac{S}{T}}\right).$$

b) Kapazitive Übertragung von Wanderwellen. Zur Erzielung einer hohen Induktivität werden die Drosseln vielfach mit sehr eng aneinanderliegenden Windungen ausgeführt; in solchen Fällen ist dann die Windungskapazität so erheblich, daß sie nicht mehr vernachlässigt werden darf. Wollte man alle die in Frage kommenden Kapazitäten zwischen den einzelnen Windungen berücksichtigen, so würde sich ein außerordentlich verwickeltes Ersatzschema ergeben. Es soll deswegen

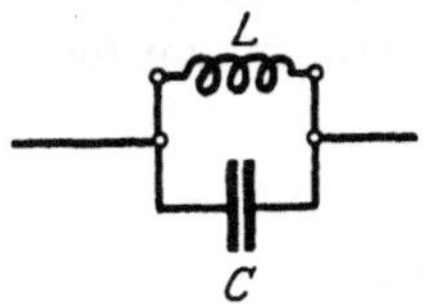

Abb. 142. Einfachstes Ersatzschema für eine Spule mit Eigenkapazität.

für die folgenden Betrachtungen die denkbar einfachste Anordnung, d. h. eine reine Induktivität mit parallelgeschalteter Kapazität zugrunde gelegt werden (Abb. 142). Wie die Versuche gezeigt haben, können mit diesem vereinfachten Schema die Vorgänge genügend genau beschrieben werden. Der parallel zur Drossel liegende Kondensator ermöglicht den sofortigen Übertritt von Ladungen nach der Leitung 2, ist also als Koppelkondensator wirksam. Im Gegensatz zu den Kondensatoren für Wellenverflachung, die Punkte der beiden Leitungsstränge miteinander verbinden, also quer zur Leitung liegen, ist im obigen Falle der Kondensator in Reihe mit den Leitungen geschaltet; man könnte daher von einer Längskapazität sprechen.

Es sei zunächst etwas näher betrachtet, in welcher Weise durch einen Koppelkondensator Wanderwellen übertragen werden können;

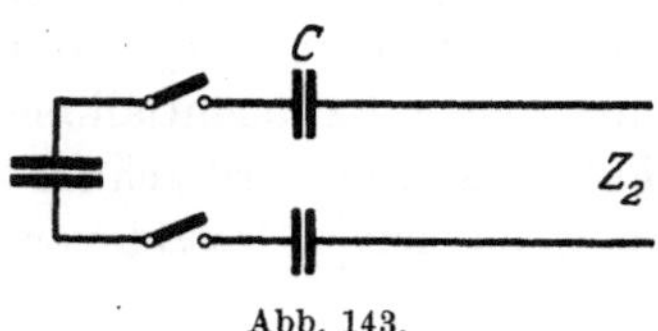

Abb. 143.

die Drossel soll entfernt sein. Für die Anordnung nach Abb. 143 besteht die Beziehung:

$$e_C + e_2 = e,$$

wobei die Funktion e wieder den zeitlichen Anstieg der Spannung darstellt, die mit dem Schließen des Schalters dem System aufgedrückt wird. Unter Einführung von:

$$i_2 = C\frac{de_C}{dt} \quad \text{und} \quad e_2 = i_2 \cdot Z_2$$

ergibt sich die Differentialgleichung:

$$C Z_2 \cdot \frac{de_C}{dt} + e_C = e.$$

C ist dabei die im Kreis wirksame Kapazität und halb so groß wie die bei symmetrischer Anordnung in einem Strang liegende Kapazität.

Für einen plötzlichen Spannungsanstieg in Rechteckform ergibt sich die Lösung:

$$e_C = E\left(1 - \varepsilon^{-\frac{t}{T}}\right),$$

wobei die Zeitkonstante $T = CZ_2$ und e_C die Spannung für beide Kondensatoren ist. Die Kondensatoren werden also von der Spannung Null aus exponentiell zum Wert E aufgeladen.

Die auf der Leitung sich ausbildende Welle entspricht der Gleichung:

$$e_2 = E \cdot \varepsilon^{-\frac{t}{T}}$$

und ist in Abb. 144 dargestellt. Die Spannung E bildet sich genau so aus, wie wenn die Leitung unmittelbar an die Spannungsquelle angeschlossen wäre. Der Kondensator gibt also im ersten Augenblick eine vollkommene Koppelung. In dem Maße als er sich auflädt, verbraucht er selbst Spannung, und schließlich tritt durch ihn eine völlige Abriegelung ein.

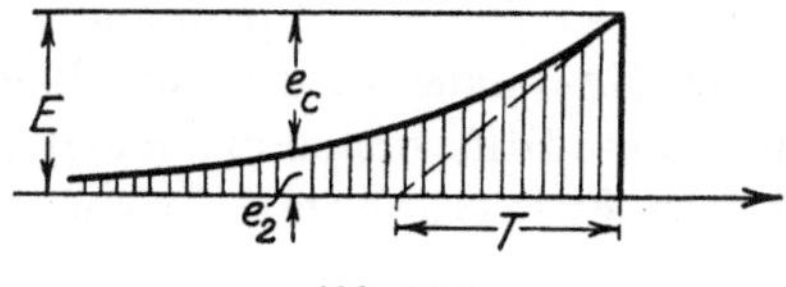

Abb. 144.

Wird die Spannung am freien Kondensatorpol durch das Einlegen des Schalters allmählich gesteigert, wie in Abb. 18 dargestellt, so erhält das Glied auf der rechten Seite der Diff.Gl. die Form $\frac{E}{S}t$. Als Lösung findet man für die Kondensatorspannung:

$$e_C = \frac{E}{S}\left(t - T\left[1 - \varepsilon^{-\frac{t}{T}}\right]\right);$$

diese Funktion ist bereits in Abb. 140 dargestellt (e_2 entspricht e_C!).

Die durchgelassene Welle verläuft nach der Beziehung:

$$e_2 = \frac{E}{S}T\left(1 - \varepsilon^{-\frac{t}{T}}\right),$$

wie Abb. 145 zeigt. Die Anfangsneigung $\frac{de_2}{dt}$ ergibt sich für $t = 0$ zu $\frac{E}{S}$, d. h. die Exponentiallinie hat die Linie für den Spannungsanstieg (e) zur Tangente, der Kondensator gibt auch hier im ersten Augenblick wieder eine vollkommene Koppelung. Mit immer weiter zunehmendem t strebt aber e_2 einem Grenzwert zu; für $t = \infty$ ergibt sich $e_2 = \frac{E}{S}T$, diese Höhe ist maßgebend für die Entwicklung der Exponentiallinie. An der Stelle $t = S$ ist aber die Grenze der Gültigkeit dieser Beziehung

erreicht, von hier ab bleibt die aufgedrückte Spannung unverändert.
Der weitere Verlauf muß daher nach der für unveränderliche Spannung
bereits berechneten Beziehung erfolgen. Wie in Abb. 145 dargestellt,
setzt an der Stelle $t = S$ eine
Exponentiallinie mit der Zeitkonstanten T an. Die plötz-
liche Richtungsänderung der
Linie für e_2 entspricht dem
Knick in der Linie der aufgedrückten Spannung. Die Exponentiallinie erreicht schließlich den Wert Null, so daß

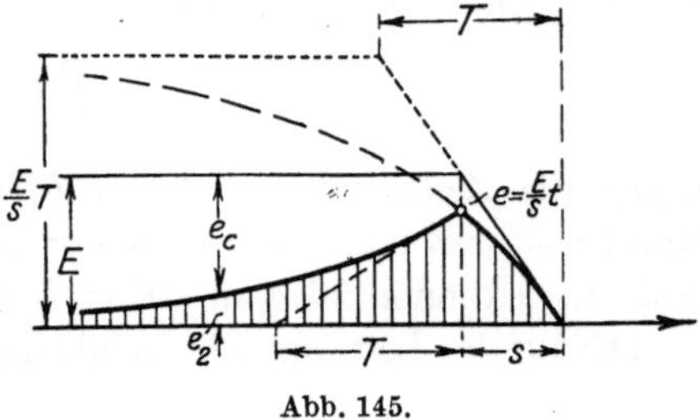

Abb. 145.

wieder eine völlige Abriegelung eingetreten ist. Der Kondensator ist
dann bis zur Spannung E aufgeladen.

Ganz ähnlich wie bei den Drosseln, so hätten auch hier die Vorgänge berechnet werden können, indem man annimmt, daß ein Kondensator in Reihe mit einem Ohmschen Widerstand in der gekennzeichneten Weise an Spannung gelegt wird.

c) Zusammenwirken von Induktivität und Kapazität. Überträgt
man diese Hilfsvorstellung gemäß Abb. 146 auf das oben eingeführte einfachste Ersatzschema einer wirklichen Drosselspule: reine Selbstinduktion mit Parallel-Kapazität, so kann ohne Rechnung an
Hand der bisher gewonnenen Ergebnisse bereits ein ungefähres Bild
von dem Verlauf der durchgelassenen Wellen entworfen werden: Der
durch den Widerstand Z_2 (bzw. in die Leitung 2) fließende Strom i_2
muß sich jederzeit aus dem Drosselstrom i_L und dem Kondensatorstrom i_C zusammensetzen. Sein Verlauf und damit auch der von e_2
wird also annähernd durch Summierung der für reine Drossel und reine
Koppelkapazität erhaltenen Wellenkurven zu ermitteln sein (s. Abb. 147).
Die Addition kann allerdings genau den tatsächlichen Wert nur für $t = 0$
($i_L = 0$!) und $t = \infty$ ($i_C = 0$!) ergeben. Im zwischenliegenden Bereich

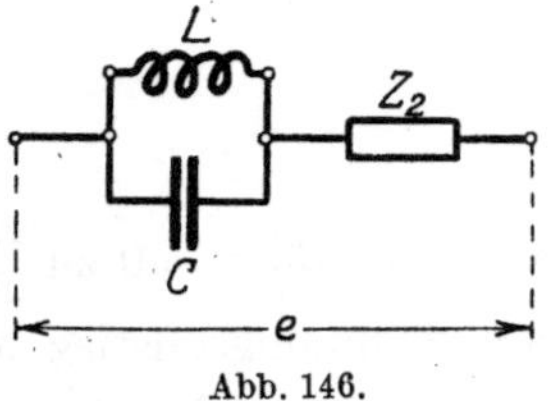

Abb. 146.

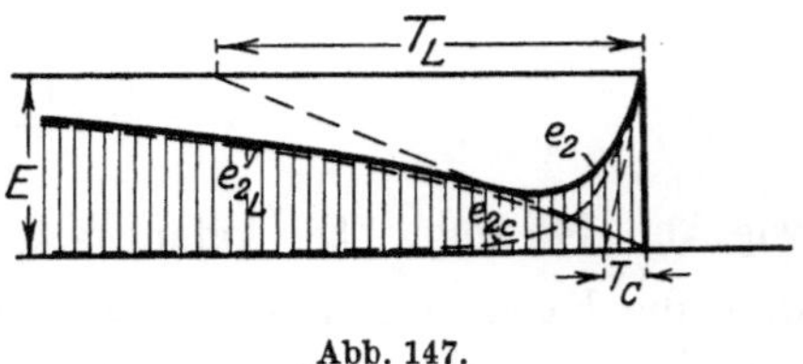

Abb. 147.

führt das Verfahren auf etwas zu hohe Werte, da ja wegen des nun durch
Z_2 fließenden größeren Stromes an diesem auch ein größerer Spannungsabfall $i_2 Z_2$ auftritt, und infolgedessen i_L und i_C nicht mehr die voraus-
gesetzten Werte haben können.

Zur genauen Berechnung der Vorgänge am Ersatzschema hat man von folgenden Grundbeziehungen auszugehen:

$$e = e_C + e_2, \qquad i_2 = i_C + i_L = \frac{e_2}{Z_2}$$

$$e_C = e_L = L \cdot \frac{d\,i_L}{dt}, \qquad i_C = C \cdot \frac{d\,e_C}{dt},$$

aus denen sich die lineare Diff.Gl. zweiter Ordnung:

$$C\,Z_2 \cdot \frac{d^2 e_C}{dt^2} + \frac{d\,e_C}{dt} + \frac{Z_2}{L}\,e_C = \frac{de}{dt}$$

ergibt.

Für einen plötzlichen Spannungsanstieg in Rechteck-form ist:

$$e = E = \text{konstant},$$

also:

$$\frac{de}{dt} = 0$$

zu setzen, so daß man die allgemeine Lösung:

$$e_C = e_L = C_1 \cdot \varepsilon^{\alpha_1 t} + C_2 \cdot \varepsilon^{\alpha_2 t}$$

erhält, wobei:

$$\alpha_{1,2} = -\frac{1}{2\,T_C}\left(1 \mp \cdot \sqrt{1 - \frac{4\,T_C}{T_L}}\right)$$

aperiodisch für $T_L > 4\,T_C$

mit:

$$T_C = C\,Z_2, \quad T_L = \frac{L}{Z_2}.$$

Die zunächst noch unbekannten Beiwerte C_1 und C_2 folgen aus den Grenzbedingungen:

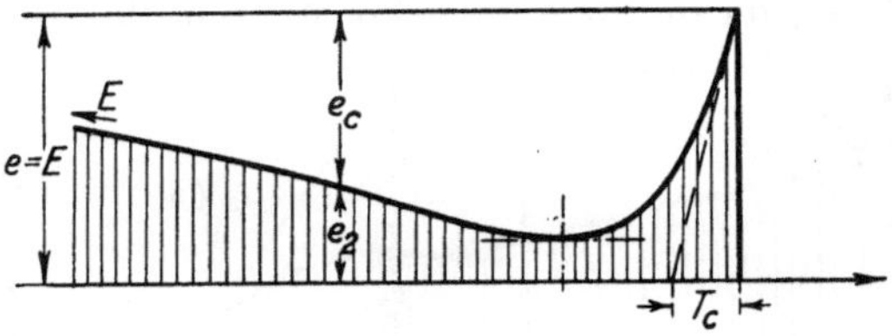

Für $t = 0$ muß $e_C = 0$ sein, also: $C_1 + C_2 = 0$, d.h. $C_1 = -C_2$, andererseits ist für $t = 0$:

$$i_C = \frac{E}{Z_2}, \quad \text{da } i_L = 0;$$

also:

Abb. 148.

$$i_C = C \cdot \frac{d\,e_C}{dt} = C \cdot (C_1\,\alpha_1 \cdot \varepsilon^{\alpha_1 t} + C_2\,\alpha_2 \cdot \varepsilon^{\alpha_2 t}) = \frac{E}{Z_2},$$

woraus:

$$C_1 = \frac{E}{T_C(\alpha_1 - \alpha_2)} = -C_2.$$

Aus der Drosselspannung e_L folgt die durchgelassene Welle nach der ersten der angegebenen Grundbeziehungen mit:

$$e_2 = E - C_1 \cdot \varepsilon^{\alpha_1 t} - C_2 \cdot \varepsilon^{\alpha_2 t}.$$

Der Verlauf der Funktion von e_C und e_2 ist für einen aperiodischen Fall $(T_L = 10; \; T_C = 1)$ in Abb. 148 dargestellt.

Steigt die durch das Einlegen des Schalters dem System aufgedrückte Spannung **keilförmig** gemäß der Beziehung $e = \dfrac{E}{S}\,t$ an, so nimmt die Diff.Gl. die Form an:

$$CZ_2\frac{d^2 e_C}{dt^2} + \frac{de_C}{dt} + \frac{Z_2}{L}\,e_C = \frac{E}{S}\,.$$

Die Lösung ist dann:

$$e_C = C_1 \cdot \varepsilon^{\alpha_1 t} + C_2 \cdot \varepsilon^{\alpha_2 t} + \frac{E}{S}\,T_L\,,$$

wobei α_1 und α_2 dieselben Werte wie im ersten Fall haben. Die Beiwerte C_1 und C_2 folgen auf Grund der Grenzbedingungen:

für

$$t = 0; \quad e_C = 0 \quad \text{und} \quad \frac{de_C}{dt} = 0$$

wird

$$C_1 = \frac{E\,T_L\,\alpha_2}{S(\alpha_1 - \alpha_2)} \quad \text{und} \quad C_2 = -\frac{E\,T_L\,\alpha_1}{S(\alpha_1 - \alpha_2)}\,.$$

Die durchgelassene Welle beträgt:

$$e_2 = \frac{E}{S}\,t - C_1 \cdot \varepsilon^{\alpha_1 t} - C_2 \cdot \varepsilon^{\alpha_2 t} - \frac{E}{S}\,T_L$$

und ist zusammen mit e_C in Abb. 149 dargestellt, die wieder für $T_L = 10$ und $T_C = 1$ entworfen ist.

Die vorstehend erhaltene Lösung gilt aber nur bis $t = S$; von dort ab ist, da die Spannung konstant bleibt, wieder die für die Rechteckwelle erhaltene Lösung zu verwenden, jedoch wegen der veränderten Grenzbedingungen mit anderen Beiwerten C_1 und C_2. Zu Beginn (d. h. für $t = S$) besitzt die Spannung am Kondensator den aus der

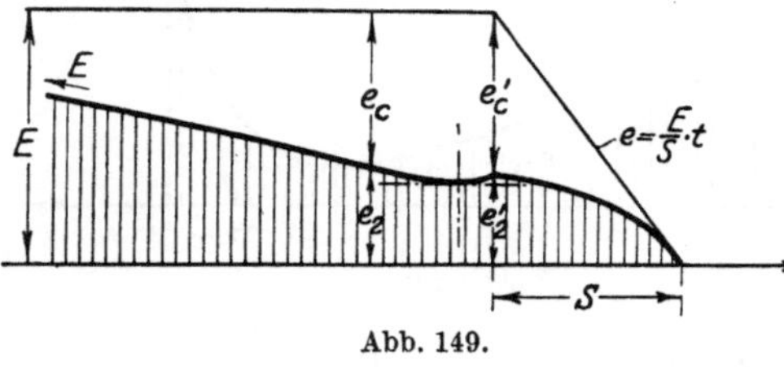

Abb. 149.

obigen Diff.-Gl. zu errechnenden Wert e'_C, der Strom in der Drossel analog den Wert:

$$i'_L = \frac{E - e'_C}{Z_2} - C\left(\frac{de_C}{dt}\right)_{t=S}$$

woraus:

$$C_1 = \frac{E - i'_L \cdot Z_2 - e'_C \cdot (1 + T_C \cdot \alpha_2)}{T_C(\alpha_1 - \alpha_2) \cdot \varepsilon^{\alpha_1 S}}$$

oder:

$$C_1 = \frac{\left(\dfrac{de_C}{dt}\right)_{t=S} - e'_C \cdot \alpha_2}{(\alpha_1 - \alpha_2) \cdot \varepsilon^{\alpha_1 S}}\,;$$

$$C_2 = -\frac{E - i'_L \cdot Z_2 - e'_C \cdot (1 + T_C \cdot \alpha_1)}{T_C(\alpha_1 - \alpha_2) \cdot \varepsilon^{\alpha_2 S}}$$

oder:

$$C_2 = -\frac{\left(\dfrac{de_C}{dt}\right)_{t=S} - e'_C \cdot \alpha_1}{(\alpha_1 - \alpha_2) \cdot \varepsilon^{\alpha_2 S}}\,.$$

Die durchgelassene Welle beträgt dann wieder (s. Abb. 149):

$$e_2 = E - C_1 \cdot \varepsilon^{\alpha_1 t} - C_2 \cdot \varepsilon^{\alpha_2 t}.$$

39. Drosseln im Zuge von Leitungen liegend.

Gegenüber dem vorhergehenden Abschnitt kommt bei dieser Anordnung (Abb. 150) als neuer Gesichtspunkt hinzu, daß die auf Leitung 1 heranlaufenden Wellen beim Auftreffen auf die Drossel gestaut werden. Die damit verbundene Erhöhung der Spannung auf Leitung 1 ist praktisch ebensosehr von Interesse wie die Verschleifung der Stirn der durchlaufenden Welle.

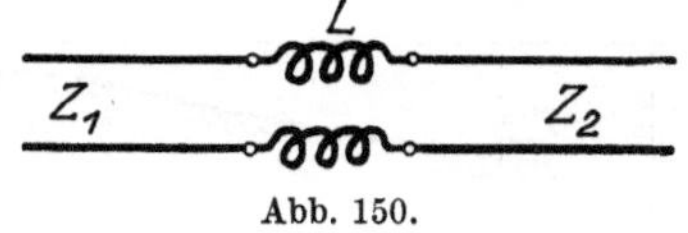

Abb. 150.

Die wegen des Anstaues der Welle auf der linken Seite der Drossel auftretende Erhöhung der Spannung ist natürlich auch von Einfluß auf die Form der in Leitung 2 sich entwickelnden Welle. Die Verhältnisse liegen aber viel einfacher als man es zunächst erwarten sollte.

Man kann von der Auffassung[1] ausgehen, daß die auf einer Leitung heranlaufende Welle von der Höhe e in ihren Wirkungen ersetzt werden kann durch eine Stromquelle von der Spannung $2 \cdot e$ und dem inneren Widerstand Z_1; es ergibt sich dann das Ersatzschema Abb. 151a, dem hinsichtlich der Ströme das Schema Abb. 151b gleichwertig ist. Es tritt also einfach als Wellenwiderstand die Summe $(Z_1 + Z_2)$ auf. Der Spannungsverlauf e_2 in Leitung 2 ist wie früher gegeben durch $i_2 Z_2$;

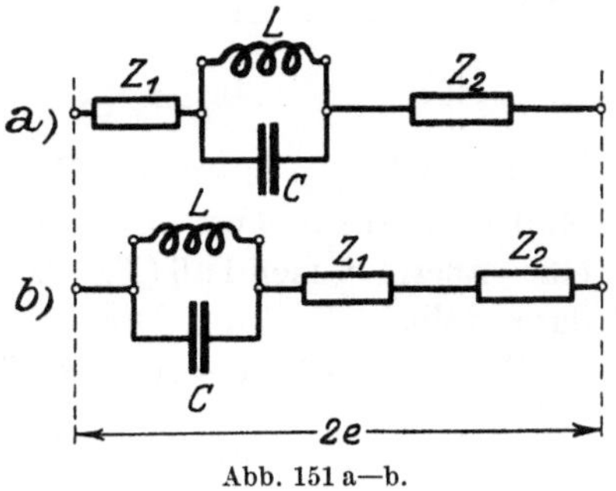

Abb. 151 a—b.

die Spannung e_1 am Eingang der Drossel ergibt sich gemäß dem inneren Abfall der Stromquelle $i_2 Z_1$ zu $2e - i_2 Z_1$. Im Endzustand (theoretisch nach unendlich langer Zeit) geht nur durch die Drossel Strom, und

---

[1] Rüdenberg, Elektrische Schaltvorgänge, S. 406.

zwar von gleichbleibender Stärke. Die Drossel ist dann ohne Wirkung, es ist gerade so, wie wenn die Leitungen unmittelbar ineinander übergingen. Die Spannung am Knotenpunkt stellt sich daher schließlich auf den Wert $\dfrac{2Z_2}{Z_1 + Z_2} E = \gamma E$ ein, dieses ist die Höhe, der sowohl e_1 wie e_2 zustreben.

Es tritt daher in den Diff.Gl. grundsätzlich keine Änderung ein, nur ist an Stelle von E nunmehr $2E$, sowie statt Z_2 der Wert $(Z_1 + Z_2)$ zu setzen, so daß:

$$T_C = C \cdot (Z_1 + Z_2) \quad \text{und} \quad T_L = \frac{L}{Z_1 + Z_2}$$

werden.

Für die beiden Fälle, plötzlicher und allmählicher Spannungsanstieg, seien nachstehend sogleich die Lösungen angegeben.

Für eine Rechteckwelle ergibt sich:

$$e_C = e_L = C_1 \cdot \varepsilon^{\alpha_1 t} + C_2 \cdot \varepsilon^{\alpha_2 t},$$

wobei α_1 und α_2 nach den Formeln S. 117 unter Benutzung der hier geltenden Werte von T_C und T_L zu errechnen sind, und:

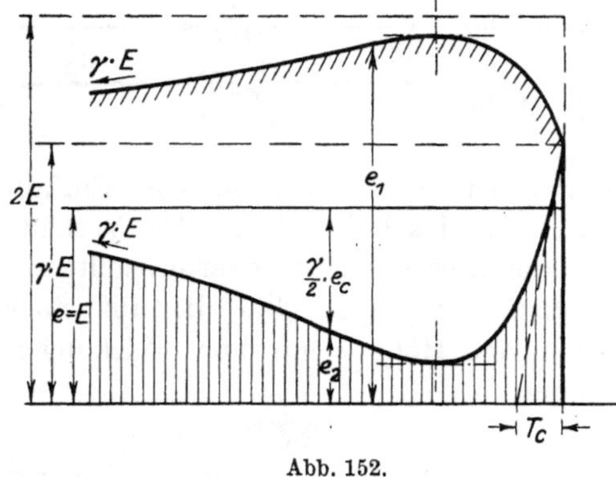

Abb. 152.

$$C_1 = \frac{2E}{T_C(\alpha_1 - \alpha_2)} = -C_2 .$$

Für die Spannung in Leitung 1 gilt:

$$e_1 = e_2 + e_C$$
$$= 2E - i_2 Z_1 = 2E - e_2 \frac{Z_1}{Z_2} .$$

Hieraus folgt:

$$e_2 = \left(E - \frac{e_C}{2}\right) \cdot \gamma ,$$

$$i_2 = \left(E - \frac{e_C}{2}\right) \cdot \gamma : Z_2 ,$$

womit auch e_1 gegeben ist. Es ist nur von $2E$ die Welle e_2 in anderem Maßstabe abzuziehen. In Abb. 152 ist der Verlauf von e_1 und e_2 für einen aperiodischen Fall ($T_L = 10$; $T_C = 1$) und $\gamma = \frac{4}{3}$ entspr. $Z_1/Z_2 = \frac{1}{2}$ dargestellt.

Für den schräg ansteigenden Teil einer Keilwelle lautet die Lösung:

$$e_C = C_1 \cdot \varepsilon^{\alpha_1 t} + C_2 \cdot \varepsilon^{\alpha_2 t} + \frac{2E}{S} T_L .$$

α_1 und α_2 haben die letzt angegebenen Werte, während die Beiwerte nach den Formeln zu errechnen sind:

$$C_1 = \frac{2E \cdot T_L \alpha_2}{S(\alpha_1 - \alpha_2)} \quad \text{und} \quad C_2 = -\frac{2E \cdot T_L \alpha_1}{S(\alpha_1 - \alpha_2)} .$$

Von $t = S$ ab gilt wieder die Diff.Gl. und auch die Lösung wie für eine Rechteckwelle. Die Beiwerte nehmen aber die Form an:

$$C_1 = \frac{\left(\frac{d\,e_C}{dt}\right)_{t=S} - e_C'\,\alpha_2}{(\alpha_1 - \alpha_2)\cdot \varepsilon^{\alpha_1 S}}\,,$$

$$C_2 = \frac{\left(\frac{d\,e_C}{dt}\right)_{t=S} - e_C'\,\alpha_1}{(\alpha_1 - \alpha_2)\cdot \varepsilon^{\alpha_2 S}}\,.$$

$\left(\frac{d\,e_C}{dt}\right)_{t=S}$ und e_C' sind dabei die im Verlauf des schrägen Teiles für $t = S$ errechneten Werte.

e_2, i_2 und e_1 ergeben sich sinngemäß wie oben für die Rechteckwelle angegeben. Auch hier tritt in der Linie für e_2 an der Stelle $t = S$ ein plötzlicher Richtungswechsel ein, entsprechend dem Knick in der Linie der aufgedrückten Spannung (Abb. 153).

Trotz der denkbar einfachsten Annahmen haben sich ziemlich verwickelte Rechnungen ergeben; sie sind aber nicht zu vermeiden, wenn man die bei den Versuchen aufgetretenen Erscheinungen einigermaßen aufklären will.

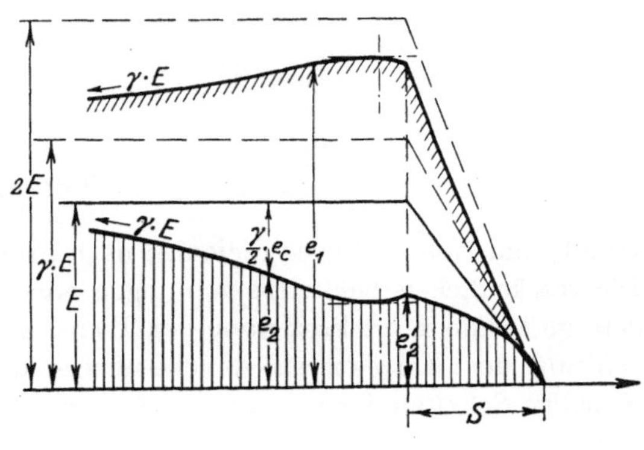

Abb. 153.

Messungen.

Die Untersuchungen über das Verhalten von Schutzdrosseln gegenüber Wanderwellen gehörten zu den ersten Aufgaben, die nach Einrichtung des Wanderwellen-Versuchsfeldes an der Technischen Hochschule Dresden in Angriff genommen wurden. Sie wurden von H. Trage[1] durchgeführt und hatten das Ziel, klarzulegen, in welchem Maße die Selbstinduktion und die Spulenkapazitäten auf die Umformung der Wellen von Einfluß sind. Zu diesem Zwecke wurden in möglichst weiten Grenzen geändert:

a) Windungszahl;

b) Windungsabstand;

---

[1] Arbeit Nr. 15.

c) Spulendurchmesser;
d) Querschnittsform des Leiters;
e) Wickelform der Spulen;
f) Dielektrikum zwisschen den Windungen;
g) Abstand nach Erde,

so daß für die Praxis unmittelbar verwertbare Fingerzeige sich ergeben mußten.

Die Untersuchungen wurden auf den Fall einer vor der Leitung direkt an der Schaltstelle eingebauten Drossel beschränkt und nach der Schleifenmethode unter Benutzung von einpoliger Vielfachzündung bei 50 periodigem Wechselstrom gemäß Abb. 154 durchgeführt. Aufgenommen wurde einmal die Schaltwelle bei spulenloser Leitung (Ur-

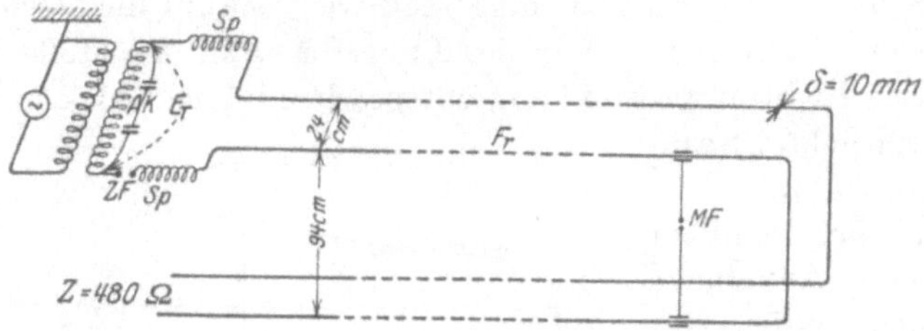

Abb. 154. Versuchsanordnung.

welle), und zum Vergleich diejenige nach Einbau verschiedener Spulen. Die tatsächlichen Schleifenspannungen ergaben sich dabei jeweils aus den gemessenen in Prozenten der Transformatorspannung unter Beachtung der Korrekturen, welche einerseits mit Rücksicht auf das einpolige Schalten der Leitung[1], andererseits infolge der Rückzündungserscheinungen nötig waren.

40. Zylinderspulen aus Runddraht.

Die notwendigen Daten über die Abmessungen und die Selbstinduktion dieser Spulen sind aus der nachstehenden Zahlentafel 1 zu

Abb. 155. Zylinderspule aus Runddraht.

entnehmen. Abb. 155 läßt außerdem den Aufbau der zweitlängsten Spule Nr. 2 näher erkennen.

---

[1] Arbeit Nr. 2, S. 383.

Zahlentafel 1. Zylinderspulen aus Runddraht.

Nr.	Bild	Durchmesser der Spule (mm)	des Drahtes (mm)	Windungszahl	Lichter Windungsabstand (mm)	Spulenlänge (cm)	Leiterlänge (m)	Dielektrikum	Leitermaterial	Selbstinduktion Rechnung[1] (10^{-6} H)	Messung[2] (10^{-6} H)
1		100	3,63	447	3,22	306	143,4	Luft	Kupfer	606	618
2	,,	100	3,63	149	3,22	102	47,8	,,	,,	202	206
3	,,	100	3,63	75	3,22	51,4	24,06	,,	,,	97	97
4	,,	100	3,63	50	3,22	34,3	16,04	,,	,,	63,3	62,0
5	,,	100	3,63	28	3,22	19,2	8,98	,,	,,	31,1	27,5
6	,,	100	3,63	20	3,22	13,7	6,42	,,	,,	21,4	19;6
7	,,	120	3,57	20	4,53	16,2	7,70	Luft	Aluminium	26,4	20,5
8	,,	120	3,57	8	4,53	6,5	3,08	,,	,,	7,6	4,9
9	,,	120	8,0	27	1,0	24,3	10,3	Luft	Kupfer	39,0	30,0
10	,,	120	8,0	27	2,5	28,4	10,3	,,	,,	35,0	26,8
11	,,	240	8,0	36	2,5	37,8	27,5	Luft	Kupfer	151	141
12	,,	240	8,0	27	2,5	28,4	20,6	,,	,,	105	92
13	,,	240	8,0	27	28	97,2	20,6	,,	,,	38	32

Die Spulen 1 ÷ 6, für welche die Ergebnisse der Schleifenmessungen in Abb. 156 dargestellt sind, hatten sämtlich gleichen Durchmesser und gleichen Windungsabstand und unterschieden sich lediglich in der Windungszahl und damit der Baulänge. Die im Hochfrequenz-Schwingungskreis mittels Wellenmessers ermittelten Werte der Selbstinduktion sind in Abb. 156 jeweils bei der entsprechenden Kurve eingetragen und gelten für nur je eine einzelne der beiden in die Leitung eingeschalteten Drosseln. Als Gesamt-Selbstinduktion für beide Stränge zusammen kommt nach den genaueren Untersuchungen Trages[3] wegen der bei einpoligem Schalten auftretenden Unsymmetrien nicht der doppelte, sondern nur etwa der 1,73fache Betrag in Frage.

Die Steilheitskurven in Abb. 156 verlaufen so, wie man für eine reine Induktivität erwarten muß. Es soll im folgenden nachgerechnet werden, inwieweit die gemessene Verflachung den Rechnungswerten entspricht. In Abb. 157 ist zunächst auf Grund der Gleichung von S. 114 dargestellt, in welchem Maße bei wachsender Selbstinduktion der

---

[1] Rechnung nach Emde, Elektrotechnik und Maschinenbau 1912, S. 221ff.
[2] Messung im Hochfrequenz-Schwingungskreis mittels Wellenmessers.
[3] Arbeit Nr. 15, S. 357, Abschnitt: Beitrag der Spulen im nichtgezündeten Pole zur wirksamen Selbstinduktion und wirksamen Eigenkapazität.

Schutzdrosselspulen die größte Steilheit (bzw. die Spannung in der 2-m-Schleife) der durchgelassenen Welle absinken muß; dabei ist eine Ersatz-Keilwelle von $S = 11,5$ m Stirnlänge und ein Wellenwiderstand $Z_2 = 480$ Ohm zugrundegelegt. Außerdem sind die gemessenen Werte jeweils über dem 1,73 fachem (s. oben!) Wert der Selbstinduktion einer Spule aufgetragen. Bei den kürzeren Spulen, also kleineren Werten von L ist die Übereinstimmung fast vollständig. Je länger die Spulen werden, desto mehr bleibt die gemessene Verflachung hinter der errechneten zurück. Die Erscheinung ist darauf

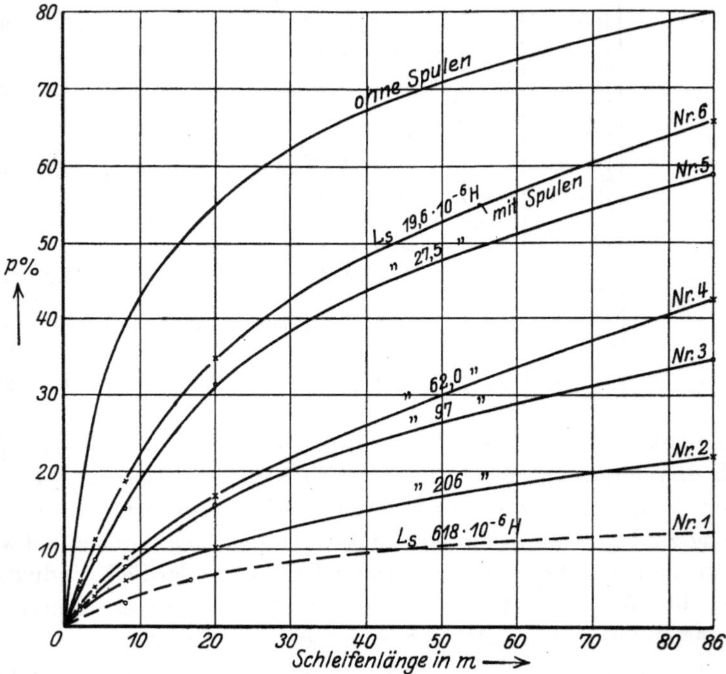

Abb. 156. Steilheitskurven bei den Zylinderspulen aus Runddraht.

zurückzuführen, daß bei den im Vergleich zur Wellenstirn langen Spulen nicht alle Windungen gleichmäßig mit demselben Strom an der Feldbildung beteiligt sind, so daß sich eine Minderung gegenüber dem für quasi-stationäre Vorgänge geltenden Werte L ergeben muß. Abb. 158 läßt diesen Einfluß deutlich erkennen.

Wird der Windungsdurchmesser vergrößert, so wie es bei den Spulen 11, 12, 13 geschehen ist, so wird bei gleicher Selbstinduktion die verschleifende Wirkung scheinbar geringer, die entsprechenden Punkte sind ebenfalls in Abb. 157 eingetragen und liegen schon erheblich über der errechneten Linie. Wie aus den anschließenden Unter-

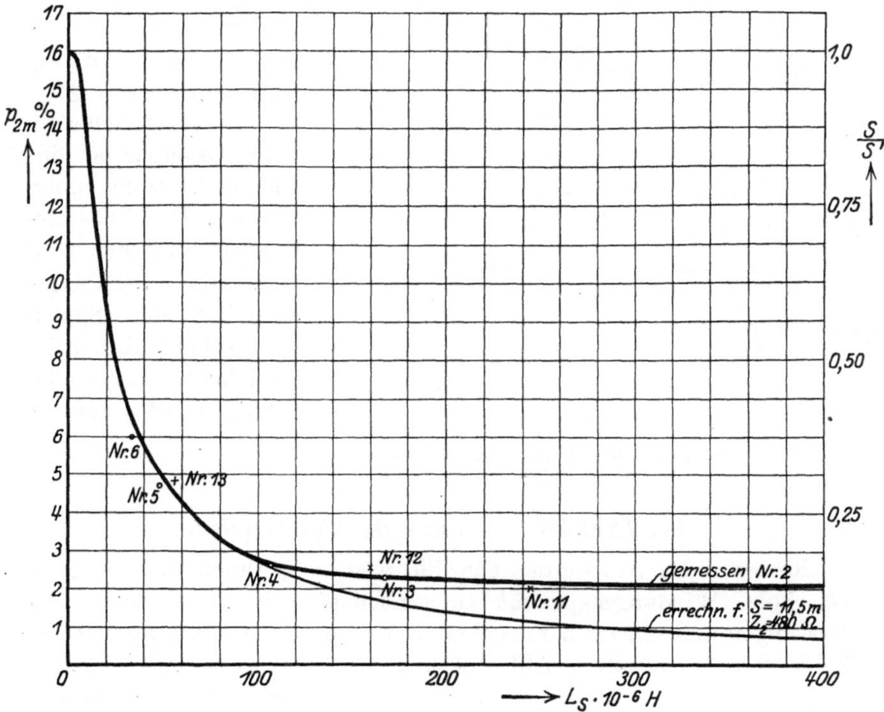

Abb. 157. Abhängigkeit der größten Steilheit der durchgelassenen Stelle von der Selbstinduktion der Spulen nach Rechnung und Messung.

suchungen noch klarer hervorgeht, macht sich bereits der Einfluß der erhöhten Windungskapazität bemerkbar.

Um zu erkennen, welchen Einfluß eine Vergrößerung der Kapazität der Spulen nach Erde hat, wurden mit der Spule 13 auch ein Versuch angestellt, bei dem in jede der beiden Spulen ein 11,6 cm dickes Ofenrohr eingesteckt war. Die beiden Rohre waren miteinander und mit

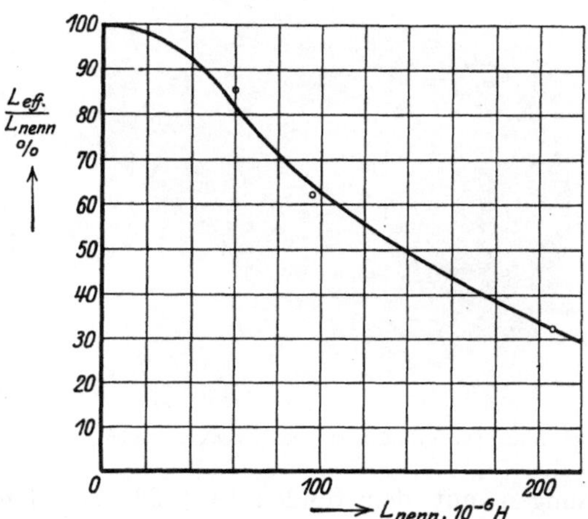

Abb. 158. Wirksame Selbstinduktion $L_{\text{eff.}}$ einer Drossel im Vergleich zum Nennwert L_{nenn} abhängig vom Nennwert.

Erde verbunden. Den Erfolg zeigt Abb. 159. Die Schleifenwerte stiegen dann erheblich an. Eigentlich sollte durch die Erhöhung der

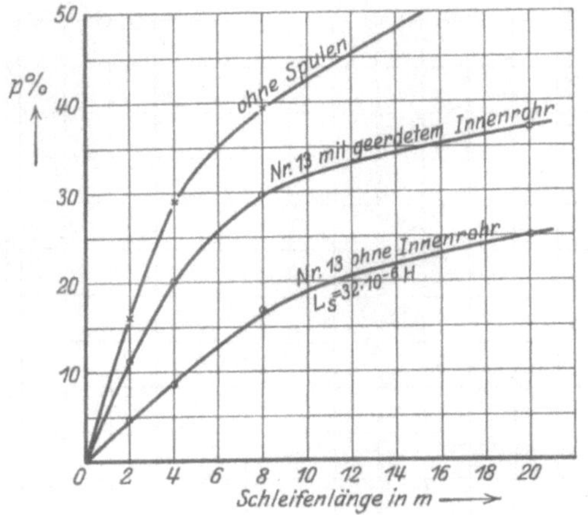

Abb. 159. Einfluß erhöhter Spulenkapazität (Blechrohr eingeschoben).

Erdkapazität die entgegengesetzte Wirkung eintreten, weil eine Querkapazität verschleifen muß. Offenbar ist eine andere Wirkung überwiegend. Durch das Einbringen des Rohres wird auch die Windungskapazität der Spulen stark erhöht, darauf ist wohl das Anwachsen der Schleifenwerte · zurückzuführen.

41. Zylinderspulen aus Hochkantkupfer.

Spulen dieser Art wurden gewählt, weil es bei ihnen leicht möglich ist, hohe Windungskapazität zu erreichen. Die verwendeten Abmessungen und sonstigen Einzelheiten der Spulen sind in der folgenden Zahlentafel 2 enthalten. Abb. 160 zeigt den Aufbau der Spule 15.

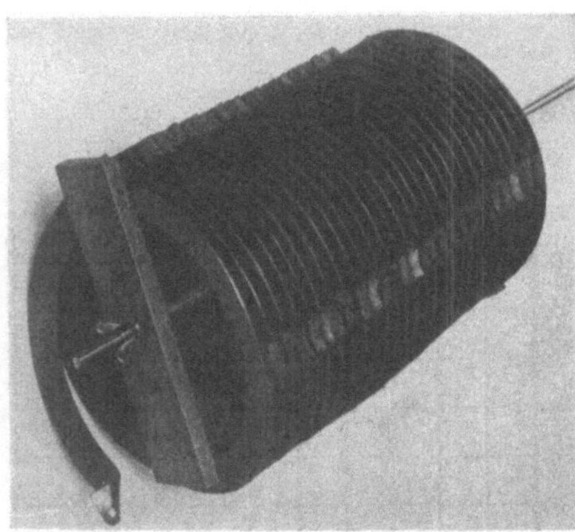

Abb. 160. Zylinderspule aus Hochkantkupfer.

Die Spulen 14 ÷ 17 hatten Luft als Windungs-Isolation; die Ergebnisse der mit ihnen angestellten Schleifenmessungen sind in Abb. 161 dargestellt. Für die weitgewickelten Spulen zeigen die Steilheitskurven nichts Besonderes. Bei der Spule mit 2,8 mm Windungsabstand (unterste Kurve) stellt sich für die kleinen Schleifenwerte ein Höcker ein; dessen Ursache wird klarer erkennbar durch die weiterhin ausgeführten Messungen mit den Spulen 18 ÷ 22, bei denen zwecks Erhöhung der Windungskapazität der Zwischenraum zwischen den einzelnen Windungen durch Preßspanscheiben ausgefüllt war. Es konnten dadurch erheblich verminderte Windungsabstände erreicht werden, wobei die Kapazität aus diesem Grunde und auch wegen der höheren Dielektrizitätskonstante des Preßspanes ($\varepsilon = 4,5$) stark vergrößert war.

Zahlentafel 2. Zylinderspulen aus Hochkantkupfer.

Nr.	Bild	Mittl. Spulendurchmesser mm	Querschnitt des Leiters mm	Windungszahl	Lichter Windungsabstand mm	Spulenlänge cm	Leiterlänge m	Dielektrikum	Leitermaterial	Selbstinduktion Rechnung[1] 10⁻⁶H	Messung[2] 10⁻⁶H
14		225	2·30	29	28,0	87,0	17,74	Luft	Kupfer	32,9	34,0
15	,,	225	2·30	29	11,4	38,9	17,74	,,	,,	66,3	67,0
16	,,	225	2·30	29	4,9	20,0	17,74	,,	,,	109,7	113
17	,,	225	2·30	29	2,8	13,9	17,74	,,	,,	138	138
18	,,	225	2·30	29	5,9	22,9	17,74	Preßspan	,,	99,4	—
19	,,	225	2·39	29	2,73	13,7	17,74	,,	,,	138	—
20	,,	225	2·30	29	1,20	9,3	17,74	,,	,,	170	—
21	,,	225	2·30	29	1,05	8,85	17,74	,,	,,	173	—
22	,,	225	2·30	29	0,60	7,54	17,74	,,	,,	190	—

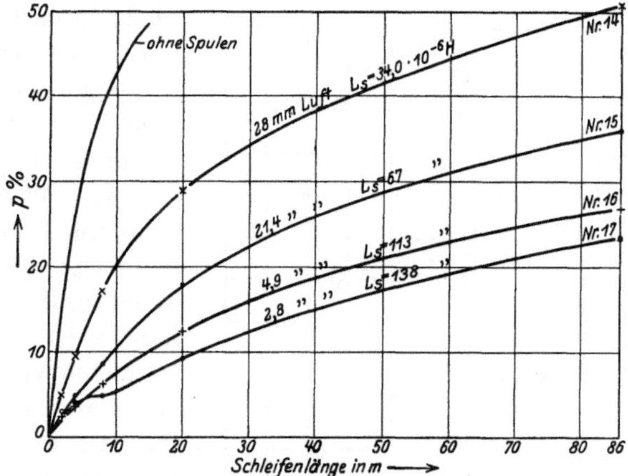

Abb. 161. Steilheitskurven der Zylinderspulen aus Hochkantkupfer mit L u f t zwischen den Windungen. — Bei dem engsten Windungsabstand wieder Anschwellen des Wellenkopfes.

Mit den Preßspanspulen ergaben sich die in Abb. 162 dargestellten Schleifenspannungen. Die Werte liegen hier ganz erheblich höher, und zwar ohne Beziehung zur Größe der Selbstinduktionen. Im Gegenteil zeigt sich, daß die Erhebungen für die Spulen mit der kleinsten Selbst-

---

[1] Rechnung nach Emde, s. Zahlentafel 1. Bei den Flachbandspulen wurde für die Rechnung wegen der Feldverdrängung der innere Spulendurchmesser von 195 mm eingesetzt und die Rechnung wie bei Runddrahtspulen geführt.

[2] Bei den Spulen mit Preßspan versagte die Messung infolge der hohen Windungskapazität.

induktion am höchsten sind. Die Erhebungen bringen sehr klar die Wirkung der Koppelkapazität zum Ausdruck, die im ersten Teil des

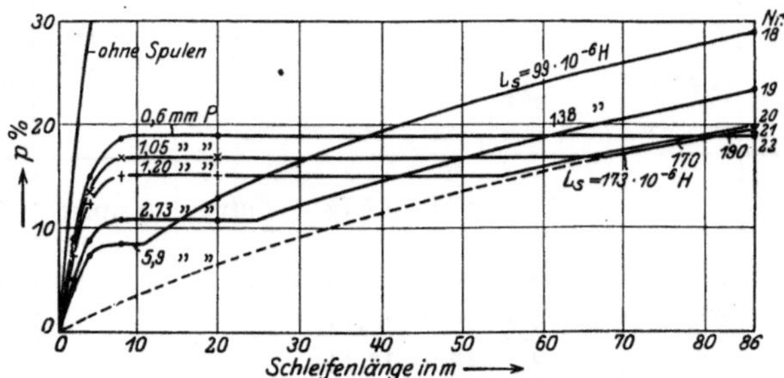

Abb. 162. Steilheitskurven der Zylinderspulen aus Hochkantkupfer mit Preßspan-Isolierung der Windungen. — Trotz wachsender Selbstinduktion Anschwellen des Wellenkopfes infolge vergrößerter Windungskapazität.

Vorganges die Übertragung der Welle übernimmt. Erst viel später kommt die Selbstinduktion zur Wirkung, wie es dem in Abb. 149 dargestellten Verlauf entspricht. Es ist von Interesse, zu vergleichen, in welchem Maße durch das Einlegen von Preßspan diese Übertragung begünstigt wird. Abb. 163 zeigt die größte Steilheit der durchgelassenen Welle einmal wenn Luft, und zum anderen wenn Preßspan als Windungsisolation vorhanden ist. Annähernd tritt eine Verdoppelung ein, wobei zu beachten ist, daß die Dielektrizitätskonstante für Stoßvorgänge erheblich unter dem genannten Wert $\varepsilon = 4{,}5$ bleibt (vgl. S. 56).

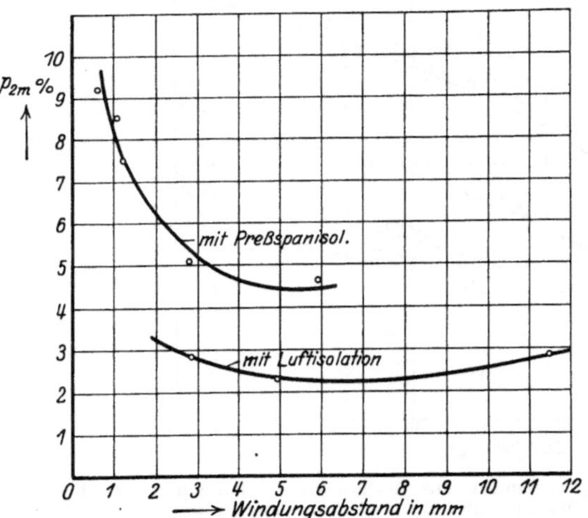

Abb. 163. Einfluß erhöhter Windungskapazität auf die größte Steilheit der durchgelassenen Welle.

42. Tellerspulen.

In dem Bestreben, in einem beschränkten Raum und mit möglichst geringem Aufwand eine große Selbstinduktion herzustellen, verwendet man vielfach spiralförmig aufgewickelte Flachbandspulen (Tellerspulen) mit Papierbandisolierung. Abb. 164 zeigt eine solche Spule. Die Einzelheiten der untersuchten Spulen gibt Zahlentafel 3 an. Die größte Spule hat einen Durchmesser von 1,5 m und ist aus Eisenband gewickelt.

Zahlentafel 3. Spiralförmige Tellerspulen.

Nr.	Bild	Spulendurchmesser		Querschnitt des Leiters	Windungszahl	Lichter Windungsabstand	Leiterlänge	Dielektrikum	Leitermaterial	Selbstinduktion gerechnet[1]
		außen mm	innen mm	mm²		mm	m			10^{-6} H
23		400	150	10 · 0,08	420	0,20	363	Papier	Kupfer	59 300
24	„	300	100	20 · 0,27	144	0,42	88,5	„	„	4 290
25	„	300	100	20 · 0,40	121	0,42	74,5	„	„	3 000
26	„	300	100	20 · 0,55	102	0,42	62,3	„	„	2 150
27	„	1500	320	20 · 2,0	133	2,40	380	„	Eisen	14 300

Die Ergebnisse der Schleifenmessungen sind in Abb. 165 dargestellt. Die Linien verlaufen ganz ähnlich wie diejenigen der Zylinderdrosseln aus Hochkantkupfer. Es war dies auch zu erwarten, da ja auch bei den Tellerdrosseln die Windungskapazität infolge der eng aneinander liegenden und großflächigen Windungen hohe Werte annehmen muß. Wesentlich günstiger dürften Drosseln nach Abb. 166 sich verhalten, bei denen mehrere Teller mit größerem Abstand voneinander angeordnet sind, wodurch die Kapazität zwischen Zuleitung und Ableitung erheblich vermindert wird.

Abb. 164. Tellerspule.

Versuche mit Spulen dieser Art sollen noch durchgeführt werden.

Zur Ergänzung der grundlegenden Messungen Trages wurden neuerdings von R. Klein noch Versuche angestellt unter Verwendung der Stoßschaltung nach Abb. 48a und 48b, die eine völlig symmetrische Beanspruchung der in den beiden Leitungssträngen liegenden Spulen gewährleistet. Sie ergaben eine fast völlige Übereinstimmung mit den Messungen Trages. Weiterhin wurde auch das Verhalten von Drosseln, die im Zuge von Leitungen liegen, einer Untersuchung unterzogen. Die Versuche ergaben, wie es die Theorie verlangt, einen

---

[1] Rechnung nach Emde, s. Zahlentafel 1, Anm. 1.

Anstau der Spannung vor den Drosseln und standen im übrigen im
Einklang mit den früheren Messungen.

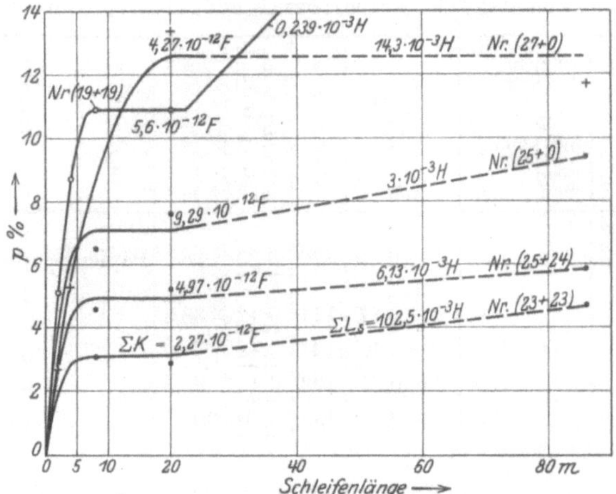

Abb. 165. Steilheitskurven bei den Tellerspulen mit Papierisolierung der Windungen. —
Bei Bildung des Wellenkopfes spielt die Selbstinduktion gegenüber der Eigenkapazität eine
untergeordnete Rolle.

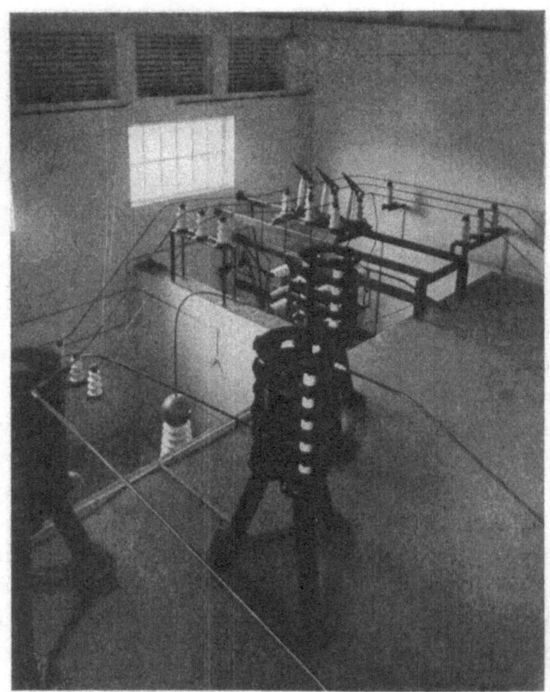

Abb. 166. Sechsfachtellerdrossel.

B. Schutzkondensatoren.

43. Berechnung der durchgelassenen Welle.

Für eine „reine Kapazität", die an einer durchlaufenden Leitung liegt (Abb. 167) ist die verschleifende Wirkung leicht zu berechnen, wenn man wieder von der Kennlinie des speisenden Leitungszuges am Anschlußpunkt ausgeht. Es muß für diese Stelle sein:

$$e_2 = \gamma e_1 - J \cdot Z_1 \cdot \frac{\gamma}{2}.$$

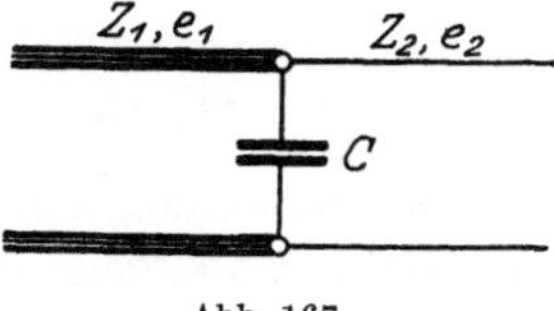

Abb. 167.

Für den Kondensatorstrom besteht die Beziehung:

$$J = C \cdot \frac{de_2}{dt},$$

so daß sich unmittelbar die Differentialgleichung ergibt:

$$T \cdot \frac{de_2}{dt} + e_2 = \gamma \cdot e_1,$$

wobei $CZ_1 \cdot \frac{\gamma}{2} = T$ die Zeitkonstante des Kondensators in dieser Anordnung bezeichnet.

Für eine Rechteckwelle lautet die Lösung bekanntlich (Abb. 168):

$$e_C = e_2 = E\gamma \cdot \left(1 - \varepsilon^{-\frac{t}{T}}\right).$$

Da γ sowohl in die endgültige Höhe der Spannung wie in die Zeitkonstante eingeht, ist

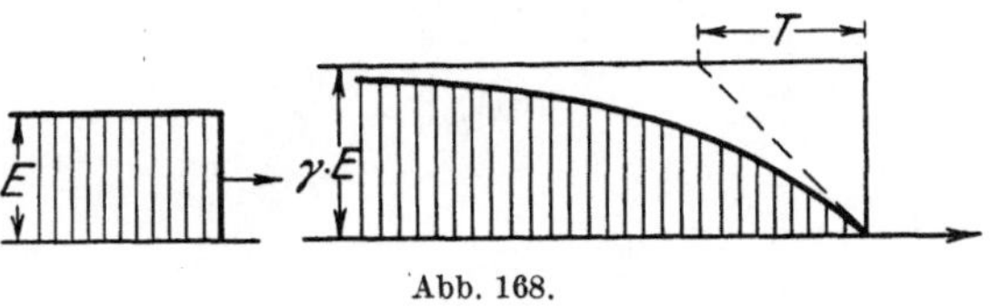
Abb. 168.

der Anstiegswinkel für e_2 immer der gleiche. Das Verhältnis der Wellenwiderstände vor und hinter dem Kondensator hat also keinen Einfluß.

Bei einer Keilstirn tritt auf die rechte Seite der Differentialgleichung das Glied $\frac{\gamma \cdot E}{S} t$.

Als Lösung finden wir dann:

$$e_C = \frac{E\gamma}{S}\left(t - T\left(1 - \varepsilon^{-\frac{t}{T}}\right)\right).$$

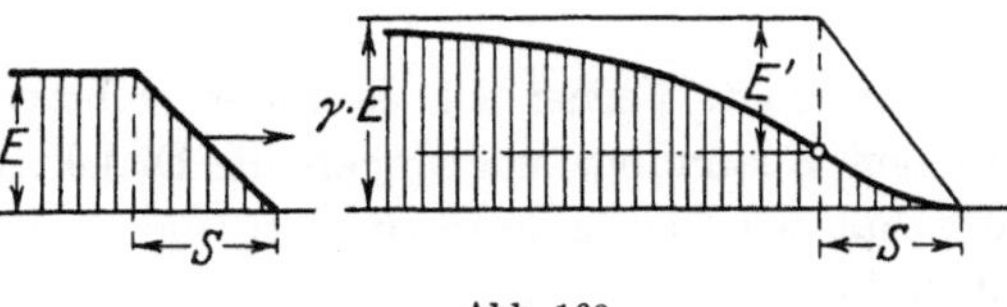
Abb. 169.

Die Funktion hat den Verlauf Abb. 169, wie er ähnlich bereits für eine Drossel in Abb. 141 dargestellt wurde. Grenze für die Gültigkeit ist wieder: $t = S$. Von hier ab setzt eine zweite Exponentiallinie ein, wie sie einer Rechteckstirn von der Differenzspannung E' (Abb. 169) entspricht. Die größte Steilheit ist wieder an der Übergangsstelle vorhanden, und zwar im Betrag:

$$\left(\frac{de_C}{dt}\right)_{t=S} = \frac{E\gamma}{S}\left(1 - \varepsilon^{-\frac{S}{T}}\right).$$

9*

Der Ausdruck $\gamma\left(1 - \varepsilon^{-\frac{S}{T}}\right)$ gibt direkt die Verminderung der ursprünglichen Steilheit $\frac{E}{S}$. Da der vom Kondensator aufgenommene Strom
der Steilheit entsprechend sich einstellt, ist dessen größter Wert:

$$J_C = \frac{C E \gamma}{S}\left(1 - \varepsilon^{-\frac{S}{T}}\right).$$

44. Messungen an einem Luftkondensator.

Die Herstellung einer „reinen Kapazität" ist, wenigstens im Laboratorium, in weitgehendem Maße möglich; wir sind hier in viel günsti-
gerer Lage als bei der Drossel, die immer mit erheblicher Kapazität
behaftet ist, da man zur Erzielung der nötigen Induktivität die Windungen eng aneinander wickeln muß. Der Kondensator sollte auch

Abb. 170. Luftkondensator.

„punktförmig" sein, damit nicht die Ladungen erst weite Wege zurückzulegen
haben, bis sie zur Anschlußstelle gelangen. Es ist nicht schwer, dieser Bedingung annähernd zu genügen, Weg-
längen von etwa 1 m sind ausführbar und
als klein bei den praktisch in Frage
kommenden Stirn-längen von $5 \div 15$ m
zu bezeichnen. Ferner ist es nicht selbstverständlich, daß bei den
schnellen Spannungsänderungen die Dielektrizitätskonstante denselben
Wert hat wie bei langsamen Vorgängen; Versuche haben erhebliche
Unterschiede hierin ergeben. Es wurde daher von Zdralek der in
Abb. 170 dargestellte Luftkondensator gebaut. Er besteht aus
Platten von 118 cm Länge, 33 cm Breite und 1,6 cm Dicke (Holz-
bretter mit dünnem Messingblech beschlagen), die auf verschiedenen
Abstand eingestellt werden können. Um die Berührungsfläche mit
festem Dielektrikum auf ein Minimum zu bringen und genügend
lange Kriechwege zu schaffen, wurden die Platten durch 8 mm
starke Messingstäbe wechselweise (s. Abb. 170, oberer Teil) abgestützt.
Durch entsprechende Schaltung der Platten kann die Kapazität in den
Grenzen $(10 \div 15000)$ cm eingestellt werden.

Der Kondensator lag zuerst unmittelbar an einer durchgehenden Leitung mit 480 Ω Wellenwiderstand, auf der Ladewellen von 84 kV Spannung und einer Steilheit entsprechend dem Wert $S = 12,3$ m heranliefen. Gemessen wurde die Verflachung der Wellen (Abb. 171) mittels der Schleifenmethode und auch der in den Kondensator fließende Strom. Die Steilheit sollte rechnungsmäßig nach der in Abb. 172 eingetragenen Linie zurückgehen; die Versuchspunkte liegen hiervon auch nicht weit ab.

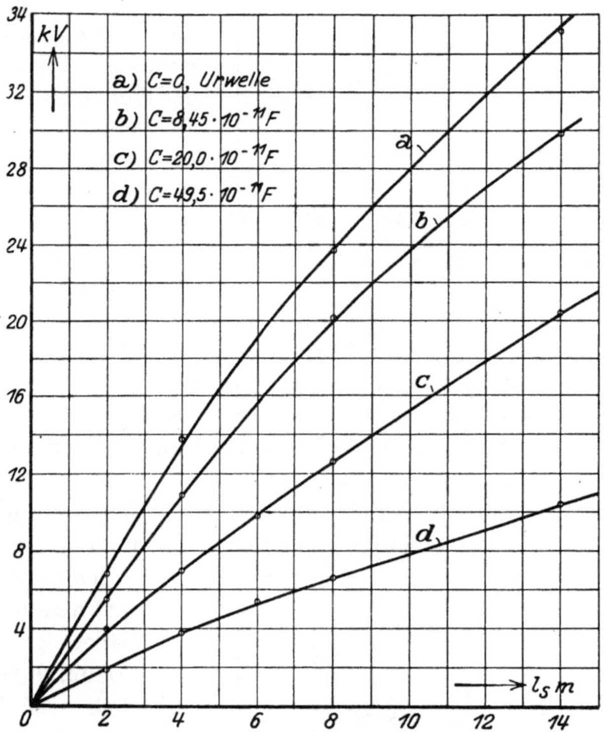

Abb. 171. Steilheitskurven für verschiedene große Schutzkondensatoren.

Für die Ströme ergab die Messung die nachstehenden Werte, denen zum Vergleich die aus der größten Steilheit $\dfrac{d\,e_2}{d\,t}$ berechneten Werte gegenübergestellt sind:

$C =$	8,45	20,0	49,5	10^{-11} F.
Gem. Strom	135	230	290	Amp.
Ber. Strom	139,4	240	282	Amp.

Bei den Versuchen stand der Kondensator unmittelbar unter der Leitung (Zuleitungen etwa $^1/_2$ m); in der Praxis läßt sich diese günstige Anordnung leider nur selten verwirklichen, man hat hier oft mit erheblichen Längen der Verbindungsleitungen zu rechnen. Bekanntlich wird hierdurch eine wesentliche Verminderung der Schutzwirkung verursacht,

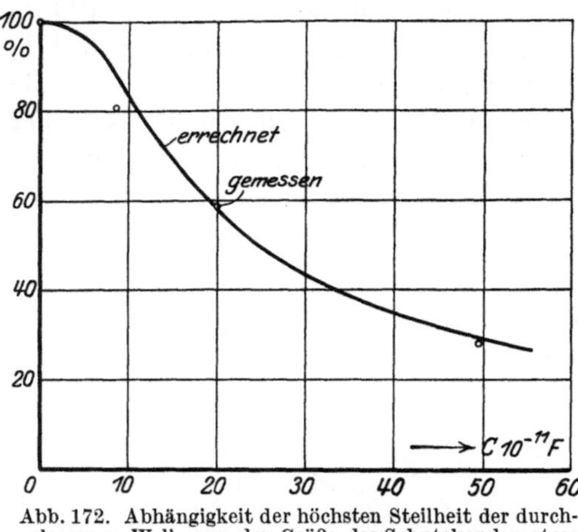

Abb. 172. Abhängigkeit der höchsten Steilheit der durchgelassenen Welle von der Größe des Schutzkondensators nach Rechnung und Messung.

da für eine in der Hauptleitung heranlaufende Welle zunächst nur die Anschlußleitungen wie ein Abzweigwiderstand entsprechend ihrem Wellenwiderstand wirken; erst später, durch die Bildung hin und her laufender Wellen, kommt der Kondensator zur vollen Wirkung. Die rechnerische Verfolgung des Verlaufs ist ziemlich umständlich; es seien die Ergebnisse einiger Messungen angeführt. Bei Einschaltung eines Kondensators von $49{,}5\cdot10^{-11}\,F$ wurden in der eben beschriebenen Anordnung folgende größten Steilheiten ermittelt (Abb. 173):

Zuleitung = 0,30 1,17 2,40 6,20 m
Steilheit = 1,7 2,8 3,8 5,3 kV/m.

Der ungünstige Einfluß macht sich natürlich um so stärker bemerkbar, je größer die Kapazität gewählt wird.

Da ein Kondensator beim Auftreten eines Entladefunkens einen Erzeuger kräftiger Schwingungen darstellt, müssen zu deren Dämpfung

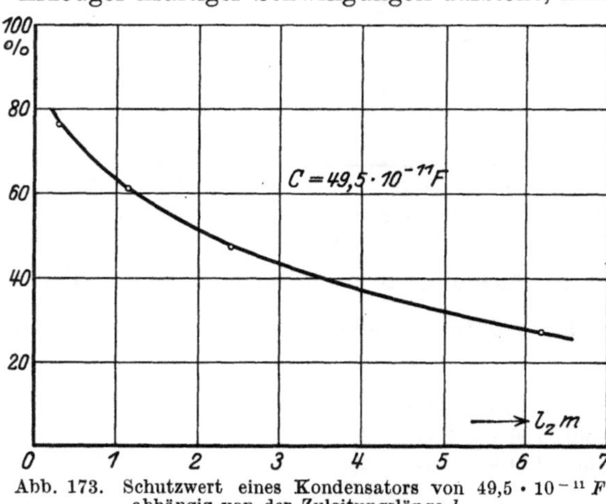

Abb. 173. Schutzwert eines Kondensators von $49{,}5\cdot10^{-11}\,F$ abhängig von der Zuleitungslänge l_z.

Ohmsche Widerstände in den Kreis eingefügt werden. Dadurch tritt natürlich eine Verminderung der Schutzwirkung ein, allerdings nicht in dem Maße, wie man vermuten sollte. Wie die in Abb. 174 dargestellten Versuchsergebnisse zeigen, können unbedenklich ca. 100 Ω eingeschaltet

werden, ohne daß eine unzulässige Verminderung der Schutzwirkung zu befürchten wäre. Der Grund liegt darin, daß für die Ladeströme nicht nur der Widerstand R, sondern $R + \dfrac{Z}{2}$ (bzw. $R + Z$, wenn der Kondensator am Ende einer Leitung befindlich) als Ausgleichswiderstand in Frage kommt. Da bei den Freileitungen für hohe Spannungen Z etwa $= 700 \div 800\ \Omega$ zu setzen ist, sind erst beträchtliche Werte des Dämpfungswiderstandes R von Einfluß auf die Summe.

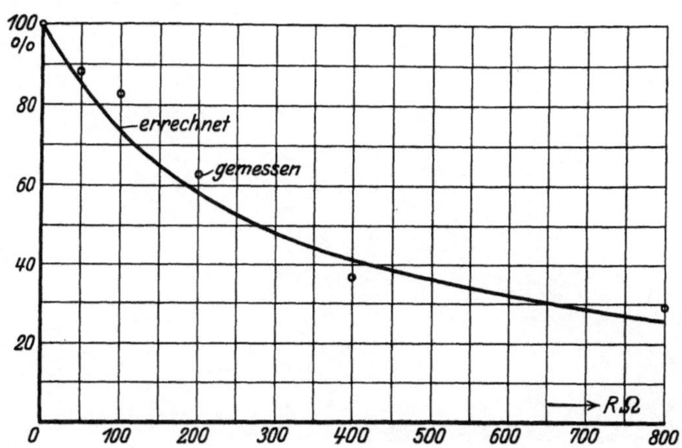

Abb. 174. Einfluß von Vorschaltwiderstand auf den Schutzwert eines Kondensators, Rechnung und Messung für $C = 49{,}5 \cdot 10^{-11}\ F$.

45. Messungen an Kabelkondensatoren im Umspannwerk Silberstraße.

In der Praxis hat der Kondensator als Schutz gegen steile Wellen vor einer Reihe von Jahren schon die Gemüter in starke Bewegung versetzt. An vielen Stellen wurden damals Kondensatoren eingebaut; es trat aber ein starker Rückschlag ein, weil die verwendeten Elemente den hohen praktischen Anforderungen in bezug auf elektrische Festigkeit und Dauerhaftigkeit noch nicht genügten. Es ist daher ein Versuch bemerkenswert, den neuerdings die Aktiengesellschaft Sächsische Werke mit sog. Kabelkondensatoren unternimmt. Die in Abb. 175 dargestellten Elemente werden für eine 100-kV-Leitung verwendet und geben eine wirksame Kapazität von ca. 0,1 μF zwischen je einer Leitung und Erde. Sie wurden nicht kurzerhand dem Betrieb übergeben, sondern es sollten mit ihnen erst eingehende Versuche durch die Technische Hochschule Dresden ausgeführt werden, damit klargestellt sei, mit welcher Schutzwirkung gerechnet werden könne und ob nicht von vornherein Erscheinungen besonderer Art zu befürchten seien. Das letzte Wort über den Wert der Anordnung fällt natürlich dem praktischen Betrieb zu. Bei den Versuchen, ausgeführt von Herrn Dr.-Ing. Moser, hat sich folgendes ergeben:

In der ursprünglichen Anordnung hatte man, um zu einer möglichst einfachen Leitungsführung zu gelangen, die unter der Hauptleitung

stehenden Elemente über Trennschalter mit einer senkrechten Steig-
leitung angeschlossen (Abb. 175). Die Zuleitungslänge betrug etwa

Abb. 175. Kabelkondensatoren im Umspannwerk Silberstraße (bei Zwickau i. Sa.)
d. A.-G. Sächsische Werke.

8 m, war also beträchtlich. Der Versuch zeigte auch, daß die ver-
flachende Wirkung ganz erheblich hinter dem rechnungsmäßigen

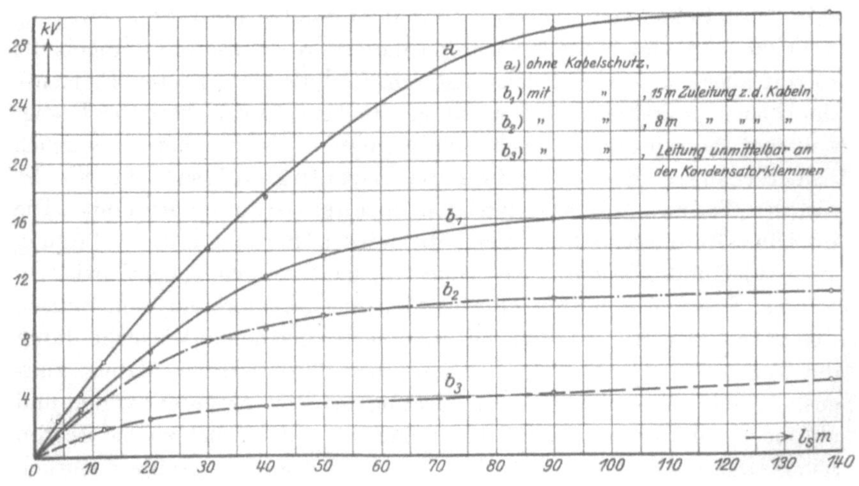

Abb. 176. Einfluß der Zuleitungslänge auf die Verflachung der durchgelassenen Welle.

Einfluß zurückblieb. Die Kondensatoren wurden dann unmittelbar
an die· beim Umspannwerk Silberstraße errichtete Versuchsleitung

angeschlossen; der Erfolg blieb auch nicht aus, es ergaben sich die in Abb. 176 dargestellten Rückgänge der Steilheiten unter den gekennzeichneten Umständen. Die Hauptleitung ist daher jetzt unmittelbar an die Kondensatorklemmen herangeführt worden.

Die Länge des den Kondensator bildenden Kabels beträgt 250 m; eine eindringende Welle kommt also, da sowohl Anfang wie Ende des Kabelkondensators mit der zu schützenden Leitung verbunden sind, nach 250 m Lauflänge wieder zum Anschlußpunkt zurück. Während dieser ganzen Zeit wird die Spannung am Knotenpunkt auf dem niedrigen Wert, der dem Verzweigungswiderstand entspricht, gehalten. Bei einem Wellenwiderstand der Leitung von $770\,\Omega$ und einem Wellenwiderstand des Kabels von $80\,\Omega$ wird der Übergangsfaktor $\gamma = 0{,}17$.

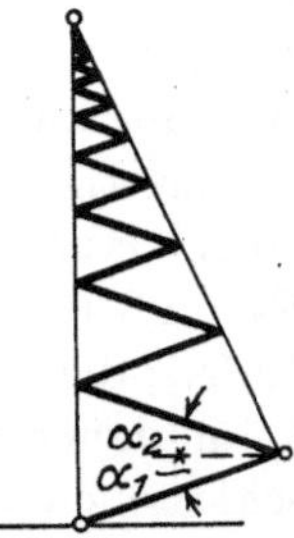

Abb. 177. Verlauf der Spannungen am Anschlußpunkt des Kabelschutzes.

Das Spiel der hin und zurück laufenden Wellen im Kabel, und der Verlauf der Knotenpunktspannungen ist unmittelbar durch das Spiralendiagramm (S. 19) gegeben; wegen der geringen Neigung von $1-1'$ nimmt es hier die besondere Form Abb. 177 an. Da die Wellen im Kabel starke Dämpfung erfahren, werden in Wirklichkeit die Sprünge wesentlich gemildert in Erscheinung treten.

C. Schleifenwiderstand.

(Binder, D. R. P. 425755).

46. Verflachung der Wanderwellenstirn durch Widerstände in Schleifen.

Einen neuen Weg zur Verschleifung der Stirn von Wanderwellen stellt das in Abb. 178 dargestellte Verfahren dar. Ein Nachteil der Drosseln ist darin zu erblicken, daß durch sie ein Anstau der Wellen erfolgt. In der neuen Anordnung ist daher die Leitung so geführt, daß keinerlei zusätzliche Selbstinduktion auftritt; zu diesem Zweck muß vermieden werden, daß Windungen entstehen. Gebilde,

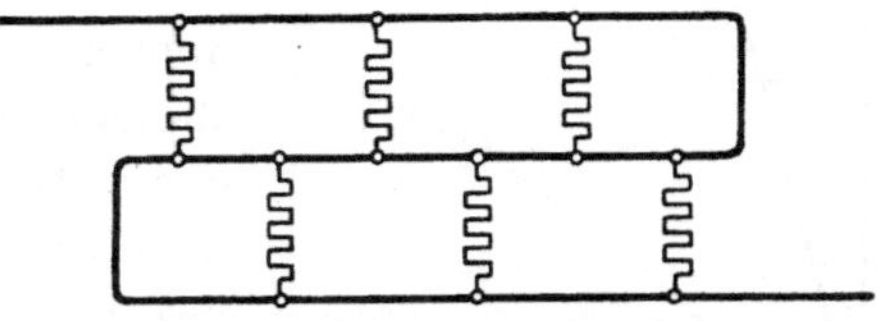

Abb. 178. Anordnung zur Verschleifung von Wellen durch Widerstände.

die der genannten Bedingung entsprechen, sind z. B. die in Abb. 178 gezeichneten Schleifen, auch Zickzackführung der Leitung oder bifilare Anordnung führt zum gleichen Ziele. Man spricht zwar häufig von der Selbstinduktion von Schleifen, es ist aber darauf hinzuweisen, daß die die Schleife durchsetzenden Induktionslinien bei Wanderwellen der Selbstinduktion entsprechen, die bereits für die Ausbildung der Welle an irgend einem Leitungsstück in Rechnung gesetzt worden ist. Wie der Versuch zeigt, tritt auch die Welle am Ende der Schleife mit der gleichen Steilheit wieder aus, mit der sie am Anfang der Schleife in diese eingetreten ist.

Um eine Verschleifung herbeizuführen, werden an verschiedene Stellen der Schleife Brückenwiderstände gelegt, so daß die ankommende Welle fortlaufende Abspaltungen erleidet, und die Stirn schließlich wesentlich verflacht aus der Schleife hervortritt. Um eine günstige Wirkung zu erzielen, muß natürlich die Größe der Widerstände und ihr gegenseitiger Abstand passend gewählt werden. Die Einzelwiderstände fallen dabei immer größer aus als der Wellenwiderstand der Leitung. Es muß daher der Teilungsvorgang an allen Stellen aperiodisch verlaufen; die Anordnung ist ein nicht schwingungsfähiges Gebilde, kann daher nur im günstigsten Sinne auf die mit ihr zusammengeschlossenen Teile einer Anlage wirken. Sowohl die Drossel wie der Kondensator können in Verbindung mit den in der Anlage vorhandenen Kapazitäten oder Induktivitäten als Schwingungserreger wirken, weil bei ihnen Energieverzehrung nicht stattfindet.

47. Messungen.

Abb. 179 stellt die bei einem ersten Versuch erzielte Verflachung dar; die größte Neigung ging auf ein Viertel derjenigen der Urwelle zurück. Wie weitere Versuche gezeigt haben, bietet es keine Schwierigkeiten, die zehnfache Verflachung zu erzielen. Es soll darüber in Verbindung mit der praktischen Ausgestaltung der Anordnung in einer späteren Arbeit berichtet werden.

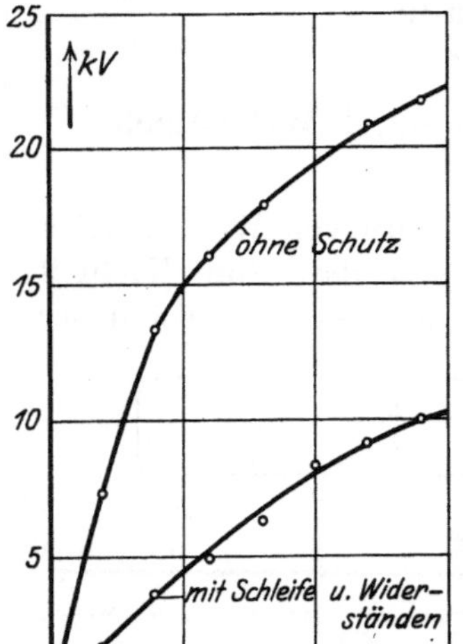

Die Anordnung hat, wie die Schutzdrossel, das praktisch wertvolle Verhalten, daß beim Auftreten sehr hoher Überspannungen oder einem Schaden an den Widerständen keine Störung verursacht wird, ungünstigenfalls kommt die Welle aus dem Schutzgerät mit der ursprünglichen Neigung unverflacht zum Vorschein. Andererseits hat die Anordnung mit dem Kondensator den Vorteil gemeinsam, daß bei Leitungen großen Querschnitts, also hohen Strömen, die Erzielung der Verflachung kaum besondere Schwierigkeiten macht, da jeweils

Abb. 179. Erzielte Verflachung durch Schleifenwiderstand.

nur der in verhältnismäßig engen Grenzen sich ändernde Wanderwellenstrom aufzuteilen ist.

D. Glimmschutz der Dr. Paul Meyer A.-G.

Es ist schon häufig vorgeschlagen worden, Glimmwirkungen für Überspannungsschutzgeräte zu verwerten[1]. Praktische Bedeutung hat aber bis jetzt nur die von Dr. Paul Meyer angegebene Anordnung erlangt. Bekanntlich werden dabei (s. Abb. 180) zwei sog. Rechen einander gegenübergestellt; diese bestehen aus scharfkantigen Blechen, die zu Paketen zusammengefügt sind. Die beiden Pakete werden so angeordnet, daß die Längsrichtungen der Bleche einen Winkel von 90° bilden. Um den einen der Rechen, oder auch um beide sind Glasglocken gestülpt, so daß eine isolierende Trennwand vorhanden ist, auch wenn der Luftzwischenraum bei hohen Spannungen durchbrochen werden sollte.

Legt man den Schutz an 50periodige Wechselspannung, so tritt schon bei verhältnismäßig geringen Spannungen an den scharfen Rändern der Blechpakete Glimmen auf, das bei Steigerung der aufgedrückten Spannung sich immer weiter ausbreitet und schließlich sich über die ganze Rechenfläche verteilt. Wird die Spannung noch höher getrieben, so wird schließlich der freie Raum zwischen den Rechen durchbrochen, es stellen

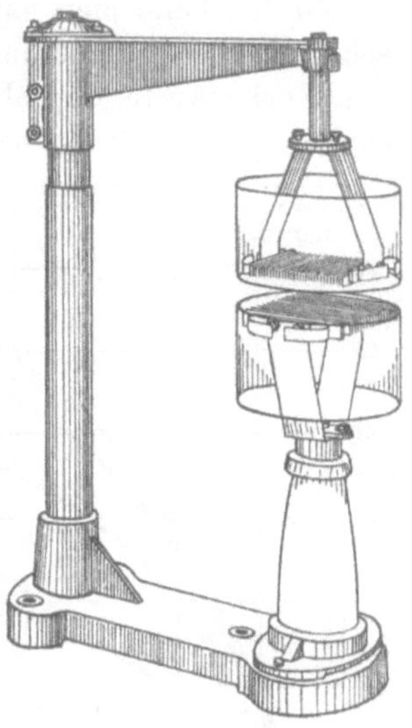

Abb. 180. Glimmschutz.

sich violette und weiße Funken ein, die bei noch höheren Spannungen immer weiter als prasselnde Gleitfunken über die Glasglocke sich ausbreiten und schließlich um deren Rand herumschlagen, so daß eine Überbrückung der Elektroden eintritt. Die Ionisierung der Luft an den Rechen und im Zwischenraum, sowie die Bildung der Funken an der Glasoberfläche bedingt Energieverlust, hierauf wird in erster Linie der Schutzwert der Anordnung zurückgeführt.

48. Versuche über die Schutzwirkung.

Da die Meinungen über die mit einem solchen Schutz erzielbaren Wirkungen weit auseinander gingen und insbesondere Versuche über das Verhalten gegenüber Wanderwellen völlig fehlten, wurden im Herbst 1925 auf Veranlassung der Aktiengesellschaft Sächsische Werke, in deren Betriebe eine Reihe von solchen Apparaten eingebaut war, eingehende Messungen an einem Glimmschutzapparat im

---

[1] Nagel: „Die Verwertung der Glimmwirkung elektrischer Leiter zum Schutz gegen Überspannungen". Arch. f. Elektrot. 10. Heft, S. 335. 1920.

Wanderwellenversuchsfeld der Technischen Hochschule Dresden angestellt. Diese Messungen bildeten einen Teil einer größeren Untersuchung von E. Sommer[1], die auch die später noch zu behandelnden amerikanischen Ventilableiter umfaßte. Die Ergebnisse dieser Arbeit wurden von ihm erstmalig in einer Sitzung der Studiengesellschaft für Höchstspannungsanlagen in Berlin im September 1926 vorgetragen[2].

Zu den Versuchen hatte die Dr. Paul Meyer A.-G. einen Glimmschutz Serie V freundlichst zur Verfügung gestellt. Um den Einfluß des Rechenabstandes übersehen zu können, wurden die meisten Versuche bei verschiedenen Rechenabständen (8 mm, 18 mm und 28 mm)

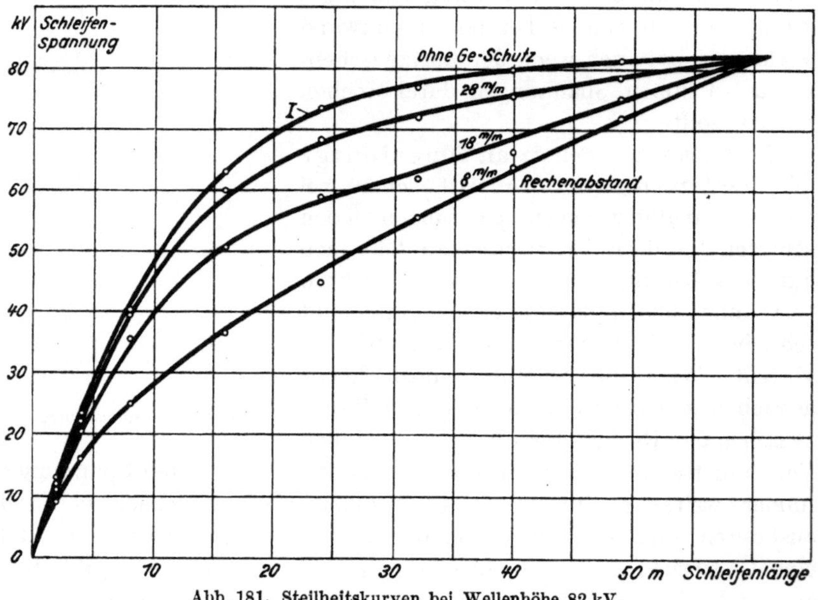

Abb. 181. Steilheitskurven bei Wellenhöhe 82 kV.

durchgeführt, wobei der Abstand 18 mm der betriebsmäßigen Einstellung für 25 kV Spannung entspricht, während die Einstellungen von 8 bzw. 28 mm extreme Abstände darstellen, um das Verhalten in möglichst weiten Grenzen verfolgen zu können.

Die anlaufenden Wellen, die mit einer Stoßspannungsanlage in der Schaltung Abb. 48a hervorgerufen wurden, hatten eine Höhe von 82, 75 bzw. 51 kV. Mit Hilfe der Schleifenmethode wurden bei den drei verschiedenen Rechenabständen Kurven aufgenommen, die den Verlauf der Schleifenspannung bei den verschiedenen Schleifenlängen

<hr>

[1] Arbeit Nr. 16.

[2] Technische Mitteilung Nr. 18 der Studiengesellschaft für Höchstspannungsanlagen.

wiedergeben. Diese Darstellungsart gestattet in einfachster Weise einen
Überblick über den Einfluß des Glimmschutzes auf die Stirnform der
auftretenden Wellen. Die Abb. 181 zeigt, daß die Rückenhöhe der
Wellen, wie nicht anders zu erwarten war, überhaupt nicht beeinflußt wird, daß der Glimmschutz also nicht imstande ist, die Höhe
von Wanderwellen herabzusetzen. Die Stirnform dagegen wird unter
dem Einfluß des Glimmschutzes etwas abgeflacht, die Schleifenspannung
wird beispielsweise bei dem normalen Rechenabstand (18 mm) im günstigsten Fall um 20 % herabgesetzt.

49. Der Glimmschutz als veränderlicher Kondensator.

Das durch das vorangegangene Bild 181 gekennzeichnete Ergebnis legt
den Gedanken nahe, den Schutzwert des Glimmschutzes im wesentlichen
seiner Kapazität zuzuschreiben. Es wurde experimentell nachgewiesen,
daß die Kapazität des Glimm-
schutzes mit der Spannung stark
veränderlich ist. Sie bleibt bei
allmählicher Steigerung der Stoßspannung zunächst konstant, um
nach Überschreiten der Glimmgrenze stark anzusteigen. Dieser
Verlauf ist dadurch erklärlich,
daß das zwischen den Rechen
befindliche Luftpolster (Abb. 182)
mit zunehmender Spannung leitend wird. Hierdurch vermindert

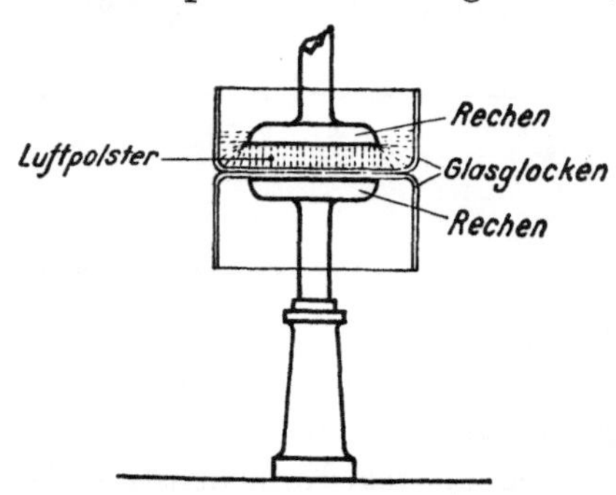

Abb. 182. Schematisches Bild des *Ge*-Schutzes.

sich der Abstand der als Kondensatorbelege aufzufassenden Rechen,
und gleichzeitig nimmt die Oberfläche der Belege zu, so daß also die
Kapazität mit steigender Spannung wächst.

Durch Messung der in den Glimmschutz fließenden Ströme gelang
es, auch die Größe der Kapazität zu ermitteln. Sie bewegt sich bei den
verwendeten Stoßspannungen für den Rechenabstand 18 mm, je nach
Spannungshöhe zwischen etwa 20 und 300 cm; auf letzteren Wert
kommt man angenähert auch, wenn man sich die Glockeninnenflächen
mit Staniol belegt denkt. Es konnte rechnerisch nachgeprüft werden,
daß eine in diesen Grenzen veränderliche Kapazität die gemessenen
Abflachungen hervorzurufen imstande ist.

Einfluß der Vorspannung. Durch eine besondere Schaltung
(Abb. 183) wurde schließlich der praktische Fall nachgebildet, daß der
Glimmschutz auch bei Wanderwellenbeanspruchung ständig unter
Betriebsspannung steht. Da die Betriebsspannung nur wenig unter-
halb der Glimmgrenze liegt, könnte vermutet werden, daß unter dem
Einfluß dieser „Vorspannung" die abflachende Wirkung des Glimm-

schutzes gegenüber Wanderwellen gesteigert wird. Die Versuche bestätigten diese Vermutung nicht.

Vergleich mit den Versuchen von Kesselring und Gábor. In einer bereits im Frühjahr 1926 erschienenen Veröffentlichung[1] beschreibt Kesselring im Anschluß an theoretische Untersuchungen auch Versuche, die er am Glimmschutz mittels der Schleifenmethode durchgeführt hat. Seine Messungen lassen, da sie unter sehr ähnlichen Versuchsbedingungen ausgeführt wurden, einen Vergleich mit den Untersuchungen von Sommer zu und zeigen in allen wesentlichen Punkten völlige Übereinstimmung.

Weitere Messungen am Glimmschutz sind noch von Gábor[2] gemacht worden, und zwar unter Benutzung des Kathodenstrahl-

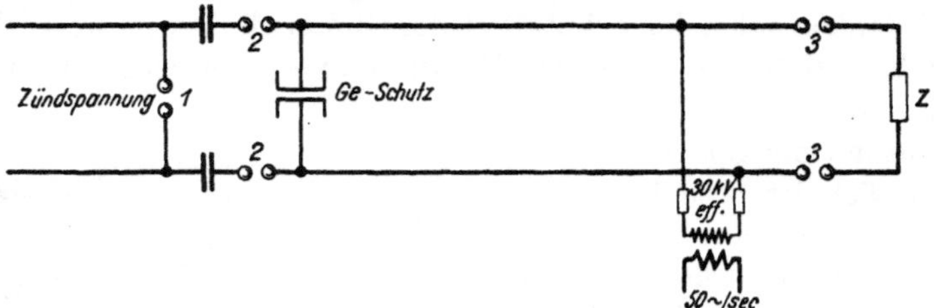

Abb. 183. Schaltung für Wechselstrom — Vorspannung.

Oszillographen. Über diese wurde erstmalig im Frühjahr 1927 auf einer Tagung der Studiengesellschaft für Hochspannungsanlagen in Nürnberg berichtet.

Die mit dem Kathodenstrahl-Oszillographen gewonnenen Ergebnisse stimmen mit den Sommerschen Untersuchungen gut überein. Die Oszillogramme zeigen insbesondere, daß der Glimmschutz die Höhe der Wanderwellen nicht nachweisbar herabsetzt; für die Stirn wurde nur eine geringe Abflachung gefunden, die in der Größenordnung der Meßgenauigkeit lag. Die wirksame Kapazität hat Gábor im Bereich von 20 bis 220 cm liegend ermittelt. Versuche über Begrenzung von Resonanzwellen (75000÷400000 Hertz) ergaben eine Verminderung der Spannungsamplitude um etwa 40%, jedoch erst bei Spannungshöhen, die knapp unterhalb der Überschlagsgrenze des Glimmschutzes liegen.

E. Funkenableiter.

50. Kennlinien des Funkenableiters.

Das einfachste Mittel, in einer elektrischen Anlage die Höhe der Spannung zu begrenzen, bildet eine Funkenstrecke, die bei einer ge-

---

[1] Kesselring: „Theorie des Glimmschutzes", Arch. f. El. 1926, S. 443 ff.

[2] Gabor: „Untersuchungen an Überspannungsschutzapparaten mit dem Kathodenstrahl-Oszillographen", Forschungshefte der Studiengesellschaft für Höchstspannungsanlagen, 1. H., S. 62 ff. 1927.

wissen Spannung anspricht und einen Ausgleich der Ladungen nach
Erde hin oder von Pol zu Pol ermöglicht. Eine solche Schutzfunkenstrecke hat also die gleiche Aufgabe wie das Sicherheitsventil beim Dampfkessel; dieses öffnet sich, sowie der Druck einen
festgesetzten Wert überschreiten will und schließt sich wieder, wenn
der überschüssige Dampf entwichen ist. Der Druck, bei dem das
Schließen erfolgt, wird im allgemeinen nur ein Geringes unter dem
für das Öffnen nötigen Wert liegen (obere und untere Grenze des
Arbeitsbereiches). Hinsichtlich des Ansprechens ist eine Funkenstrecke sehr wohl mit einem Sicherheitsventil zu vergleichen, leider
aber nicht für den zweiten Teil der Aufgabe, des Wiederschließens,
wenn die überschüssige Ladung abgeflossen ist.

Der den Schlagraum überbrückende Funke zeigt bekanntlich labiles
Verhalten; je mehr Strom durchfließt, desto geringer wird der Wider-

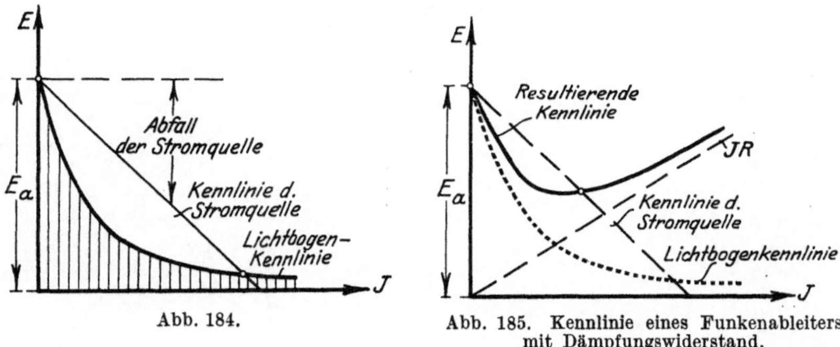

Abb. 184.

Abb. 185. Kennlinie eines Funkenableiters
mit Dämpfungswiderstand.

stand der Strecke. Die für die Strecke nötige Spannung fällt hyperbel-
artig mit dem Strom ab (Lichtbogenkennlinie in Abb. 184); dieser
steigt daher kurzschlußartig an. Welche Werte von Strom und Spannung
sich schließlich einstellen, hängt ganz von der Ergiebigkeit der Stromquelle ab, die durch die schräge Linie in Abb. 184 gekennzeichnet sein
soll. Der Schnittpunkt beider Kennlinien gibt den schließlich sich
einstellenden Strom an; die zugehörige Spannung ist in allen praktischen Fällen verschwindend klein (Kurzschluß). Es wird daher die
Aufnahmefähigkeit des Ableiters durch Einfügung eines Ohmschen
Widerstandes begrenzt; die Kennlinie erhält damit die in Abb. 185
dargestellte Form (Lichtbogenspannung $+ J \cdot R$); für die praktisch in
Frage kommenden höheren Ströme ist die Lichtbogenspannung sehr
klein, so daß ohne nennenswerten Fehler die Linie $J \cdot R$ verwendet
werden kann. Durch Wahl von genügenden Werten für R kann der
Schnittpunkt mit der Kennlinie der Stromquelle (Abb. 185) beliebig
gehoben und damit die Rückwirkung auf das Netz auf ein unschädliches
Maß beschränkt werden.

Aber selbst in dieser Form arbeitet die Schutzfunkenstrecke noch nicht wie ein Sicherheitsventil; einmal eingeleitet, würden Lichtbogen und Strom dauernd bestehen bleiben. Es müssen besondere Maßnahmen getroffen werden, um sie zum Erlöschen zu bringen (Hörnerableiter von Oelschläger und Schrottke; Funkenableiter moderner Bauart mit den zugehörigen, in Öl eingebetteten Widerständen zeigt Abb. 186).

Dazu kommt noch eine Erschwerung der Aufgabe selbst. Beim Dampfkessel steigt der Druck nur verhältnismäßig langsam an, die ab-

Abb. 186. Funkenableiter mit Dämpfungswiderständen in Öl.

zuführenden Mengen sind daher nicht erheblich. In den elektrischen Anlagen gibt es zwar auch ähnlich liegende Fälle, wenn z. B. durch Gewitterwolken oder auch aus anderen Ursachen eine allmähliche Aufladung von Netzteilen sich einstellt. Beim Auftreten von Wanderwellen werden aber fast plötzlich gewaltige Ladungen herangeführt; die Schutzanordnung muß daher in außerordentlich kurzer Zeit ansprechen und außerdem große Schluckfähigkeit haben, da sie sonst die Ladungen nicht rechtzeitig abführen kann.

Um die Vorgänge einfach darstellen zu können, sei wieder von der Kennlinie des Anschlußpunktes (vgl. S. 9) ausgegangen. An der Anschlußstelle des Funkenableiters sollen zwei Leitungen mit den Wellenwiderständen Z_1 und Z_2 zusammenstoßen (Abb. 187); auf

Leitung 1 herankommend, laufe eine Wanderwelle von der Höhe E auf den Knotenpunkt zu. Dann ist die Spannung, die an die Funkenstrecke gelangt, wenn Ströme in verschiedener Stärke J entnommen werden:

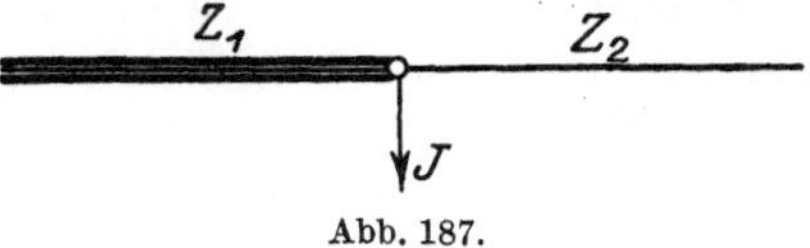

Abb. 187.

$$e_a = E \cdot \gamma - J \frac{Z_1}{2} \gamma \, .$$

Für die durchlaufende Leitung ist $\gamma = 1$. Für $Z_2 = \infty$, also Ableiter am Ende, wird $\gamma = 2$, wie bereits auf Seite 8 angegeben.

Es kann nunmehr leicht bestimmt werden, wieweit ein Ableiter eine anlaufende Welle absenken kann und welchen Strom er dabei aufnimmt. Der Schnittpunkt der beiden Kennlinien in Abb. 188 gibt die gesuchten Werte. Je nach der Größe der Widerstände $Z_1 \frac{\gamma}{2}$ und R liegt der Endwert der Wellenhöhe E_b über oder unter der Ansprechspannung E_a. Hat die Welle eine größere Höhe E', so ist die zugehörige Kennlinie eine Parallele (gestrichelt) zur ersten Kennlinie. Das entwickelte Bild läßt also leicht den Einfluß der verschiedenen Größen erkennen.

Da es sich beim Auftreffen der Wanderwellenstirn auf die Funkenstrecke um sehr schnellen Spannungsanstieg handelt, kann sich bekanntlich an der letzteren eine Erhöhung der Spannung, die zum Ansprechen der Funkenstrecke nötig ist, bemerkbar machen, eine Erscheinung, die man zweckmäßig als Ansprechverzug

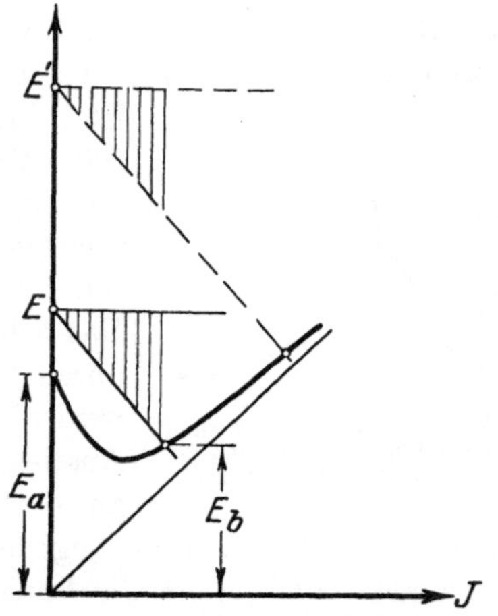

Abb. 188. Begrenzung der Wellenhöhe durch Funkenableiter.

bezeichnen kann. Über diese Erscheinung, die in der Physik schon so viele Meinungsverschiedenheiten hervorgerufen hat, haben die Arbeiten von Burawoy[1] völlige Aufklärung gebracht.

Es hat sich gezeigt, daß bei annähernd homogenem Feld (Kugeln oder Schalen) der Ansprechverzug beseitigt werden kann, wenn die Funkenstrecke mit Radium oder einer Bogenlampe bestrahlt oder mit Karborundpapier gereinigt wurde.

Andernfalls liegt die Ansprechspannung höher; sie hängt ab von dem Grade der Verunreinigung und anderen Umständen. Die Überschlagswerte sind dann unregelmäßig schwankend, Erhöhung auf das Doppelte kann bei kurzen Zeiten vorkommen (vgl. IV, S. 173).

---

[1] Arbeit Nr. 3, S. 206.

Bei stark ungleichmäßigem Feld (Spitzen) kann der Ansprechverzug auch durch Belichtung nicht beseitigt werden; der Durchbruch erfolgt hier schrittweise. Die von der Elektrode weit abliegenden Schichten müssen über den ein Stück vorgetriebenen Funkenkanal mit noch hohem Widerstand aufgeladen werden, wozu Zeit notwendig ist.

Nun ist aber darauf hinzuweisen, daß die Beseitigung des Ansprechverzugs an einer Schutzfunkenstrecke in solchen Fällen noch nicht genügt. Bei schnellem Anstieg der Spannung an dem zu schützenden Punkt, wie er bei einer heranlaufenden Welle großer Steilheit vorhanden ist, vermag die Funkenstrecke auch bei rechtzeitigem Ansprechen nicht sofort so viel Ladung abzuführen als nötig ist, um ein weiteres Ansteigen der Spannung zu verhindern. Die Verhältnisse sind in Abb. 189, die den zeitlichen Verlauf der Spannung zeigt, dargestellt[1]. Die Schutzfunkenstrecke spricht im Punkt A bei dem Wert, auf den sie eingestellt ist, zwar richtig an und beginnt Strom zu führen, es dauert aber einige Zeit, bis ihre Leitfähigkeit genügend groß geworden

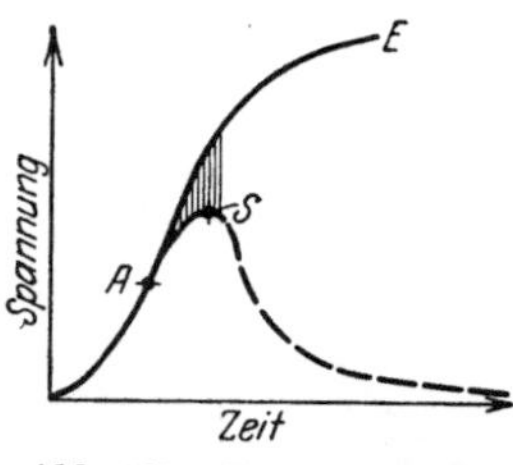

Abb. 189. Zeitlicher Verlauf der anlaufenden (E) und der durchgelassenen Welle.

ist. Um beispielsweise eine Wanderwelle von 100 kV auf die halbe Spannungshöhe abzusenken, müssen bei einer durchgehenden Leitung von 500 Ohm Wellenwiderstand durch den Funken an 200 Amp. abgezapft werden. Das schraffierte Gebiet in Abb. 189 zeigt die durch den Funken herbeigeführte Senkung, diese wird aber übertroffen durch den fortlaufenden Anstieg der Wellenspannung (Linie E), so daß an der Abschneidestelle die Spannung bis zu einem Scheitelwert S ansteigt und dann erst zu fallen beginnt. Es stellt sich also, auch wenn die Funkenstrecke richtig anspricht, eine Überspannung ein, die darauf zurückzuführen ist, daß der Funkenwiderstand nicht genügend rasch zusammenbricht. Die Niederbruchsdauer kann durch Belichtung nicht herabgesetzt werden (in Wirklichkeit wird sie dadurch eher größer), weil im Anschluß an die Wirkung der Stoßionisation eine hohe Temperatursteigerung einsetzen muß, um die Funkenstrecke für stärkere Ströme gut leitend zu machen (Wärmevorgang).

51. Messungen an Funkenableitern.

Nachstehend seien die Ergebnisse von Versuchen, die Wellenhöhe durch eine Schutz- oder Abschneidefunkenstrecke zu begrenzen, mitgeteilt.

Die anlaufenden Wanderwellen[2] hatten eine volle Spannungshöhe von 94 kV; die Abschneidefunkenstrecke AF_{50} bestand aus dickwandigen Messingkugeln von 50 mm Durchmesser. Beginnend mit

---

[1] Siehe Arbeit Nr. 6.   [2] Wellenwiderstand d. Leitung 500 Ohm.

einer Schlagweite von 34 mm, bei der die Wellen gerade noch frei durchlaufen konnten, wurde der Abstand immer mehr verringert und gleichzeitig mit der Meßfunkenstrecke MF_{50} die höchste Spannung (Scheitelwert S) in dem geschützten Teil der Leitung ermittelt.

Zunächst lag die belichtete Abschneidefunkenstrecke allein, also ohne Dämpfungswiderstand an der Leitung, es ergaben sich die in Abb. 190 dargestellten Meßwerte für die Höhe der durchgelassenen Wellen. Sie liegen besonders im unteren Bereich erheblich über der eingestellten Abschneidespannung; dabei ist zu beachten, daß in diesem Fall mit versteilten Wellen (nach Art der in Abb. 35 dargestellten) gear-

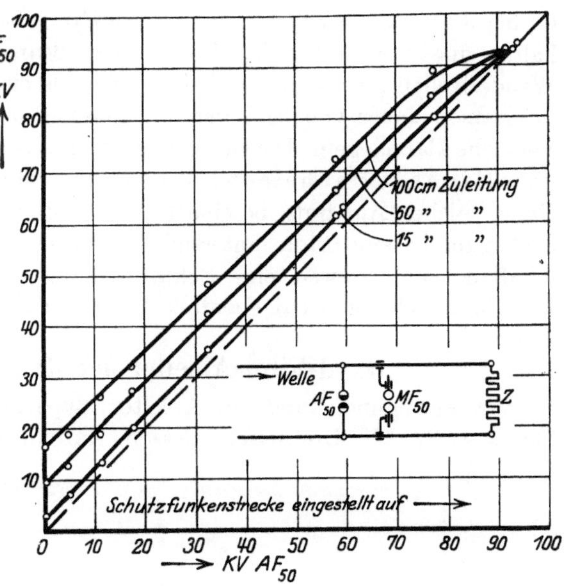

Abb. 190. Scheitelspannungen der durchgelassenen Wellen, Abschneidefunkenstrecke ohne Dämpfungswiderstand.

beitet wurde, um die ungünstigsten Fälle zu erfassen. Bemerkenswert ist dabei der erhebliche Einfluß der Zuleitungen, der schon für die Längen 15 cm, 60 cm und 100 cm stark unterschiedlich in Erscheinung tritt. Bei den flacheren Wellen, wie sie gewöhnlich vorliegen, kommt sowohl die Überhöhung der durchgelassenen Wellen wie auch der Einfluß der Zuleitungslänge mehr oder weniger abgeschwächt zum Ausdruck.

Die vorübergehende Überhöhung der durchgelassenen Welle

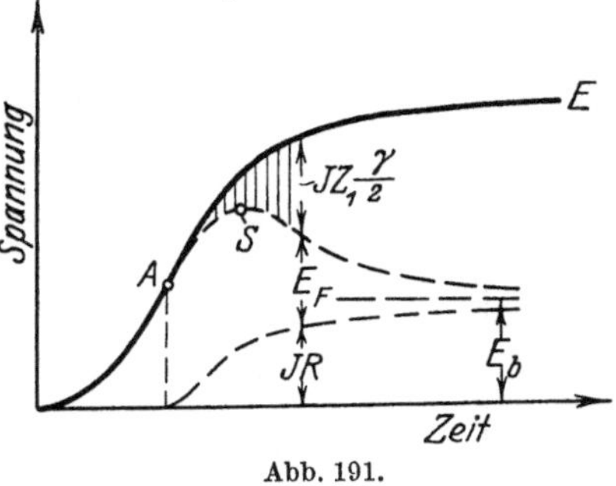

Abb. 191.

kann sich auch geltend machen, wenn in den Ableiterkreis Widerstand eingeschaltet wird. Einen vollständigen Überblick vom Beginn des Zündvorganges bis zum Eintreten des Dauerwertes gibt Abb. 191. Im Punkt A erfolgt die Zündung an der Schutzfunkenstrecke, und zwar mit der statischen Spannung E_a, wenn der Ansprechverzug beseitigt ist. Aus

den erörterten Gründen steigt dann die Spannung noch weiter an, erreicht einen höchsten Wert S und klingt schließlich auf den Wert E_b ab, wie er den statischen Verhältnissen entspricht. (Abb. 188.)

Da frühere Versuche gezeigt haben, daß bei Wanderwellenvorgängen auch die Ohmschen Widerstände unter Umständen eine Erhöhung gegenüber dem Wert für langsam veränderliche Ströme erfahren, wurde zunächst untersucht, welche Absenkung durch Parallelwiderstand (s. Schema in Abb. 192)

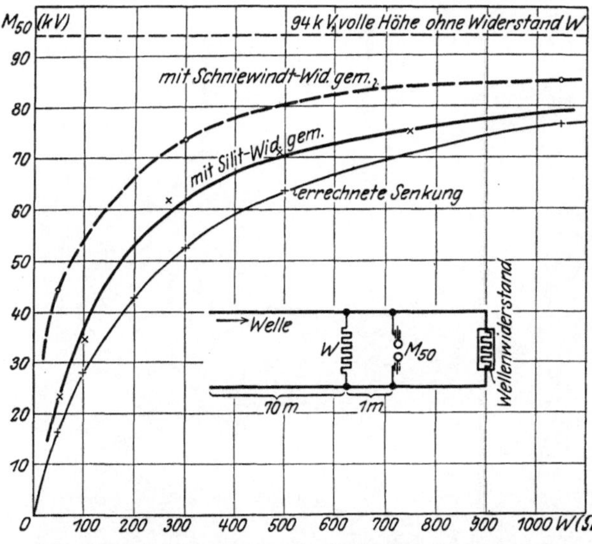

Abb. 192. Scheitelspannungen der durchgelassenen Welle bei verschiedenen Parallelwiderständen W.

herbeigeführt werden kann. Wie diese Abbildung zeigt, ist mit nicht unerheblichen Erhöhungen der Widerstände insbesondere bei großen Drahtlängen zu rechnen.

Schließlich wurde die Schutzfunkenstrecke in Verbindung mit Dämpfungswiderständen untersucht. Es ergaben sich die in Abb. 193 dargestellten Werte für die Höhe der durchgelassenen Wellen. Wie aus dieser Abbildung hervorgeht, muß man die Ohmzahl der Dämpfungswiderstände schon recht weit herabsetzen, wenn für Wanderwellen eine ins Gewicht fallende Absenkung der Höhe erreicht werden soll.

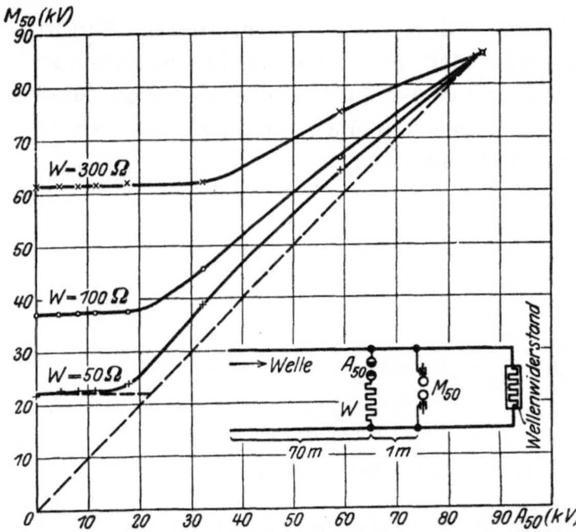

Abb. 193. Scheitelspannungen der durchgelassenen Welle, Abschneidefunkenstrecke mit Dämpfungswiderstand.

F. Amerikanische Ventilableiter.

Hauptsächlich in Amerika haben Ventilableiter die weitest-
gehende Verbreitung gefunden. Fast in jeder Anlage findet man solche
Ableiter, die gewöhnlich nach dem System der General Electric
Company oder der Westinghouse Co. gebaut sind. Über das Verhalten dieser Apparate bei kurzzeitiger Beanspruchung, wie sie von
Wanderwellen herrührt, war jedoch niemals etwas bekannt geworden;
es erschien daher von besonderem Interesse, die Wirkungsweise durch
Versuche klarzulegen. Die Gelegenheit hierzu bot sich, als die Aktiengesellschaft Sächsische Werke im Jahre 1925 für ihre Anlage
einige solcher Apparate beschaffte; sie sollten vor ihrem Einbau zunächst im Laboratorium untersucht werden, damit ein klares Bild geschaffen sei, inwieweit eine Schutzwirkung erwartet werden konnte.
Die Untersuchungen hat ebenfalls Sommer durchgeführt[1].

Oxyd-Film-Ableiter der Gen. El. Co.

Zur Verfügung stand ein Ableiter Type BO (Freiluftausführung)
für $25 \div 37$ kV Drehstrom, dessen Aufbau und Schaltung in den

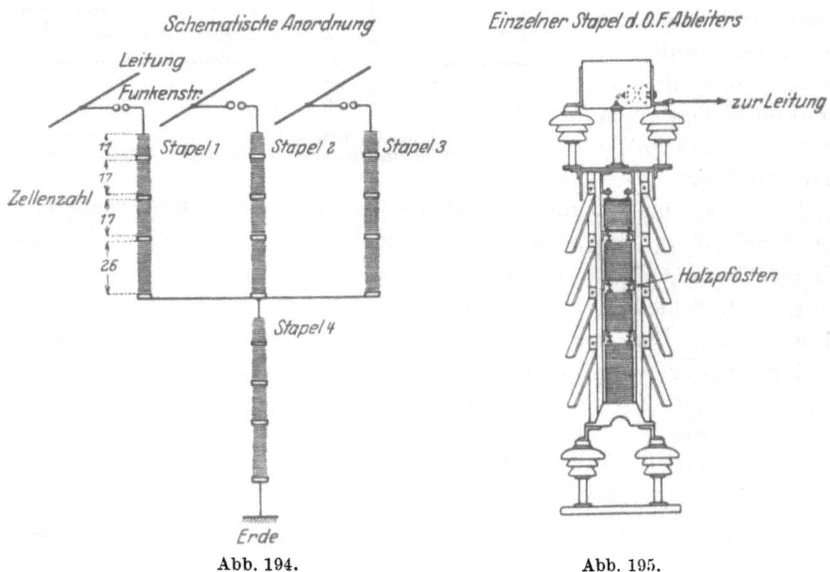

Abb. 194.
Abb. 195.

Abb. 194 und 195. Oxyd-Film-Ableiter.

Abb. 194, 195 und 196 dargelegt ist. Jede der vier Säulen enthält 71 Zellen
in Reihenschaltung, so daß zwischen zwei Phasen oder gegen Erde
142 Zellen liegen. Die Zellenstapel sind nicht dauernd mit den Leitungen

---

[1] Siehe Arbeit Nr. 16.

in Verbindung, sondern gelangen erst zum Anschluß, wenn infolge
einer Überspannung die vorgesehenen Funkenstrecken ansprechen.

Abb. 196. Oxyd-Film-Ableiter.

Die einzelne Zelle (Abb. 197) besteht aus zwei Messingscheiben von
etwa 18,5 cm Durchmesser, die auf den Innenseiten mit einer
Firnishaut überzogen sind. Die Scheiben sind um einen Porzellanring
von etwa 1,2 cm Höhe herumgebördelt und bilden mit diesem zusammen
einen flachen Behälter, der mit einer pulvrigen rotbraunen Masse
gefüllt ist. Über die Wirkungsweise ist in einer Montage- und Betriebs-
vorschrift der G. E. Co. das Folgende gesagt:

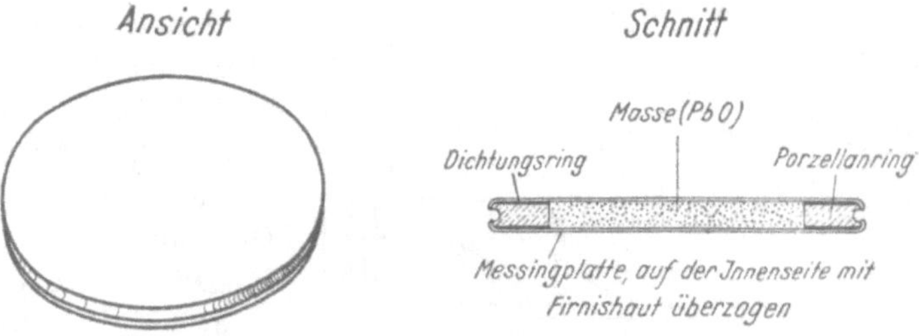

Abb. 197. Einzelne Zelle.

„Wenn eine Überspannung die mit den Zellen in Reihe geschaltete Funkenstrecke durchschlägt, wird sie auf die Zellen aufgedrückt und durchschlägt punktförmig die Firnishaut (Film) an den Elektroden. Die Elektroden selbst werden

nicht durchschlagen. Wenn der Firnisfilm durchschlagen wird, so fließt ein Entladungsstrom durch die Zellen nach der Erde, wodurch die Überspannung der Leitung ausgeglichen wird.

Die Veränderung, welche im Film infolge der Entladungen vor sich geht, ist interessant und wichtig. Wie oben dargelegt, haben die Zellen normaler Fabrikation einen Firnisfilm an der Innenseite der Metallplatten. Dieser Film kann als ein nur anfänglich bestehender oder im Laufe der Zeit verschwindender betrachtet werden. Im Gebrauch werden die Filme an zahlreichen Stellen durchlöchert, und an den Durchschlagsstellen wird der Film ersetzt durch Bleioxyd oder Bleiglätte. Diese Oxyde bilden auf diese Weise einen Film, welcher dem Ableiter seinen Namen gibt: Oxydfilm. Der ursprüngliche Film verwandelt sich in honigwabenähnliches Gebilde, welches den Oxydfilm an seiner Stelle festhält. Der letztere besitzt eine der Leitungsspannung entsprechende Isolationsfähigkeit und ist besser als der ursprüngliche Film hinsichtlich Zeitauslösungs- und Ventilwirkung. Da die Verbesserung dieser Eigenschaften ein Ergebnis der Entladungen ist, so ist es Tatsache, daß sich der Schutz im Laufe der Betriebszeit wesentlich verbessert."

52. Verhalten der einzelnen Zelle gegenüber Wechselspannung von 50 Hertz.

Es wurden zunächst einige Zellen auf ihr Verhalten bei 50 periodiger Wechselspannung untersucht, indem mittels eines kleinen Transformators eine wachsende Spannung aufgedrückt wurde. Das erste Ansprechen erfolgte bei $300 \div 500$ Volt$_{eff}$. Nachdem einige Durchbrüche erfolgt waren, konnte das weitere Ansprechen erst bei höheren Spannungen erreicht werden, ein Zeichen dafür, daß offenbar die schwachen Stellen der Firnisschicht durch das beständigere Oxyd ersetzt werden. Das Ansprechen in diesem niedrigen Bereich dürfte stark von Zufälligkeiten abhängen. Mit weiterer Steigerung der Spannung erfolgten die Durchbrüche in immer kleineren Zeitabständen, bis bei einer Spannung von $800 \div 900$ Volt$_{eff}$ der eingeschaltete Stromzeiger überhaupt nicht mehr zur Ruhe kam. Wurde die Stromquelle noch stärker erregt, so blieb die Spannung nahezu konstant, nur der Strom stieg immer weiter an. Abhängig von der festgestellten mittleren Stromstärke ergaben sich die in Abb. 198 dargestellten Durchbruchspannungen. Die obere Linie gibt an, welchen Wert jeweils die Spannung des Transformators annehmen würde, wenn kein Abschneiden durch die Ventile erfolgte (Leerlaufspannung). Die Ventilspannung steigt zunächst fast linear mit dem Strom an, an einem bestimmten Punkt biegt aber die Spannungslinie ab und verläuft dann annähernd wagerecht. Dem Knie entsprechen etwa 850 Volt$_{eff}$ oder 1200 Volt$_{max}$. Vereinzelt tritt das Ansprechen auch schon bei wesentlich niedrigeren Spannungen ein.

Das Ergebnis des beschriebenen Versuches ist ein Beweis dafür, daß nach erfolgtem Durchbruch die Ventilspannung nicht wie bei einer Funkenstrecke sehr stark absinkt, sondern sich auf erheblicher

Höhe erhält, und daß beim Unterschreiten dieser Grenze der Strom wieder unterbrochen wird (Ventilwirkung).

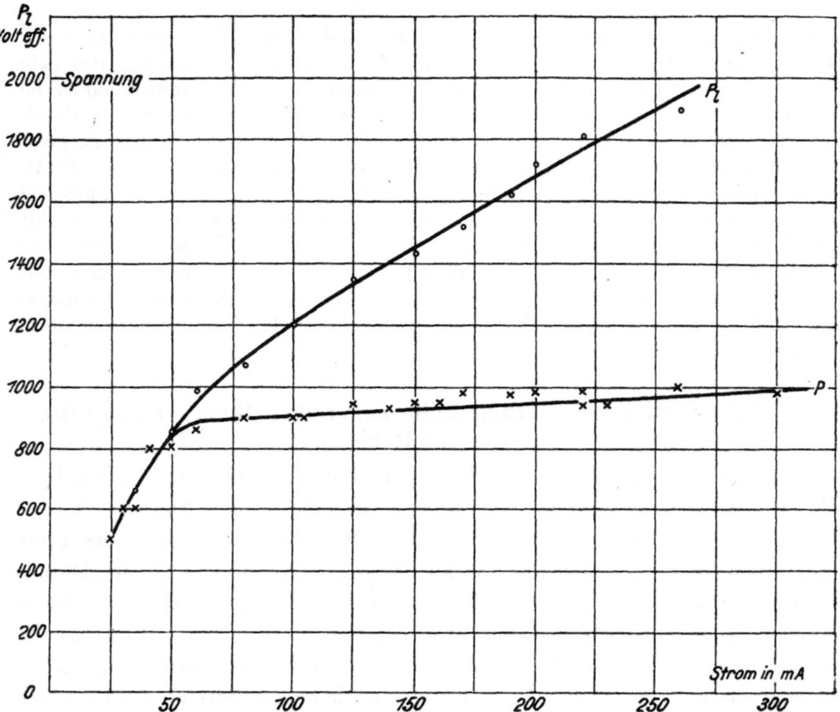

Abb. 198. Spannung und Strom einer einzelnen Zelle bei Wechselspannung von 50 Hertz.

53. Verhalten gegenüber Wanderwellen.

a) Bei unmittelbarem Anschluß (ohne Vorschaltfunkenstrecke). Die Zellen wurden sodann in verschiedener Anzahl an eine Wanderwellenleitung gelegt, und zwar zunächst unter Fortlassung der Funkenstrecke, damit das Verhalten der Zellen für sich klar zu erkennen war. Die anlaufenden Wellen hatten die Höhen 32, 54, 72 und 81 kV. Abhängig von der Zellenzahl ergaben sich hinter dem Schutz die in Abb. 199 angegebenen Wellenhöhen. Bei den kleineren Zellenzahlen sind die durchgelassenen Wellen tatsächlich erheblich niedriger; so wird z. B. bei 10 Zellen die 81-kV-Welle auf 35 kV abgesenkt. Mit steigender Zellenzahl geht auch die Spannung der durchgelassenen Welle in die Höhe, bis etwa von 60 Zellen ab bei der 81-kV-Welle eine Minderung überhaupt nicht mehr zu erkennen ist. Diese Grenze liegt, wie Abb. 199 zeigt, für die verschiedenen Höhen der anlaufenden Wellen auf einer Geraden durch den Nullpunkt. Dieser Linie entsprechen 1350 Volt$_{max}$ je Zelle, ein Wert, der sich nicht wesentlich von den beim Wechselstromversuch ermittelten Ansprechspannungen unterscheidet. Bei der vorgesehenen Zellenzahl von 142 wird also der

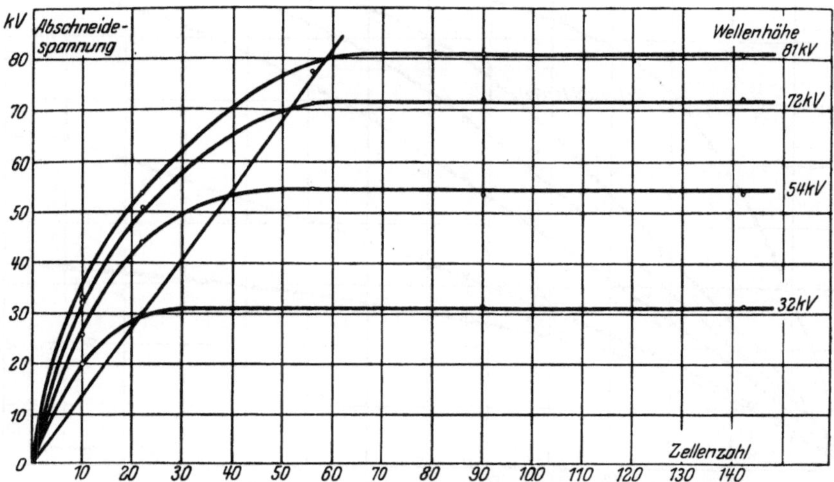

Abb. 199. Abschneidespannung in Abhängigkeit von der Zellenzahl.

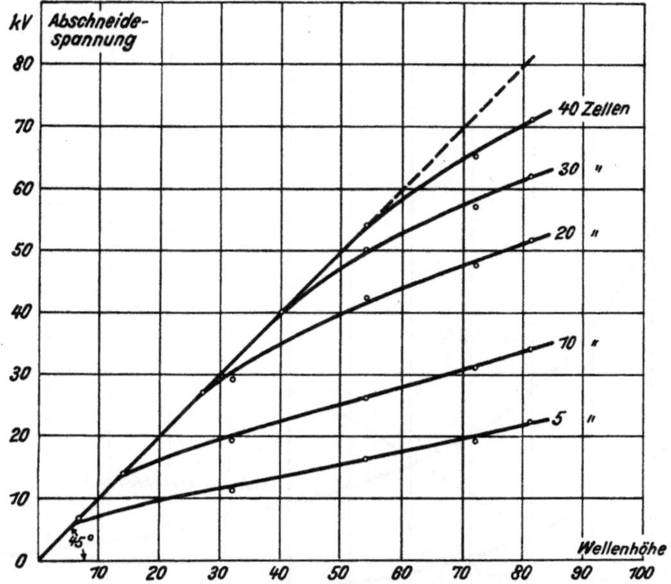

Abb. 200. Abschneidespannung in Abhängigkeit von der Wellenhöhe.

Schutz alle Wellen bis zu 190 kV$_{max}$ (also etwa bis zur achtfachen Höhe der Betriebsspannung gegen Erde) in voller Höhe durchlassen, erst darüber hinaus wird ein Abschneiden in gewissem Maße eintreten.

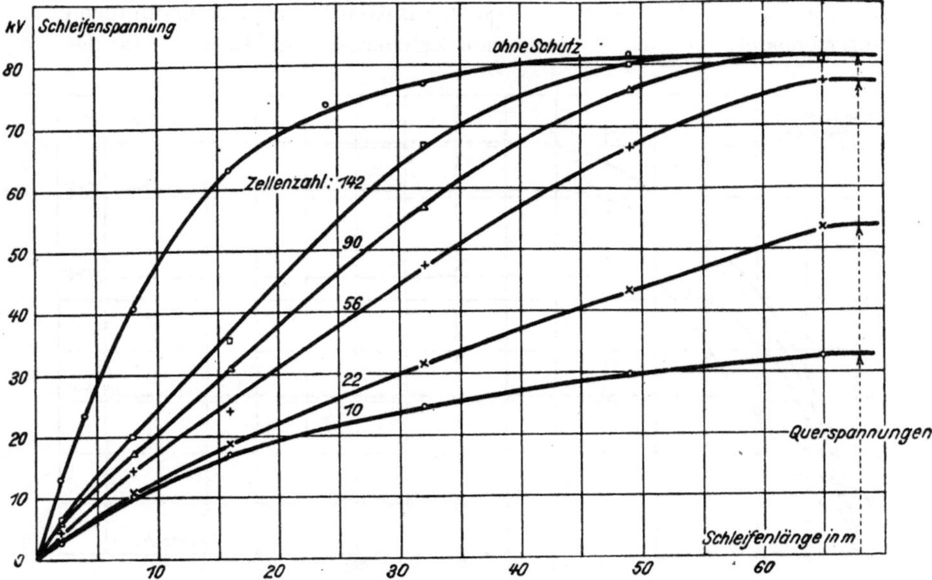

Abb. 201. Steilheitskurven, Einfluß der Zellenzahl für die Wellenhöhe 81 kV.

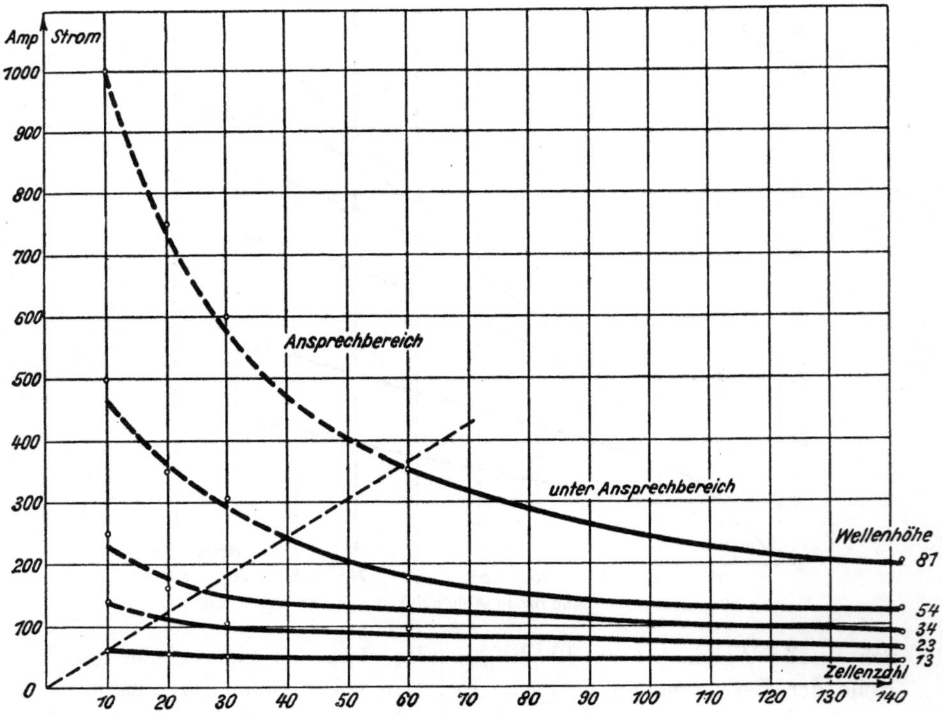

Abb. 202. Ströme im Schutz, abhängig von Zellenzahl.

Die Abschneidespannung je Zelle ist nicht konstant, wie es reiner Ventilwirkung entsprechen würde, sondern nimmt immer größere Werte an, wenn die Höhe der anlaufenden Wellen gesteigert wird. Abb. 200 zeigt für bestimmte Zellenzahlen (5, 10, 20 usw.) die sich einstellende Abschneidespannung, abhängig von der Höhe der auf der Leitung herankommenden Wellen. Da bei größerer Wellenhöhe das Ventil mehr Strom aufzunehmen hat, ist der gesamte Einfluß als Stromabhängigkeit zu deuten. Der Grund hierfür ist wohl in dem elektrochemischen und auch thermischen Verhalten der Oxydschicht und Füllmasse zu suchen.

Wie weiterhin die Versuche gezeigt haben, wird durch den Schutz eine nicht unerhebliche **Abflachung der Wellenstirn** bewirkt. Abb. 201 zeigt diesen Einfluß für verschiedene Zellenzahlen bei 81-kV-Wellen. Die Neigung an der steilsten Stelle der Stirn wird beispielsweise mit 142 Zellen auf das 0,5fache, bei 56 Zellen auf das 0,37fache, und bei 10 Zellen sogar auf das 0,23fache herabgesetzt. Die Verflachung ist, wie aus dem Verlauf der gewonnenen Schleifenkurve zu erkennen ist, auf die Kapazität der Anordnung zurückzuführen. Der Schutz nimmt nämlich ganz erheblich Strom auf, auch wenn ein Durchschlagen der Zellen noch nicht in Frage kommt. In Abb. 202 sind die gemessenen Stromstärken eingetragen; es ergeben sich beispielsweise 350 Amp. bei 60 Zellen und 81-kV-Wellen. Im Ansprechbereich nehmen die Ströme noch weiter zu; sie stellen aber nicht mehr reine Ladeströme dar, sondern enthalten auch die infolge Durchbruchs vom Schutz geschluckten Ströme. Da der Ableiter nur etwa 28 m von dem speisenden Kondensator entfernt angeschlossen war, bilden sich hin und her laufende Wellen aus, die die Stromstärke ähnlich wie bei einem Kurzschluß allmählich in die Höhe treiben.

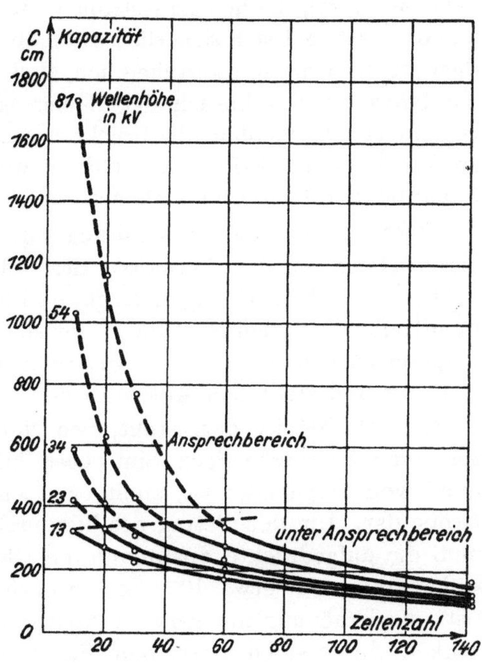

Abb. 203. Kapazität, abhängig von Zellenzahl.

Berechnet man nach der Formel $J = C \dfrac{de}{dt}$ aus dem gemessenen Strom die Kapazität der Anordnung, so ergeben sich die in Abb. 203 eingetragenen Werte; die Kapazitäten liegen demnach in der Gegend von 200 cm. Bemerkenswert ist dabei, daß die so ermittelte Kapazität bei großer Höhe der anlaufenden Wellen vergrößert erscheint. Vermutlich ist die Erscheinung darauf zurückzuführen, daß es sich nicht um eine „reine" Kapazität handelt, da die zwischen den Messingplatten liegende Masse, die den Ladestrom weiterleiten muß, nicht ganz widerstandslos ist und sich sicherlich stromabhängig verhalten wird. Außerdem ist es nicht unwahrscheinlich, daß bei den höheren Spannungen ein teilweiser Durchbruch der Säulen eintritt, wodurch eine gewisse Anzahl von Elementen überbrückt wird; die vom Verschiebungsstrom zu durchsetzende Zellenzahl ist dann wesentlich geringer, so daß eine Zunahme der Kapazität eintreten muß.

b) In betriebsmäßiger Schaltung mit Vorschaltfunkenstrecke. Das beschriebene günstige Verhalten des Schutzes erfährt leider eine erhebliche Verschlechterung dadurch, daß in Wirklichkeit die Zellen nicht unmittelbar an den Leitungen liegen, sondern eine Funkenstrecke vorgeschaltet haben. Beim Auftreten von Überspannungen spricht diese an und stellt den Anschluß her.

In Abb. 204 ist dargestellt, wie stark hierdurch die Abschneidespannung im ungünstigen Sinn beeinflußt wird. Solange der Funke nicht voll ausgebildet ist, stellt er einen Widerstand von erheblicher Größe dar. Um den Betrag des hierdurch bedingten Spannungsabfalls muß die aufgedrückte Spannung vergrößert werden. Da der Funkenwiderstand nach etwa 10^{-7} sec fast völlig auf Null abgesunken ist, tritt die Erhöhung nur ganz kurzzeitig auf. Man könnte daher daran denken, durch einen hinter dem Schutz an die Leitung gelegten Kondensator die vorübergehende Überhöhung unschädlich zu machen. Praktisch haben allerdings solche Vorschläge wenig Bedeutung, da die Anordnung verwickelt und auch erheblich teurer wird.

Noch ungünstiger machte sich die Zwischenschaltung von Funkenstrecken hinsichtlich der verschleifenden Wirkung des Schutzes geltend; unterhalb der Ansprechspannung der Funkenstrecke sind die Zellen abgetrennt von der Leitung, so daß ihre Kapazität überhaupt nicht zur Wirkung kommen kann. Auch wenn dann beim Ansprechen der Funkenstrecken der Anschluß erfolgt, so hat sich gewöhnlich fast die volle Steilheit der Stirn schon entwickelt, so daß die verschleifende Wirkung zu spät einsetzt. Die in Abb. 205 dargestellten Schleifenmessungen zeigen, daß die Linien im Gebiet der kleinen Schleifenlängen alle zusammenlaufen. hinsichtlich der größten Steilheit also kein Unterschied vorhanden ist. Da von Wanderwellen hervorgerufene Windungs-

spannungen in erster Linie von der größten Steilheit, also von den
Spannungen in den kurzen Schleifen abhängen, ist aus den Versuchs-

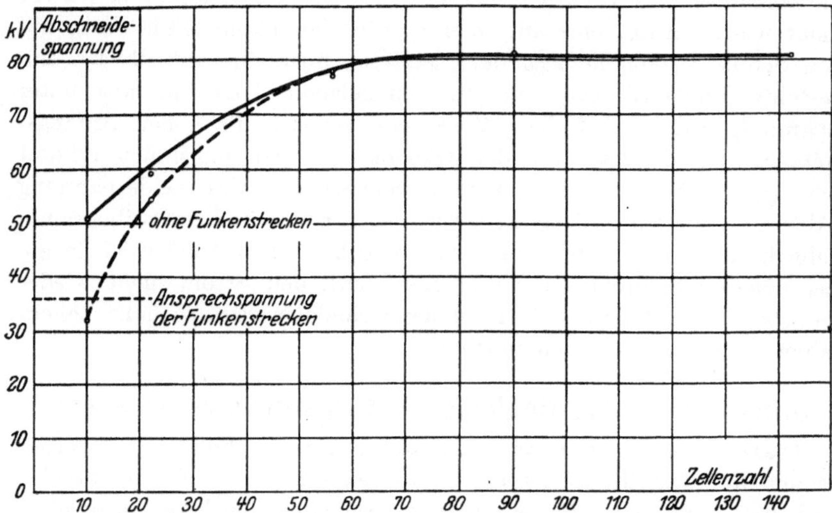

Abb. 204. Einfluß der Vorschaltfunkenstrecken auf die Abschneidespannung.

ergebnissen zu ersehen, daß die Anwendung des beschriebenen Schutz-
geräts in dieser Hinsicht keinen wesentlichen Gewinn bringt.

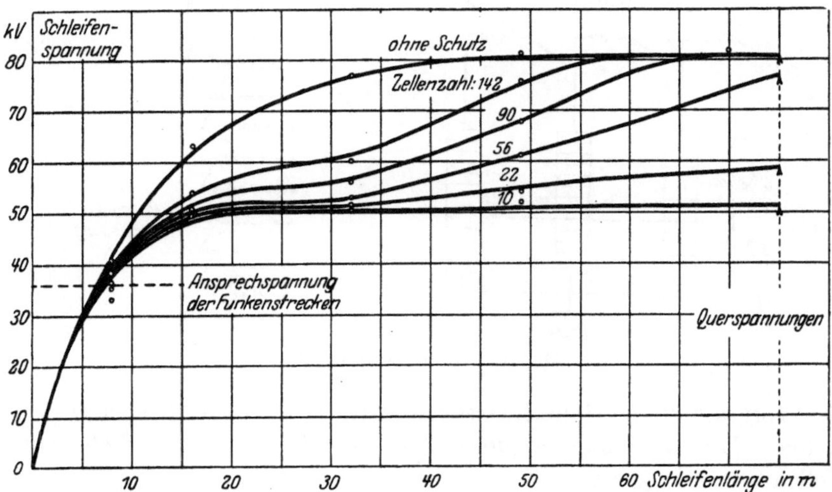

Abb. 205. Steilheitskurven bei Wellenhöhe 81 kV in betriebsmäßiger Schaltung mit Vorschaltfunkenstrecken.

K. B. McEachron[1] hat den Oxydfilmableiter mit dem Kathodenstrahl-Oszillographen untersucht, wobei zur Erzeugung der Stöße

---

[1] Gen. El. Rev. 1926, S. 678.

ein Impulsgenerator (vgl. S. 166) verwendet wurde. Er fand ein ganz ähnliches Verhalten der Zellen wie Sommer. Das gleiche gilt auch für die Messungen von Gábor[1]. Bei Vergleich ist zu beachten, daß Gabor nicht wie Sommer eine auf einer Leitung herankommende Welle auf den Schutz wirken ließ, sondern letzteren über eine auf 100 kV eingestellte Funkenstrecke von einer aufgeladenen Leitung aus unter Spannung setzte. Auf diese Weise ergeben sich die hohen Anfangsspitzen. Der Scheitelwert der Gaborschen Spannungslinien stimmt sehr gut mit der von Sommer gemessenen Abschneidespannung (Abb. 199) überein. Bemerkenswert ist der durch das Oszillogramm aufgedeckte weitere Abfall der Spannung bis auf 19 kV bei 35 Zellen. Bei höheren Spannungen würde das Ventil den Strom nicht wieder unterbrechen. Das ist wohl einer der Gründe, warum so hohe Zellenzahlen vorgesehen werden müssen.

Blitzventil der Westinghouse A.-G. (Autovalve Arrester).

Dieser Ableiter ist in seinem äußeren Aufbau ähnlich dem vorher behandelten Oxydfilmableiter; wie aus Abb. 206 und 207 hervorgeht, sind drei in Stern geschaltete Säulen vorhanden, die beim Ansprechen

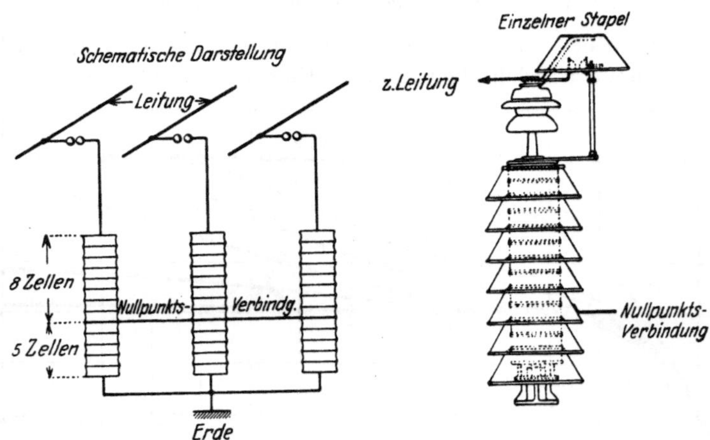

Abb. 206. Westinghouse-Ventil.

der vorgeschalteten Funkenstrecken Anschluß an die Leitungen erhalten. Der Nullpunkt ist unter Zwischenschaltung einer Reihe von Zellen an Erde gelegt.

Die einzelnen Zellen bestehen (Abb. 208) aus einem kreiszylindrischen Porzellankörper von etwa 210 mm Durchmesser und etwa 65 mm Höhe,

---

[1] Gábor: „Untersuchungen an Überspannungsschutzapparaten mit dem Kathodenstrahl-Oszillographen", Forschungshefte der Studiengesellschaft für Höchstspannungs-Anlagen, 1. Heft 1927, S. 61ff.

in dem sich 8 kreisrunde Löcher befinden. Vier davon durchsetzen auch die Messingdeckplatten und sind in Abb. 208 sichtbar; sie dienen zur Aufnahme der Befestigungsschrauben. In den anderen vier Löchern befinden sich die wesentlichen Bestandteile des Ableiters. Sie enthalten 18 Scheiben aus Widerstandsmaterial von 2″ Durchmesser und $\frac{1}{8}$″ Dicke; diese Scheiben sind durch Glimmerringe in etwa $\frac{1}{10}$ mm Abstand

Abb. 207. Westinghouse-Ventil.

gehalten. Es handelt sich also um eine Vielfachfunkenstrecke mit großflächigen Elektroden. In einer Druckschrift der Westinghouse Co. wird die Wirkungsweise wie folgt beschrieben:

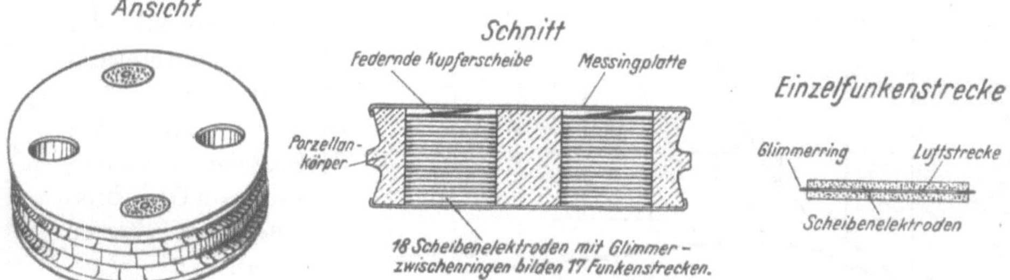

Abb. 208. Einzelne Zelle.

„Der Ventilableiter ist im wesentlichen ein Funkenstreckenableiter mit der Charakteristik eines Ventils. Die Ventileigenschaften werden ihm durch Benutzung von Glimmentladungen über eine Anzahl sehr kleiner Funkenstrecken gegeben, die zwischen Elektroden aus Widerstandsmaterial liegen. Der Vorgang des Ansprechens beginnt mit Glimmentladung bei einer Spannung von etwa 350 Volt$_{max}$ je Funkenstrecke. Durch Wahl geeigneten Materials für die Elektroden wird verhindert, daß die Elektroden durch örtliche Erwärmung verdampfen und die Glimmentladung in Lichtbogenbildung übergeht. Sinkt die Überspannung unter den Wert der Ansprechspannung, so hört die Entladung von selbst wieder auf."

54. Verhalten der einzelnen Zelle gegenüber Wechselspannung von 50 Hertz.

Ganz ähnlich wie beim Oxydfilmableiter wurde einer einzelnen Zelle mittels eines kleinen Transformators Wechselspannung aufgedrückt. Bei allmählicher Steigerung der Spannung trat schließlich ein Ansprechen der Zelle ein, wie an dem eingeschalteten Strommesser deutlich zu erkennen war. Abhängig von den gemessenen Stromwerten ergaben sich die in Abb. 209 eingezeichneten Spannungen an der Zelle.

Die bei verschiedenen Zellen gemessenen Werte weichen zum Teil beträchtlich voneinander ab. Die angegebene P-Kurve kann daher nur mittlere Werte wiedergeben. Als Ansprechspannung soll der Wert von 5 kV$_{\text{eff}}$, entsprechend 7 kV$_{\text{max}}$ je Zelle angenommen werden, da an dieser Stelle die beiden Linien in Abb. 209 sich trennen. Beachtlich ist das allmähliche Sinken der Spannungs-P-Kurve, entsprechend der fallenden Charakteristik der Funkenspannung. Das Ansprechen der Zelle, das durch das Ansteigen des Stromes nachweisbar ist, zeigte sich nicht, wie beim Oxydfilmableiter, im starken plötzlichen Ausschlagen des Stromzeigers, die Meßinstrumente stellten sich vielmehr völlig gleichmäßig auf den Meßwert ein.

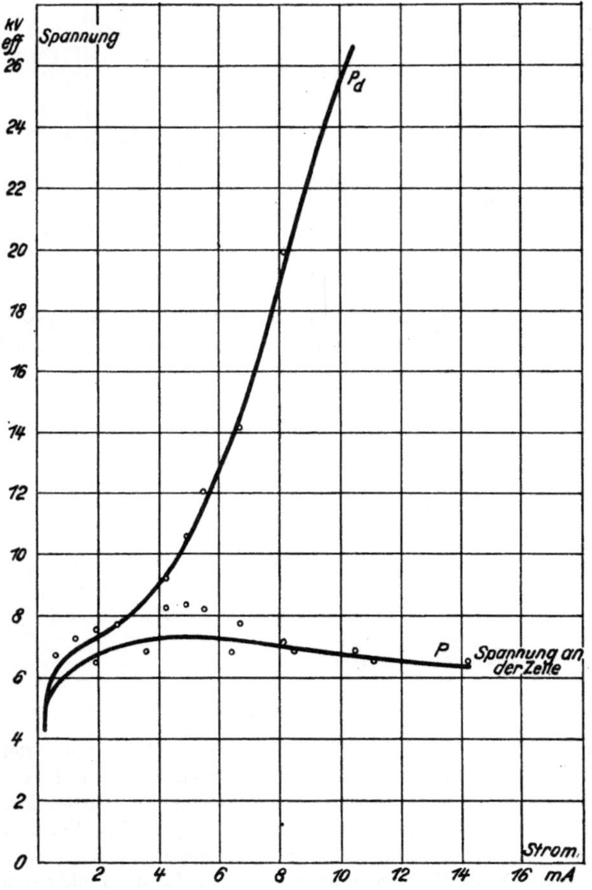

Abb. 209. Spannung und Strom einer einzelnen Zelle bei Wechselspannung von 50 Hertz.

Nimmt man mit der Lieferfirma eine Durchbruchspannung von 350 Volt$_{\text{max}}$, entsprechend 250 Volt$_{\text{eff}}$, je Einzelfunkenstrecke an, so ergibt sich bei den 17 in einer Zelle in Reihe geschalteten Funkenstrecken eine Ansprechspannung von 4,25 kV$_{\text{eff}}$, was mit dem oben ermittelten Wert von 5 kV$_{\text{eff}}$ gut übereinstimmt, wenn man bedenkt, daß die 350 V$_{\text{max}}$ ja nur einen ungefähren Wert angeben. Die Westinghouse Co. rechnet aus Sicherheitsgründen nach ihren eigenen

Angaben bei Bemessung der Zellenzahl statt mit 250 V_{eff} nur mit 200 V_{eff} je Funkenstrecke, verwendet also 25% mehr Zellen als der Ansprechspanspannung nach nötig wären.

Nach dem beschriebenen Ergebnis der bisherigen Untersuchungen besitzt also die Westinghouse-Zelle zweifellos eine Ventilwirkung.

55. Verhalten gegenüber Wanderwellen.

a) Bei unmittelbarem Anschluß (ohne Vorschaltfunkenstrecke). Zur Bestimmung der Höhe der durchgelassenen Welle wurden genau dieselben Messungen wie am Oxydfilmableiter vorgenommen; abhängig von der Zellenzahl ergaben sich die in Abb. 210 dargestellten Abschneide-

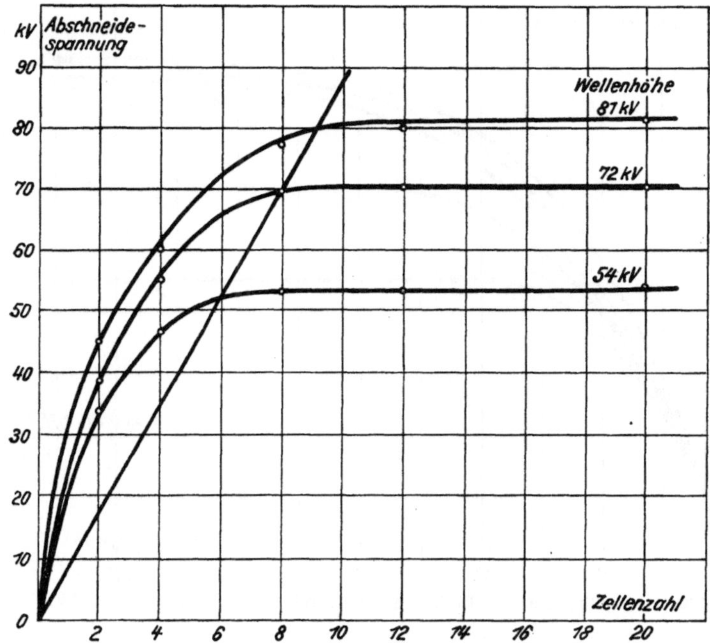

Abb. 210. Abschneidespannungen in Abhängigkeit von der Zellenzahl.

spannungen. Wie man aus der Abbildung sieht, liegen wieder die Querspannungen, von denen an bei steigender Zellenzahl keine Absenkung der Wellenhöhe mehr eintritt, nahezu auf einer Geraden, deren Neigung durch die Ansprechspannung je Zelle bestimmt ist. Sie liegt bei rund 9 kV_{max} je Zelle. Die bei Wanderwellen in Frage kommende Ansprechspannung liegt also etwa 30% höher als die Ansprechspannung bei Wechselstrom. Die Abweichung ist offenbar durch den Funkenverzug bedingt, der hier bei der Vielfachfunkenstrecke erklärlicherweise größer als beim Oxydfilmableiter ist. Es läuft dann wegen des zeitlichen Ansprechverzugs schon ein größeres Stück der Stirn in die zu schützende Leitung, so daß die am Ende gemessene Querspannung höher liegt als bei sofortigem Ansprechen zu erwarten wäre.

Aus dem gefundenen Wert für die Ansprechspannung ergibt sich, daß der Ventilableiter im praktischen Betriebe — immer noch ohne Berücksichtigung der vorgeschalteten Funkenstrecken — erst bei Überspannungen von 117 kV, also vom etwa fünffachen der maximalen Betriebsspannung, gegen Erde anzusprechen beginnt. Die Kurven verlaufen im übrigen prinzipiell gleichartig wie beim Oxydfilmableiter, so daß das dort Gesagte sinngemäß auch für diesen Schutz gilt.

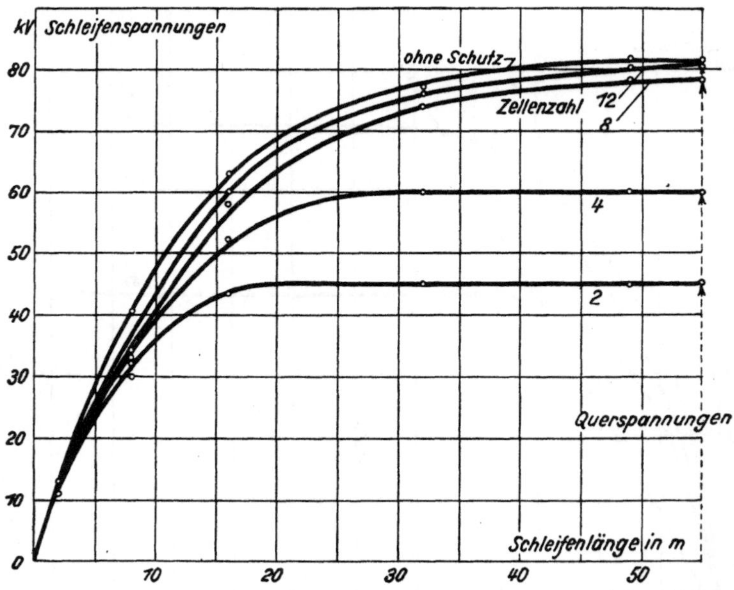

Abb. 211. Steilheitskurven, Einfluß der Zellenzahl für die Wellenhöhe 81 kV.

Auch dieser Ableiter bewirkt in gewissem Grade eine Abflachung der Wellenstirn. Abb. 211 zeigt die Ergebnisse der vorgenommenen Schleifenmessungen. Die Wirkung ist aber nur bei den geringen Zellenzahlen erheblich; schon bei der Zellenzahl 8 ist die Stirn der durchgelassenen Welle kaum mehr verschieden von der Stirn der „Welle ohne Schutz". Bei der betriebsmäßigen Zellenzahl 13 werden die Wellen überhaupt nicht mehr abgeflacht. Zur Ermittlung der wirksamen Kapazität, die bei 13 Zellen in der Gegend von 25 cm liegt, wurden auch hier wieder die Ladeströme, die der Schutz aufnimmt, gemessen; sie hatten abhängig von der Zellenzahl die in Abb. 212 eingetragenen Werte.

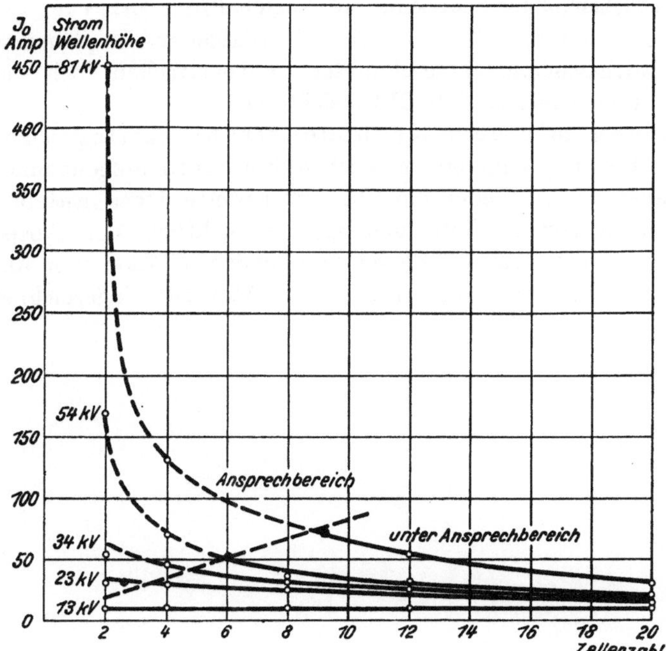

Abb. 212. Ströme im Schutz, abhängig von Zellenzahl.

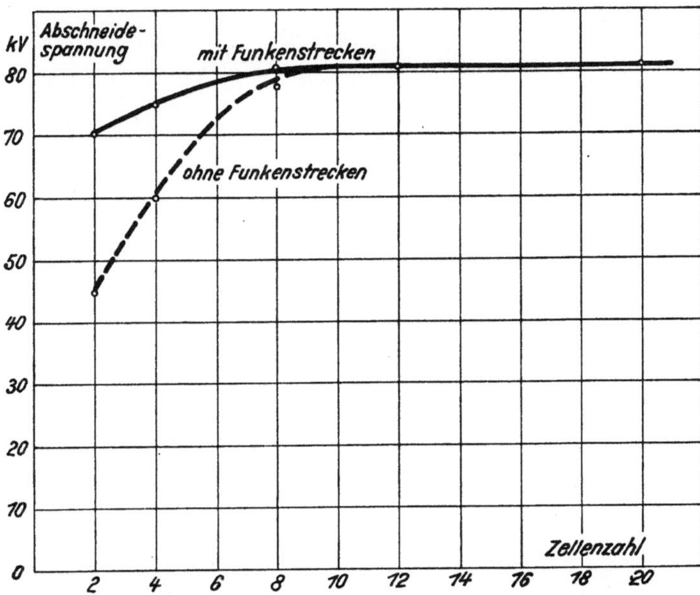

Abb. 213. Einfluß der Vorschaltfunkenstrecken auf die Abschneidespannung.

b) In betriebsmäßiger Schaltung mit Vorschaltfunkenstrecke. Weitere Versuche zeigten, daß auch beim Ventilableiter der Schutzwert durch die betriebsmäßig vorgeschalteten Funkenstrecken noch weiter vermindert wird, wie aus Abb. 213 ersichtlich ist.

Messungen mit dem Kathodenstrahloszillographen. Die von Gábor (l. c.) an einem solchen Blitzventil aufgenommenen Oszillogramme zeigen wieder eine bemerkenswerte Übereinstimmung mit den Sommerschen Untersuchungen hinsichtlich der Absperrspannung; die für 4, 5 und 7 Elemente gefundenen Werte von 40, 48 und 75 kV liegen nur wenig über der in Abb. 210 eingezeichneten Geraden.

IV. Das Verhalten der Isolierstoffe bei kurzzeitiger Beanspruchung.

Nachdem nun festgestellt ist, welche Beanspruchungen durch Wanderwellen hervorgerufen werden und inwieweit eine Abschwächung durch Überspannungsschutzgeräte erzielt werden kann, bleibt es als letzte Aufgabe zu untersuchen, wie die verbleibenden Überspannungen, die als unvermeidbar in Kauf zu nehmen sind, von der Isolierung an den verschiedenen Stellen der Anlage aufgenommen werden können.

Wanderwellen verursachen in verschiedener Hinsicht eine besondere Beanspruchung der Isolierung. Die steile Stirn ruft in den Wicklungen der Umspanner und Maschinen hohe Windungsspannungen hervor, ebenso wie auch der Rücken der Welle eine starke Erhöhung der Spannung zwischen Polen oder gegen Erde zur Folge hat. Auch für die Isolatoren der Leitungen und die Durchführungen hat die steile Stirn eine Erhöhung der Beanspruchung auf Durchschlag im Gefolge; bei schnellem Anstieg der Spannung kann diese auf hohe Werte gelangen, bevor eine Begrenzung durch den sich bildenden Überschlag längs der Oberfläche des Isolators eintritt.

In allen den genannten Fällen kann die besondere Beanspruchung nur einmalig sein, wenn z. B. in den Wicklungen durch die Unvollkommenheiten des Dielektrikums oder aus anderen Ursachen eine schnelle Aufzehrung der Wellenenergie stattfindet, die Überspannung also aperiodisch verläuft. An Leitungen bilden sich aber häufig hin und her laufende Wellen mit verhältnismäßig geringer Dämpfung aus, die eine Wiederholung der Beanspruchung, wenn auch in abnehmender Stärke, bewirken. Am ungünstigsten liegen die Verhältnisse bei Vielfachzündung, wie sie in Wechselstromanlagen bei aussetzendem Erdschluß sich leicht ausbildet; es wird dann bei jedem Polwechsel ein gleichartiger Wellenzug in das System geworfen.

Die Dauer der Beanspruchung, sei es, daß sie durch eine Einzelwelle oder durch einen gedämpften Wellenzug hervorgerufen wird, ist immer verhältnismäßig gering (10^{-3} bis 10^{-8} sec). Da bereits bei der Verkürzung der Prüfdauer von Minuten auf Sekunden in vielen Fällen eine Erhöhung der Durchschlagsfestigkeit erkennbar wird, ist man schon immer der Anschauung gewesen, daß bei den Wanderwellenbeanspruchungen mit ihrer noch viel kürzeren Dauer erheblich mehr Spannung zum Durchbruch nötig sei als bei Dauergleichstrom oder Dauerwechselstrom. Der Unterschied wird sich am meisten bemerkbar machen bei einmaligem kurzen Anschwellen der Spannung (Stoß), während für wiederholte Beanspruchung ein Zwischenwert sich ergeben muß; die Durchschlagswerte werden sich daher in der Reihenfolge

einmaliger Stoß,
gedämpfter Wellenzug,
Dauerspannung

abstufen.

Bereits beim einmaligen Stoß wird nicht nur die Beanspruchungsdauer, sondern auch die Art des Anstiegs der Spannung zum Höchstwert und ihr Absinken von Einfluß sein. Um in dieser Hinsicht möglichst einfache Bedingungen zu haben, wurde angestrebt, die Spannung am Prüfkörper in Form eines Rechteckes verlaufen zu lassen. Da dann die aufgedrückte Spannung konstant ist, werden am leichtesten etwaige Gesetzmäßigkeiten hervortreten. Außerdem ergibt sich eine derartige Beanspruchung in den praktischen Anordnungen immer dann, wenn Wellen auf Leitungen laufen.

Das Verhalten der Isolierstoffe bei kurzzeitiger Beanspruchung ist auch von Bedeutung für die Arbeitsweise der Schutzfunkenstrecken, da hier die Sperrstrecke in möglichst kurzer Zeit und bei bestimmter Spannung durchbrochen werden soll. Schließlich sei noch darauf hingewiesen, daß auch in theoretischer Hinsicht das Verhalten der Isolierstoffe bei kurzzeitiger Beanspruchung von großem Interesse ist; wird der Durchschlag mit kurzzeitig aufgedrückter Spannung herbeigeführt, dann können Wärmewirkungen nicht mehr in Frage kommen und werden nur mehr Vorgänge elektrischer Art in Erscheinung treten. Es ist daher zu erwarten, daß Untersuchungen in diesem Gebiet auch manchen Einblick in die Vorgänge bei Durchschlag geben werden.

A. Erzeugung von Prüfspannungen von begrenzter Dauer.

56. Frühere Methoden.

Zum Studium des Entladeverzugs von Funkenstrecken haben schon frühzeitig die Physiker Schnellschalter benutzt, mit denen es möglich war, die Zeitdauer, während der die Spannung wirkte, auf 10^{-3} bis 10^{-4} sec. herabzudrücken.

Eine etwa 100 mal weitergehende Verkürzung erzielte Peek[1] mit seinem Impulsgenerator, dessen Schaltung Abb. 214 zeigt. Es handelt sich um einen Schwingungskreis, der aus den Induktivitäten

---

[1] Peek: ETZ. 1916, S. 246.

L_1 und L_2, den Kapazitäten C_1 und C_2 und dem Widerstand R besteht. Der Schwingungskreis wird über die Widerstände W_1 und W_2 aufgeladen, bis die Funkenstrecke F überschlägt und dadurch die Schwingungen hervorruft; die Widerstände W_1 und W_2 sollen den Schwingungskreis vom Transformator abriegeln. Je nach der Wahl von L und C können Schwingungen bis herauf zu 500000 Hertz erzeugt werden. Ihre Dämpfung hängt von der Größe des Widerstandes R ab, durch Wahl eines genügend großen Widerstandswertes kann schließlich aperiodische Entladung herbeigeführt werden, so daß nur eine Halbwelle als Stoß wirksam wird.

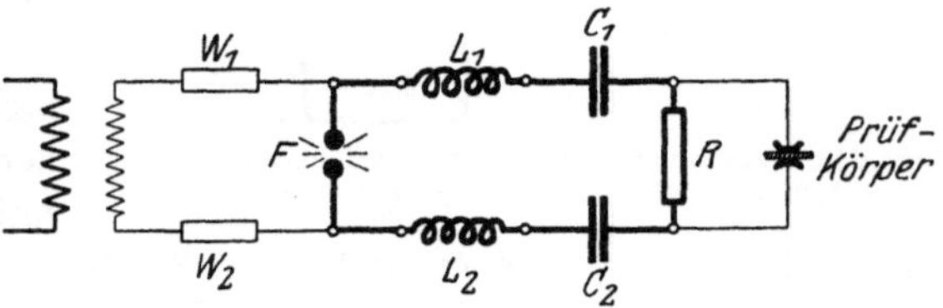

Abb. 214. Impulsgenerator nach Peek.

Die Länge einer Welle von 500000 Hertz, der kürzesten die erreicht werden konnte, beträgt 600 m, der Anstieg der ersten Viertelwelle entspricht dabei 150 m; die Zeit, innerhalb der die Spannung von Null aus den Scheitelwert erreicht, ist dann $0,5 \cdot 10^{-6}$ sec und entspricht 150 m Lichtweg. Bis zu dieser Grenze herab läßt sich der Verlauf des Stoßes in bekannter Weise aus L, C und R berechnen. An sich könnte man durch Verkleinerung von L und C die Stoßdauer noch herabsetzen. Es macht sich aber dann in steigendem Maß der Einfluß des Zündfunkens bemerkbar. Die Spannung am Funken bricht nicht mehr in vernachlässigbar kleiner Zeit zusammen, so daß der Spannungsabfall an der Funkenstrecke mit in Rechnung gesetzt werden müßte, wodurch die Rechnung außerordentlich verwickelt und unsicher wird.

57. Wanderwellenmethoden.

Diese Schwierigkeiten werden von Grund aus vermieden, wenn man, wie es für die hier zu beschreibenden Untersuchungen geschehen ist, Wanderwellenvorgänge benutzt. Es ist zwar auch hier ein Funke zur Ingangsetzung des Stoßes nötig; das Verhalten des Funkens, das in der Form der Wanderwellenstirn zum Ausdruck kommt, ist aber gerade durch die in diesem Buch behandelten Arbeiten so genau erforscht, daß der Spannungsverlauf jederzeit als gegeben anzusehen ist. Um das Verfahren in seiner einfachsten Form zu kennzeichnen, denke man sich auf einer Leitung eine Rechteckwelle laufend; zwischen zwei Punkten a und b der Leitung (s. Abb. 215), die den Abstand x haben, tritt dann Spannung auf, solange die Stirn der Welle innerhalb dieser Strecke sich bewegt. Bevor die Stirn den Punkt a erreicht hat und nachdem sie den Punkt b beschritten hat, ist dagegen die Spannung Null. Die Zeit, während welcher Spannung zwischen a und b vorhanden ist, ergibt sich nach der einfachen Beziehung $t = x : v$, wobei v die Laufgeschwindigkeit bezeichnet, die gleich 300 000 km/sec ist. Durch entsprechende Wahl der Strecke x kann die Dauer des Stoßes beliebig herabgesetzt werden. Es lassen sich daher auf diesem Weg sehr genau außerordentlich kurze Zeiten zur Darstellung bringen.

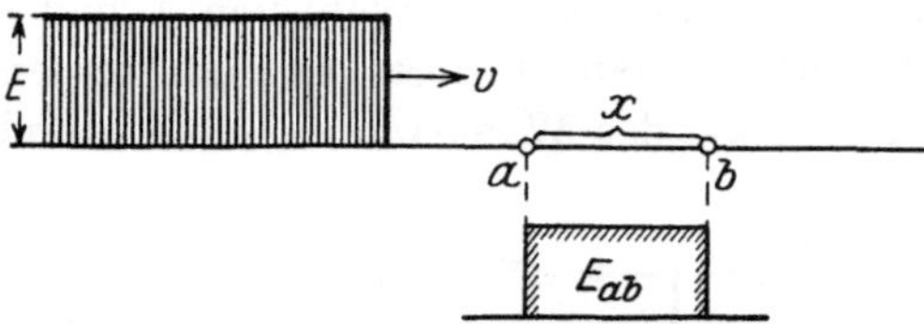

Abb. 215. Entnahme von Spannungsstößen genau bekannter Dauer aus einer Wanderwellenleitung.

Die auf dieser Grundlage entwickelten Methoden haben es ermöglicht, mit Stößen von annähernd Rechteckform bis zu einer Dauer von $3 \cdot 10^{-9}$ sec (1 m Lichtweg entsprechend) herab zu arbeiten. Die Benutzung eines Wanderwellenvorgangs hat außerdem den Vorzug, daß dabei die Beanspruchung der zu untersuchenden Stoffe weitgehend den Fällen der Praxis entspricht, bei denen auch in erster Linie Leitungswellen die erhöhten Beanspruchungen verursachen.

Für die Durchführung des Verfahrens kommt in erster Linie wieder die Schleife in Verbindung mit einer Stoßanordnung in Betracht. Der Prüfkörper wird, wie in Abb. 216 dargestellt, an Stelle der sonst hier befindlichen Meßfunkenstrecke eingesetzt. Die Leitung ist am Ende über den Wellenwiderstand geschlossen, so daß Schwingungen unterbunden sind; der Versuchskörper erhält dann nur einen einmaligen Stoß, dessen Dauer durch die Schleifenlänge x gegeben ist.

Wenn der Stoß Rechteckform erhalten soll, dann darf die Länge der Wellenstirn nur klein sein im Vergleich zum Abstand x. Andernfalls erhält man Spannungslinien, die einem Trapez mit abgerundeten Ecken ähneln, bis sich schließlich bei noch weiterer Annäherung der Punkte a und b ein mehr sinusförmiger Verlauf ergibt. Daran ändert sich auch

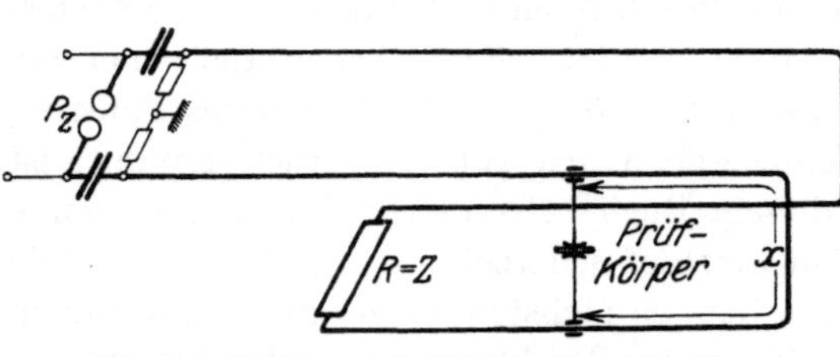

Abb. 216. Prüfung nach der Schleifenmethode.

nichts mehr, wenn man etwa die Punkte a und b noch näher aneinanderrückt. Die Dauer des Stoßes wird dann nicht mehr wesentlich verkürzt. Es sinkt dann nur mehr die Höhe der auftretenden

Spannung ab, wie es ja bei allen Schleifenmessungen zum Ausdruck kommt. Aus diesen Darstellungen ist zu erkennen, daß die Dauer der Stöße auf diesem Weg nur bis etwa $3 \cdot 10^{-8}$ sec (10 m Lichtweg entsprechend) gebracht werden kann.

Zu ganz kurzen Zeiten kommt man durch eine Versteilung
der Welle mittels des früher beschriebenen Verfahrens, wobei in die
Leitung Öl-Zwischenfunkenstrecken eingebaut werden (s. Abb. 33).
Wie Burawoy nachgewiesen hat, kann damit ohne weiteres die Stirnlänge bis auf 1 m herabgesetzt werden, so daß sich Stöße von etwa
$3 \cdot 10^{-9}$ sec erzielen lassen. Mit 200 kV Zündspannung ist dabei in der
1-m-Schleife eine Spannung von 40 kV zu erreichen, die für eine Reihe
von Versuchen bereits ausreicht.

Um Durchschläge bei mehreren Millimetern Schichtdicke herbeiführen zu können, wurde dann noch ein anderes Verfahren entwickelt.

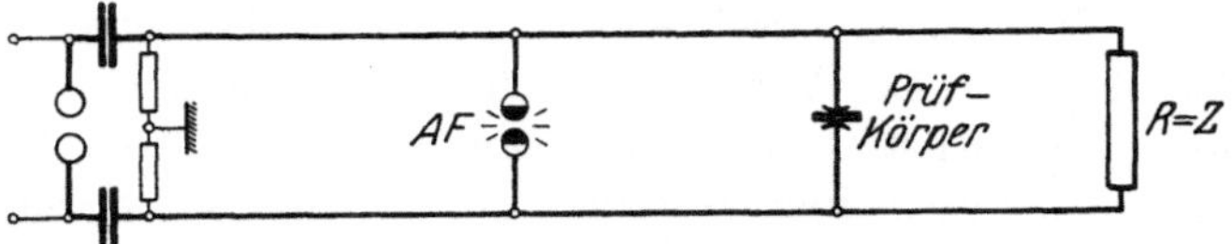

Abb. 217. Querspannungsmethode.

Der Prüfkörper wird nicht mehr in die Schleife gelegt, sondern der
über doppelt so hohen Spannung zwischen den beiden Leitersträngen
verschiedener Polarität ausgesetzt, das Verfahren sei daher als Querspannungsmethode bezeichnet. Um einen Stoß bestimmter Dauer
zu erzielen, wird die anlaufende Welle durch eine Funkenstrecke begrenzt (s. Abb. 217). Das Abschneiden muß noch im steilen Gebiet
des Anstiegs der Welle erfolgen, damit die durchlaufende Welle
genau ermittelt werden kann. Diese Methode kommt daher nur
für Zeitgrenzen von etwa
1 bis $2 \cdot 10^{-8}$ sec in Frage.
Die Form der abgeschnit-
tenen Welle ist aus Bild 218
zu ersehen. Da der Rücken
der Welle steiler ist als die
Stirn, so kann die ganze
Form der abgeschnittenen

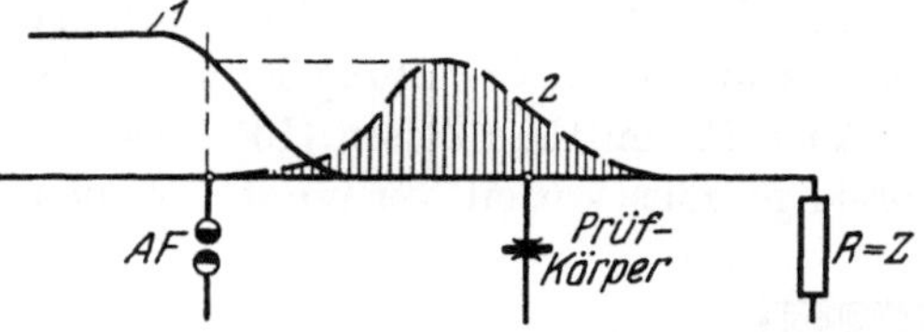

Abb. 218. Spannungsverlauf bei der Querspannungsmethode.

Welle aus Schleifenmessungen bestimmt werden. Mit dieser Schaltung
konnten Spannungen bis zu etwa 100 kV erreicht werden.

Wesentlich höhere Spannungen sind zu erreichen, wenn die Wanderwelle durch Verwendung einer offenen Leitung angestaut und dann in
einem bestimmten Abstand vom Ende abgeschnitten wird; die Schaltung für diese Staumethode ist in Abb. 219 dargestellt. Man erhält
dabei aber nicht mehr eine einmalige Beanspruchung in Form einer
Halbwelle, sondern es treten Schwingungen auf. Um diese auf eine
unschädliche Form zu bringen, wird zu den Funkenstrecken F_1 und F_2
ein Widerstand W_1 geschaltet. Da der Widerstand zunächst abgetrennt
ist, läuft die Welle erst unverändert durch; nachdem sie angestaut

worden ist, sprechen erst die Funkenstrecken an. Wählt man z. B. W_1 halb so groß wie den Wellenwiderstand der Leitung, so hat am Ende

Abb. 219. Staumethode.

der Leitung, an dem der Prüfkörper angeschlossen wird, die Spannung den in Abb. 220 dargestellten Verlauf; dabei wurde angenommen, daß die Stirn der Wanderwelle rechteckförmig ist und daß eine unendlich große Energiequelle zur Verfügung steht. Die Spannung am Prüfkörper springt zunächst auf den doppelten Wert und behält diesen für eine Dauer, die der doppelten Lauflänge x entspricht, bei. Sodann stellt sich für die gleiche Dauer Spannung 0 ein. Es folgt ein im ursprünglichen Sinn gerichteter Stoß von der Höhe E und schließlich klingt die Spannung auf den Wert 2/3 E ab. Wegen einer genaueren Darstellung. der Vorgänge sei auf die Dissertation R. Naeher[1] verwiesen. In Wirklichkeit liegen die Verhältnisse wesentlich günstiger als in Abb. 220 dargestellt, weil sich die Kondensatoren der Stoßanordnung bald erschöpfen, so daß nur der erste Stoß klar zur Ausbildung kommt, während die nach der Pause anschließenden Teilhöhen schnell verkümmern und auf Null abklingen. Grundsätzlich muß natürlich in jedem einzelnen Fall untersucht werden, ob die Restwellen noch Einfluß haben; es soll hierauf bei den betreffenden Versuchen noch näher eingegangen werden. In der beschriebenen Schaltung konnten bis zu 300 kV erreicht werden.

Auch für mittlere Zeiten (10^{-3} bis 10^{-6} sec) können Wanderwellenvorgänge mit Vorteil verwendet werden. Für so lange Zeiten sind Leitungen von etwa 1 km bis 100 km Länge notwendig. Die oben angeführte Schleifenmessung ist jetzt nicht mehr anwendbar, da die Kondensatoren der Stoß-

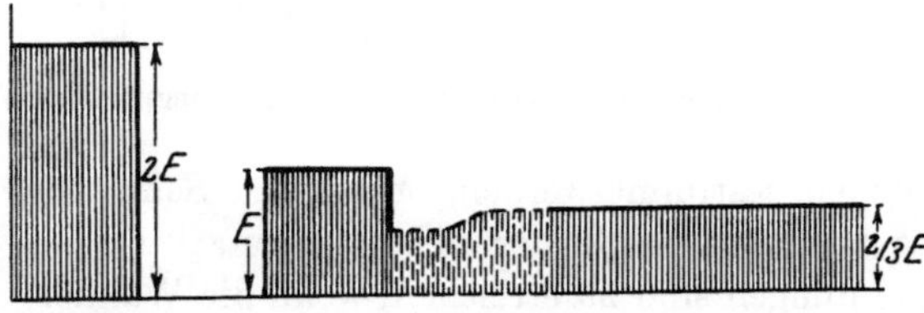

Abb. 220. Idealisierter Spannungsverlauf bei der Staumethode.

anlage nicht so groß bemessen werden können, daß sie für die Aufladung einer 100 km langen Leitung bei überall gleicher Höhe der Spannung ausreichen würden. Die Wellen sind vielmehr meist schon nach 1÷2 km Länge weitgehend abgeklungen. Die genannten Schwierigkeiten treten nicht mehr auf bei der nachstehend beschriebenen Methode.

---

[1] Arbeit Nr. 17.

Entladeschaltung. Die Leitung wird mit Gleichstrom statisch aufgeladen und dann durch eine am Ende angeschlossene Funkenstrecke F über einen Widerstand entladen (s. Abb. 221). Letzterer erhält zweckmäßigerweise die Größe des Wellenwiderstands der Leitung, damit keine Schwingungen auftreten. Die Leitung entlädt sich bei dieser Anordnung zunächst zur

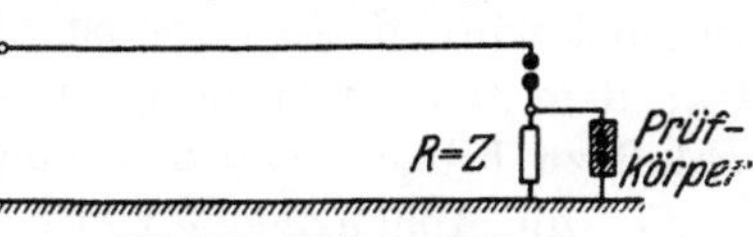

Abb. 221. Entladeschaltung.

Hälfte. Ist die rücklaufende Welle am Anfang der Leitung angekommen, so wird sie zurückgeworfen und entlädt die Leitung vollkommen (s. Abb. 222). Parallel zum Widerstand ist der Prüfkörper geschaltet. Dieser wird dadurch während einer Dauer, die der doppelten Leitungslänge entspricht, mit der Spannung $\frac{E}{2}$ beansprucht ($E =$ Spannung der statisch aufgeladenen Leitung). Bei längeren Leitungen bewirkt natürlich der Ohmsche Widerstand eine allmähliche Verminderung der Spannung. Wie genauere Untersuchungen gezeigt haben, fällt z. B. bei 50 km Länge die Spannung gegen Ende

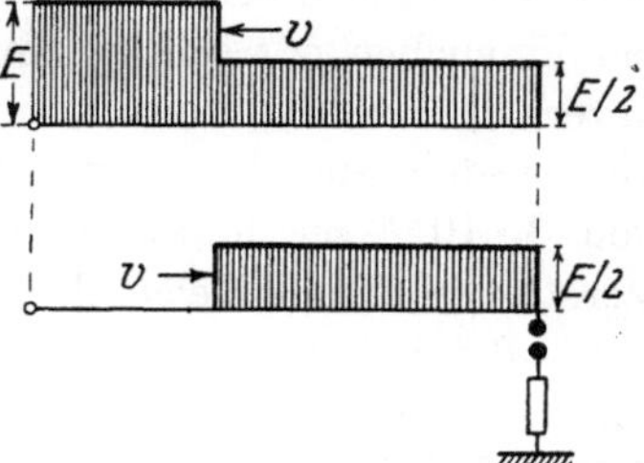

Abb. 222. Wellenverlauf bei der Entladung.

um etwa 12% ab; da sie anfangs den vollen Betrag hat, ist für den Mittelwert eine um etwa 6% gegenüber E verminderte Spannung einzusetzen.

B. Durchbruch von Luft bei kurzzeitiger Beanspruchung.

Wie bereits bemerkt, haben sich schon frühzeitig die Physiker mit dem Problem des **Entladeverzugs** in Luft beschäftigt. Um klar zu kennzeichnen, um welche Frage es sich dabei handelt, sei von Abb. 223 ausgegangen. Die hier eingetragene **Dauerspannung** bezeichnet den Wert, bei dem beispielsweise an zwei Meßkugeln gerade der Überschlag herbeigeführt werden kann, wenn die Spannung sehr lange Zeit wirksam ist. Beschränkt man die Wirkungsdauer, so gelingt, wie die Versuche gezeigt haben, der Durchschlag erst bei einer

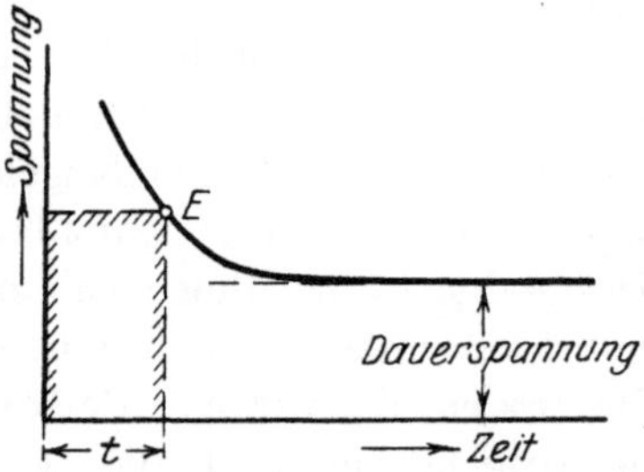

Abb. 223. Durchbruchspannung abhängig von der Beanspruchungsdauer.

höheren Spannung. Zu der Wirkdauer t gehöre beispielsweise der Wert E. Man hat sich den erforderlichen Mehraufwand so erklärt, daß ein gewisser Vorprozeß erledigt sein muß, bevor in der Bahn selbsttätig die Leitfähigkeit zunimmt und ein Funke einsetzt. Der Beginn dieses Niederbruches ist durch die Lage des Zündpunktes in dem Diagramm Abb. 36 gekennzeichnet. Je mehr die Wirkdauer der Spannung begrenzt wird, desto mehr ist eine Überhöhung der Spannung gegenüber dem Dauerwert nötig, um den Vorprozeß rechtzeitig zum Abschluß zu bringen und den Zündpunkt zu erreichen.

Für die Abhängigkeit von Spannung und Wirkdauer muß sich also eine hyperbelartige Linie ergeben, wie in Abb. 223 dargestellt; es ist dabei vorausgesetzt, daß die Spannung während der Zeit t in gleicher Höhe vorhanden ist. Man hatte früher geglaubt, daß schon bei Herabsetzung der Wirkdauer auf $1/_{1000}$ sec eine Überhöhung in dem geschilderten Sinn sich erheblich bemerkbar machen könne. Peek fand dann bei Versuchen mit seinem Impulsgenerator, daß Verzug erst bei Zeiten unter 10^{-6} sec in Frage käme; die Untersuchungen von Binder über die Ausdehnung der Wanderwellenstirn erstreckten sich bis zu Zeiten von $3 \cdot 10^{-8}$ sec herab, und Burawoy unternahm schließlich einen Vorstoß in den Bereich der ganz kurzen Zeiten bis herab zu einigen milliardstel Sekunden. Seinen umfassenden Untersuchungen verdanken wir die Kenntnis der Erscheinungen bis an die Grenze der Zeiten, bei denen überhaupt noch eine Funkenbildung erkennbar wird.

58. Elektroden im homogenen Feld.

In erster Linie kommen hier Plattenelektroden in Frage, an denen in weitem Bereich das Feld gleichmäßig ist; wenn störende Randwirkungen vermieden werden sollen, müssen die Ränder stark aufgebogen sein. Um eine einfache und leicht zu beschreibende Form zu haben, nimmt man daher gern Kugeln. Bei nicht zu großem Abstand ist auch hier das Feld hinreichend gleichmäßig und auch genau zu berechnen. Wenn später von Kugeln gesprochen wird, so sollen auch immer Plattenelektroden mit eingeschlossen sein.

a) Die Verzögerung bei aktiven Kugelelektroden. Wie P. O. Pedersen bei seinen umfassenden Untersuchungen über das Verhalten von Funkenstrecken fand, haben Kugelelektroden, die mit reinem Karborundpapier geputzt sind, ein ganz besonderes Verhalten. Die Oberfläche der Elektroden ist bei ihnen vollkommen frei von allen Verunreinigungen und durch mikroskopisch feine scharfe Kanten gekennzeichnet. Solche Elektroden, die wir mit Pedersen als aktiv bezeichnen wollen, seien als Ausgangspunkt für die Betrachtungen genommen, weil bei ihnen, wie die Untersuchung gezeigt hat, die Verhältnisse am einfachsten liegen und genau bestimmt sind.

Nach Wiedemann, Ebert und Pedersen kommt es nur auf die Aktivität der Kathode an. Bei den Versuchen von Burawoy wurden aus Gründen der Einfachheit stets den Oberflächen beider Elektroden die gleiche Behandlung zuteil. Es war also auf den Unterschied der Polarität nicht zu achten.

Die Elektroden wurden nach jedem Überschlag mit mittelfeinem Karborund-Papier geputzt. Das Karborund-Papier war frei von Verunreinigungen und wurde nur einmal zum Putzen verwendet. Um festzustellen, inwieweit bei so behandelten Elektroden Entladeverzug vorhanden ist, wurde, wie bereits S. 25 beschrieben, die Wanderwellenstirn einmal aus Schleifenmessungen mit Hilfe einer vorbehandelten Meßfunkenstrecke und dann durch Übertragung auf ein Lechersystem bestimmt. Solche Versuche wurden für Wellen von etwa 10 m Stirnlänge und auch mit stark versteilter Stirn (s. Abb. 35) durchgeführt. Selbst bei diesen steilen Wellen, bei denen an der Meßfunkenstrecke ein sinusförmiger Anstieg der Prüfspannung in der Zeit von $3{,}5 \cdot 10^{-9}$ sec. (etwa 1 m Lichtweg) erfolgte, war noch kein Zurückbleiben der Meßfunkenstrecke zu erkennen. Aktive Elektroden sind also dadurch ausgezeichnet, daß bis zu einigen milliardelstel Sekunden herab Ansprechverzug nicht in Erscheinung tritt. Es ist natürlich nicht ausgeschlossen und sogar wahrscheinlich, daß ein gewisser Verzug vorhanden sei, er hat aber offenbar eine so geringe Größe, daß er innerhalb der Grenze der Meßgenauigkeit liegt. Da der Zündprozeß sicherlich erst durch die hohen Ordinaten im Bereich des Scheitels in Gang gesetzt wird, ist die zugehörige Zeit sogar noch etwas geringer als angegeben. Daß so kurze Zeit und eine noch nicht merkliche Überhöhung der Spannung hinreichend ist, erklärt sich wohl so, daß der Funke nur für das Anfangsstadium zur Entwicklung gelangt, bis ein schwaches Leuchten das Überschreiten des Zündpunktes erkennbar macht; eine Erhitzung der Durchschlagsbahn zum helleuchtenden Funken, die erhebliche Zeit erfordern würde, kommt in solchen Fällen gar nicht zustande.

Bemerkenswert ist, daß ein Feuchtigkeitsbeschlag die Stoßüberschlagsspannung aktiver Elektroden nicht ändert, während die statische Funkenspannung einen erheblichen Rückgang erfährt.

b) Nicht-aktive Elektroden. Jede Änderung der durch das Putzen mit reinem Karborund-Papier definierten Elektrodenoberfläche, sei es durch eine dünne Ölschicht, sei es durch die Wirkung von Funkenüberschlägen, verwirkt mehr oder minder die Aktivität der Elektroden. Die Stoßfunkenspannung nimmt, wenn die Oberfläche durch übergehende Funken verunreinigt wird, zunächst rasch und dann allmählich immer langsamer mit der Zahl der Funken zu, bis schließlich eine obere Grenze erreicht wird. Die Angaben von nichtaktiven Funkenstrecken sind daher nicht eindeutig, auch unterliegen die oberen Grenzwerte Schwankungen. Die Abweichungen sind jedoch nicht so groß, als daß die Mittelwerte aus mehreren zu verschiedenen Zeiten ausgeführten Messungen nicht ein qualitativ richtiges Bild zu geben vermöchten.

In Abb. 224 ist für 10-mm-Kugeln der Einfluß der Wirkdauer (als Wirkdauer hat Burawoy die Zeit vom Beginn des Anstiegs der Spannung bis zur Erreichung des Höchstwertes gerechnet), und in Abb. 225 das Verhältnis: Stoßfunkenspannung zu Dauerfunkenspannung

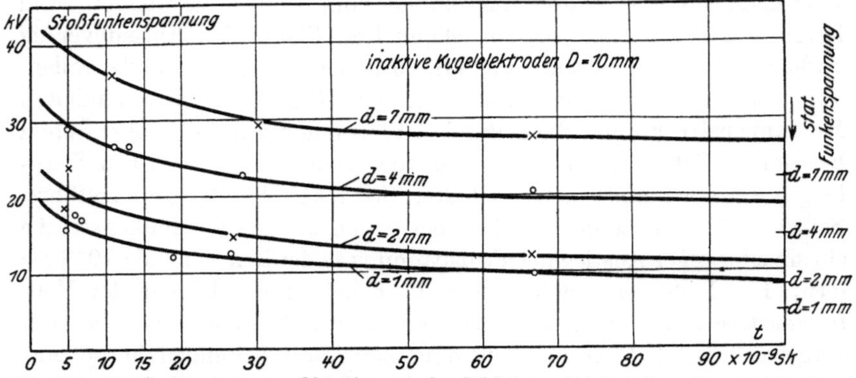

Abb. 224. Stoßfunkenspannung abhängig von der Wirkdauer bei inaktiven Kugelelektroden von 10 mm Durchmesser für verschiedene Schlagweiten.

in Abhängigkeit von der Schlagweite angegeben. Daß auch der Kugeldurchmesser einen wesentlichen Einfluß hat, zeigt Abb. 226, die für die feste Schlagweite von 4 mm gilt.

Versuche, die mit Kugelelektroden angestellt wurden, die vorher mit ölgetränktem Schmirgelpapier behandelt waren, und mit solchen Elektroden, die längere Zeit an der Luft gestanden hatten, ergaben stets eine mehr oder minder große Verzögerung. Die Werte unterlagen hier zum Teil bedeutenden Schwankungen. Werden solche inaktive Elektroden der Bestrahlung mit Radium oder Bogenlicht ausgesetzt, so wird die Verzögerung in der Regel auch bei den kürzesten Spannungsstößen vollkommen aufgehoben. Es empfiehlt sich daher, außer der nötigen Belichtung Meßfunkenstrecken auch öfters mit Karborund-Papier zu reinigen.

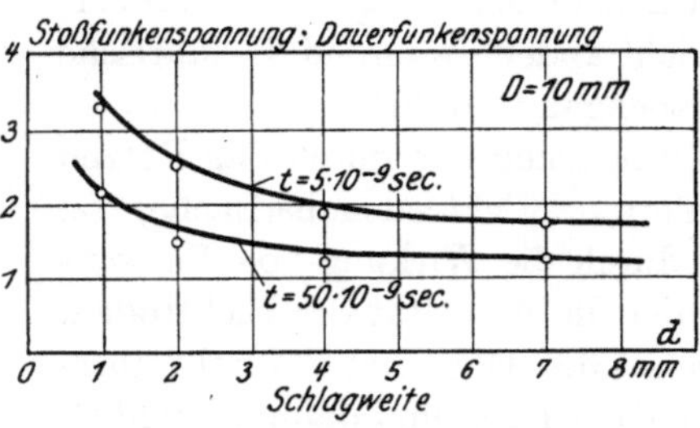

Abb. 225. Stoßverhältnis abhängig von der Schlagweite.

Im Gegensatz zu diesem Ergebnis fand P. O. Pedersen, daß bei aktiven Elektroden von 10 mm Durchmesser und einem Abstand von 1÷7 mm eine Zeit von der Größenordnung 10^{-8} bis 10^{-7} sec vergeht, ehe der Funkenüberschlag stattfindet, selbst wenn während dieser Zeit an der Funkenstrecke ein Vielfaches der statischen Funkenspannung geherrscht hat. Es würde also die Hyperbel in

Abb. 223 einer Senkrechten in einem gewissen Abstand von der Ordinatenachse zustreben, der die sog. minimale Verzögerung angibt. Dieser scheinbare Widerspruch erklärt sich so, daß Pedersen für die in seiner Anordnung wirksame Wanderwelle eine senkrechte Stirn voraus-

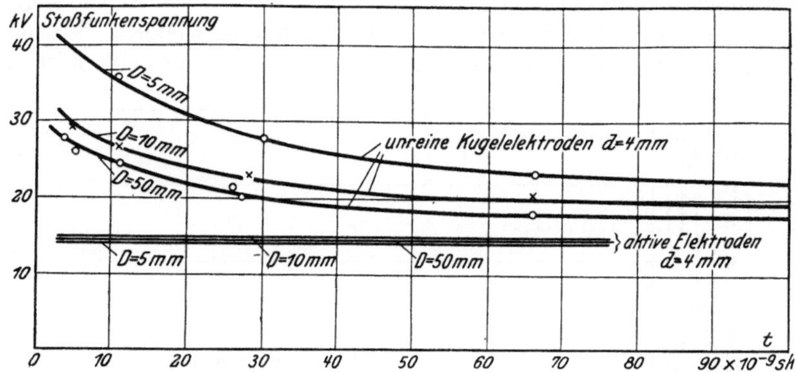

Abb. 226. Stoßfunkenspannung abhängig von der Wirkdauer für aktive und inaktive Kugelelektroden verschiedenen Durchmessers D.

gesetzt hat. Tatsächlich ist deren Entwicklungszeit als erheblich anzusehen im Vergleich zu den beim Versuch verwendeten Wirkdauern.

Besondere Verhältnisse treten auf, wenn der Durchschlag nicht wie bisher in der Nähe des Scheitels der Spannungslinie mit annähernd konstanter Spannung erfolgt, sondern bereits im Bereich des Anstiegs, also unter stark anwachsender Spannung eingeleitet wird, wie es z. B. bei den Schutzfunkenstrecken der Fall ist. Wie bereits dargelegt, kommt auch in solchen Fällen eine Spannungsüberhöhung zustande; sie ist aber nicht identisch mit dem hier behandelten Entladeverzug. Deswegen kann in solchen Fällen die Überhöhung auch nicht durch Putzen der Elektroden mit Karborund-Papier oder durch Belichtung beseitigt werden. Wegen der genauen Verfolgung dieser Vorgänge sei auf den Abschnitt „Funkenableiter" (S. 146) hingewiesen.

59. Die Funkenverzögerung bei Spitzen.

An Spitzen ist das elektrische Feld stark ungleichmäßig, es sind somit ganz andere Bedingungen für den Funkenverzug gegeben als bei Platten oder Kugeln mit annähernd homogenem Feld. Zu den Versuchen wurden Spitzen von der in Abb. 227 dargestellten Form verwendet. Der Öffnungswinkel betrug 30°, die Länge

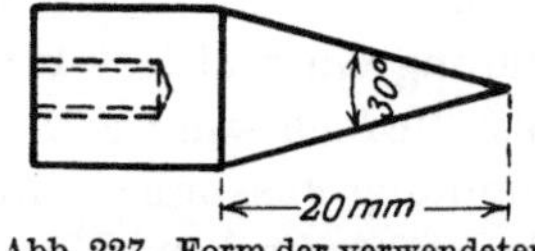

Abb. 227. Form der verwendeten Spitzenelektrode (Messing).

des Spitzenteils 20 mm. Die Spitzen wurden zunächst auf einer Drehbank gefeilt und dann mit feinem Karborund-Papier abgeschliffen.

Bei Spitzenelektroden ist bekanntlich die statische Anfangsspannung nicht zugleich statische Funkenspannung. Es bildet sich zunächst eine Glimmentladung aus, die bei höherer Spannung in Büschelentladung übergeht. Erst bei weiterer Steigerung der Spannung bildet sich schließlich völliger Durchschlag in Form des Funkens. Bei einem Öffnungswinkel von 30° ist die statische Funkenspannung zugleich Büschelgrenzspannung und kann mit ziemlicher Schärfe festgestellt werden.

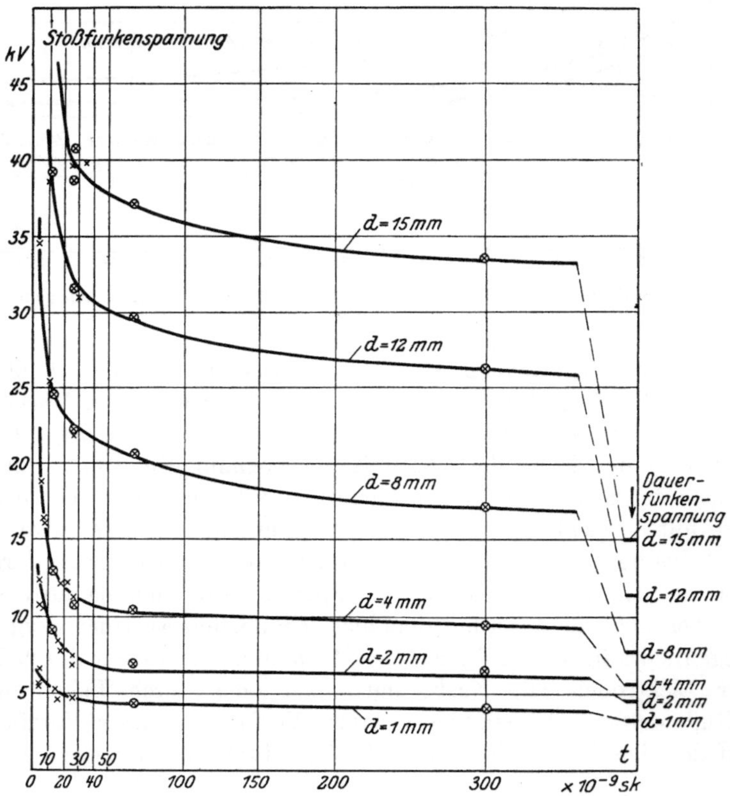

Abb. 228. Stoßfunkenspannung abhängig von der Wirkdauer bei Spitzen. (Kreuzpunkte entsprechen angenähert sinusförmigem Spannungsanstieg, Kreispunkte mehr trapezförmigem Verlauf.)

Auch bei Einwirkung von Spannungsstößen tritt zunächst Büschelbildung ein und erst bei höherer Stoßspannung bildet sich ein Funken aus. Jedoch kann hier die Büschelgrenzspannung, die mit der Funkenspannung zusammenfällt, mit noch größerer Schärfe bestimmt werden als bei statischem Überschlag. Es sollen sämtliche Angaben auf die Funkenspannung bezogen werden, da die Anfangsspannung nicht genau bestimmbar ist, und ihre Feststellung besonders bei Stoßversuchen Schwierigkeiten bietet. In Abb. 228 ist die nötige Stoßfunkenspannung abhängig von der Wirkdauer der Spannungsstöße für verschiedene Elektrodenabstände dargestellt. Bei den mit einem Kreuz bezeichneten Punkten hatte der Spannungsstoß annähernd sinusförmigen Verlauf, während die durch Kreise gekennzeichneten Punkte sich auf Spannungsstöße beziehen, die von der Sinusform wesentlich abwichen und mehr trapezförmigem Verlauf entsprachen. Solche Stöße ergeben sich bei großen Wirkdauern (großen Schleifenlängen) von selbst, solange die Stirnlänge gegenüber der Schleifenlänge als klein zu bezeichnen ist. Um auch für sehr kurze Wirkdauern (kleine Schleifenlängen) trapezförmigen Verlauf der Spannung zu erzielen, wurde die Stirn in der auf S. 24 beschriebenen Weise stark versteilt. Wie Abb. 228 zeigt, fügen sich die Kreuzpunkte und die Kreispunkte gut zu einer Kurve; die Art des Anstieges kann demnach nur geringen Einfluß haben. Daraus ist der Schluß zu ziehen, daß der Überschlag stets annähernd im Bereich des Scheitels der Stoßspannung erfolgt. Bei den sehr kurzdauernden Spannungsstößen beträgt die Stoßfunkenspannung ein Vielfaches der statischen. Die nötige Überhöhung ist, wie durch Vergleich mit den in Abb. 228 ebenfalls eingetragenen Dauerfunkenspannungen sich ergibt, stark abhängig von der Schlagweite. Annäherungsweise lassen sich die Ergebnisse durch die Beziehung:

$$\text{Stoßfunkenspannung} = E_{\text{stat}} + \frac{2{,}5 \cdot d}{\log(t+1)}$$

(d = Schlagweite) darstellen. Ihr entspricht die links liegende Linie in Abb. 229, während die Versuche selbst durch die gestrichelte Linie dargestellt werden. Von Interesse ist ein Vergleich mit dem von F. W. Peek[1] für Spitzenelektroden und größere Stoßdauern gefundenen Gesetz, das die Form: $\text{Stoßfunkenspannung} = E_{\text{stat}} + \frac{440 \cdot d}{t}$ hat. Dieser Formel entspricht die rechtsliegende Linie in Abb. 229; sie deckt sich aber nicht genau mit den Meßwerten; für den kürzesten von Peek verwendeten Stoß von $280 \cdot 10^{-9}$ sec Dauer ist der Versuchswert in Abb. 229 ebenfalls eingetragen. Er liegt erheblich unter den Formelwerten. Es ist zu erkennen, daß die Versuchswerte von Burawoy sehr gut mit denen von Peek eine fortlaufende Linie bilden, während die Ersatzformeln aber nur jeweils einen gewissen Gültigkeitsbereich haben. Inzwischen sind auch mit dem Kathodenstrahl-Oszillographen eine Reihe von Untersuchungen angestellt worden; die gefundenen Werte schließen sich sehr gut an die von Burawoy für das Gebiet der kürzesten Zeiten erhaltenen Meßpunkte an.

Es ist noch zu erwähnen, daß sich bei Spitzen mit großer Genauigkeit immer wieder die gleichen Spannungen ergaben; zu verschiedenen

---

[1] Transactions AEE. 1915, 342, S. 1875.

Zeiten ausgeführte Versuche zeigten keine Abweichungen. Dies bedeutet auch, daß die Änderung des Ionisationszustandes der Luft keinen Einfluß auf die Verzögerung haben kann. Auch ein Bestrahlen der Spitzen mit Radium oder einer Bogenlampe hatte keinerlei Wirkung auf die Verzögerung. Es wurden stets die gleichen Werte gemessen. Auch H. Hertz fand an Spitzenelektroden keine Wirkung des ultravioletten Lichtes bei größeren Abständen, eine sehr geringe bei kleineren Schlagweiten. Wurden die Elektroden vor dem Überschlag nicht mit Karborund-Papier behandelt, sondern mit ölgetränktem feinem Schmirgelpapier, so war auch dann die Verzögerung die gleiche. Alle diese Tatsachen stehen voll im Einklang mit der von Peek gegebenen Deutung des großen Verzuges bei Spitzen; es handelt sich hier nicht um Oberflächenerscheinungen an den Elektroden, sondern um Vorgänge im Feldraum. Bei der statischen Beanspruchung greift von den Spitzen ausgehend ein ziemlich weitreichender Teildurchschlag Platz, bevor der vollständige

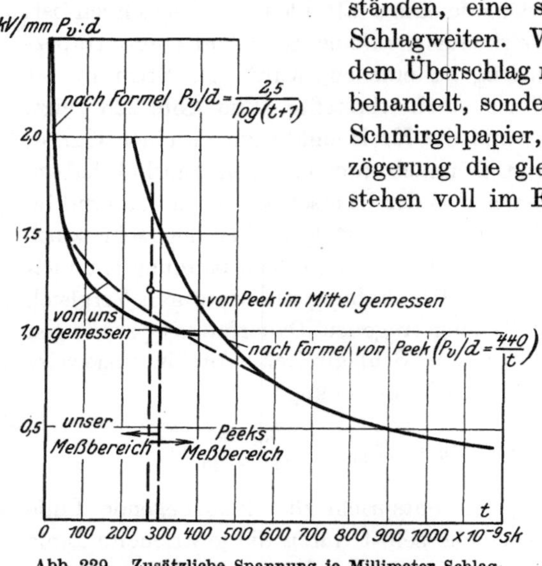

Abb. 229. Zusätzliche Spannung je Millimeter Schlagweite abhängig von der Wirkdauer bei Spitzen.

Durchbruch sich einstellt. Die Durchbruchspannung ist daher bei Spitzen verhältnismäßig niedrig. Bei Stoßbeanspruchung kommt es, wie aus den sich zeigenden Büscheln zu schließen ist, auch erst zu einem Teildurchbruch; die hierzu nötige Zeit ist aber erheblich, so daß möglicherweise die Stoßspannung schon wieder zu fallen beginnt, bevor der Vorprozeß genügend weit entwickelt ist. Es ist daher ein erhebliches Mehr an Spannung nötig, um den Teildurchbruch genügend zu beschleunigen. Die äußeren Umstände können dabei wenig Einfluß haben.

C. Das Verhalten der flüssigen Isolierstoffe.

Bei den von R. Naeher[1] angestellten Untersuchungen wurde die in den VDE-Normalien für die Prüfung von Isolierölen festgelegte Anordnung mit Kugelkalotten als Elektroden (s. Abb. 230) verwendet;

---

[1] Arbeit Nr. 17.

die Meßwerte sind in der üblichen Weise auf ebene Elektroden umgerechnet worden.

60. Einfluß der Beanspruchungsdauer.

Abb. 231 zeigt zunächst für gutes Transformatorenöl (110 kV/cm) bei verschiedenen Beanspruchungsdauern ermittelte Durchschlagswerte. Die Zeiten sind dabei in logarithmischem Maßstab aufgetragen, um einen möglichst großen Bereich in einem Bild unterbringen zu können. Als Ausgangspunkt ist eine längste Zeit von 100 sec gewählt, da darüber hinaus kaum noch eine Erniedrigung der Durchschlagsfestigkeit einzutreten scheint. Bei so langen Zeiten läuft die Prüfung mit rechteckförmigem Span-

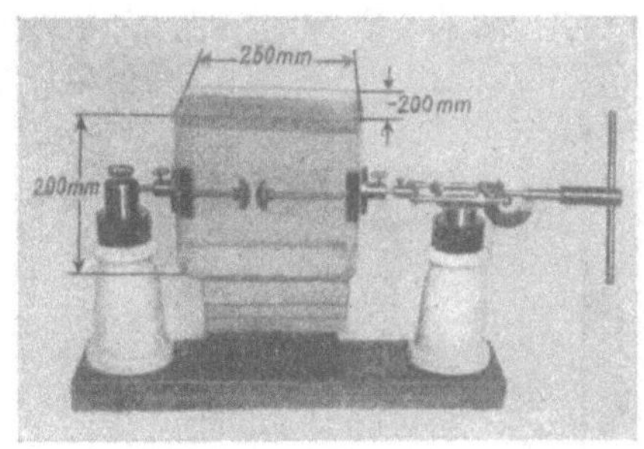

Abb. 230. Verwendete Prüfanordnung.

nungsverlauf auf die Anwendung von Gleichspannung von entsprechender Dauer hinaus; die eingetragenen Werte gelten daher für Gleichstrom.

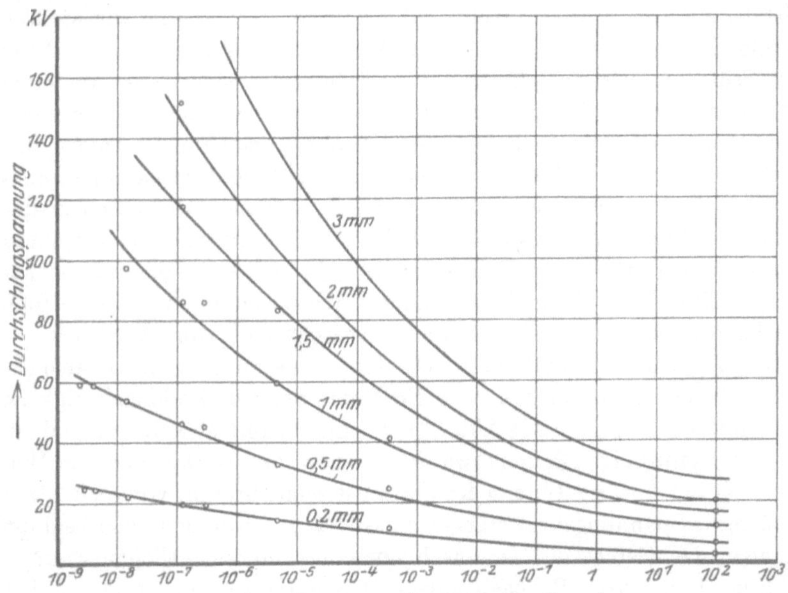

Abb. 231. Durchschlagsspannung von gutem Transformatorenöl für verschiedene Schlagweiten abhängig von der Beanspruchungsdauer.

Mit Hilfe der beschriebenen Wanderwellenschaltungen wurde dann mit $3,3 \cdot 10^{-4}$ sec beginnend die Beanspruchungsdauer immer weiter verkürzt, bis sie schließlich nur noch $4 \cdot 10^{-9}$ sec betrug. Es kamen hierbei die 50 km lange 100-kV-Leitung Chemnitz-Etzdorf, die Hochschul-Versuchsleitung von 700 m Länge und kürzere Laboratoriumsleitungen zur Verwendung. Bei den langen Leitungen kann ohne weiteres rechteckförmiger Verlauf der Prüfspannung vorausgesetzt werden.

An kurzen Leitungen macht sich der nur allmählich erfolgende Anstieg der Wanderwellenstirn geltend, es ergeben sich dadurch trapezförmige und sinusförmige Spannungslinien. Diese wurden nach der in Abb. 232 dargestellten Methode in Rechteckspannungen umgewandelt; es wird dabei in jedem der Wendepunkte der Spannungslinien die Tangente gezogen und dann deren Scheitel flächengleich abgeschnitten. Die Höhe und Länge der so gefundenen oberen Trapezlinie wird dann als maßgebend für die Höhe und Dauer der Prüfungsspannung eingeführt.

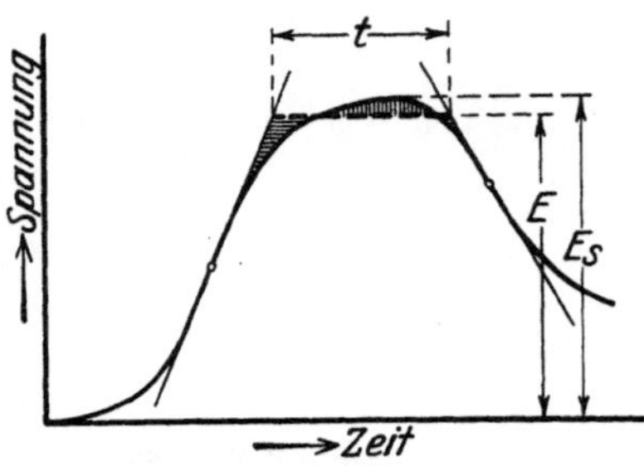

Abb. 232. Verwendetes Verfahren zur Kennzeichnung der Beanspruchungsdauer.

Das Verfahren ist an sich willkürlich; daß es wirklichen Verhältnissen recht nahe kommt, zeigen die angestellten Vergleichsversuche mit sehr steilen Wellen, wobei fast Rechteckform der Prüfspannung erreicht war. Letztere ergab sich dann um etwa 6% niedriger als der Scheitel der ursprünglich mehr sinusförmigen Spannungslinie. Nach all den gemachten Untersuchungen ist für das Eintreten des Durchschlags in erster Linie die Höhe der Spannung maßgebend. Es kommt daher vorwiegend auf die hohen Ordinaten in der Spannungslinie an; diese werden bei dem verwendeten Verfahren hauptsächlich erfaßt. Im Vergleich dazu ist die Zeit von untergeordnetem Einfluß; größere Abweichungen hierin kommen in der Höhe der benötigten Spannung nur stark abgeschwächt zum Ausdruck.

Im Vergleich zur Luft zeigt sich hier bei Verkürzung der Beanspruchungsdauer schon sehr bald eine Erhöhung der Durchschlagsfestigkeit. Diese nimmt dann, wie aus Abb. 231 ersichtlich, immer weiter zu und erreicht bei ganz kurzen Zeiten etwa das zehnfache des Dauerwertes. Wie Abb. 233 mit linearer Teilung der Zeitachse zeigt, beginnt von $5 \cdot 10^{-8}$ sec ab sich die Spannungslinie stärker nach oben zu krümmen; hier beginnt offenbar das Gebiet des Durchschlagverzugs im eigentlichen Sinn.

Eine Reihe von Beobachtungen weisen darauf hin, daß die bei Zeiten $> 5 \cdot 10^{-8}$ sec noch vorhandenen hohen Spannungswerte nicht auf Durchschlagsverzug im eigentlichen Sinn beruhen. Zunächst ist zu bemerken, daß die bei diesen Zeiten erreichten Werte in der Größenanordnung von 700 kV/cm gar nicht so hoch liegen als es auf den ersten

Blick erscheint. An sehr sorgfältig gereinigtem und getrocknetem
Transformatorenöl hat Draeger[1] auch Durchschlagsfestigkeiten von
450 kV_{eff}/cm entsprechend 640 kV_{max} erreicht. Man muß daher den
Schluß ziehen, daß bei den kurzen Zeiten immer mehr die Durchschlagsfestigkeit der reinen Isolierflüssigkeit zum Vorschein kommt, die
kurzweg als „wahre Durchschlagsfestigkeit" bezeichnet sei.

In diesem Sinn spricht auch die Beobachtung, daß die Meßpunkte
bei solchen Versuchen wenig streuen im Vergleich zu den außerordentlich weiten Grenzen, die man bekanntlich bei Dauerprüfung erhält.
Gegenüber dem hohen Wert der wahren Durchschlagsfestigkeit hätte
man dann bei Verlängerung der Prüfdauer mit einer immer weitergehenden Absenkung der Festigkeit infolge der beigemischten und

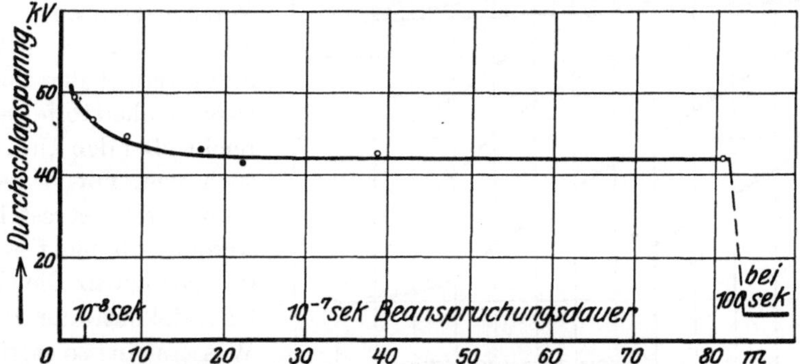

Abb. 233. Durchschlagsspannung von gutem Transformatorenöl für kurze Beanspruchungsdauern
ausgedrückt in Meter Wellenweg (3 m entspricht 10^{-8} sec).

wenig oder gar nicht isolierenden Stoffe zu rechnen. Es sind immer
Spuren von Wasser vorhanden und dann kommen gelöste oder in
festem Zustand eingelagerte Fremdstoffe, wie Fasern usw., in Frage,
die kurzweg als Verunreinigungen bezeichnet werden sollen. Je
länger die Beanspruchungsdauer genommen wird, desto mehr kann
sich der Einfluß von Wasser geltend machen, ebenso wie es auch den
festen Stoffen möglich ist, in bekannter Weise sich in dem starken
elektrischen Feld zu ordnen und Brücken zu bilden. Je mehr Zeit zur
Verfügung steht, desto mehr haben sich solche störende Ansammlungen
ausbilden können.

Sehr lehrreich sind in dieser Hinsicht die folgenden Versuche:
Verhalten verschiedenartiger Flüssigkeiten: Es wurden
vergleichsweise untersucht:

gutes Transformatorenöl,	Rizinusöl.
wasserhaltiges Transformatorenöl,	Xylol,
verbrauchtes Transformatorenöl,	destilliertes Wasser.
Petroleum,	

---

[1] Arch. Elektrot., Bd. 13, S. 382.

Die Ergebnisse sind in Abb. 234 dargestellt, und zwar sind hier all die
Stoffe in Vergleich gesetzt zu gutem Transformatorenöl. Es tritt dabei
die bemerkenswerte Tatsache in Erscheinung, daß die großen Unterschiede, die hinsichtlich der Durchschlagsfestigkeit bei Dauerbeanspruchung bestehen, sich immer mehr verwischen; anscheinend streben
alle die untersuchten Öle ein und derselben Durchschlagsfestigkeit,
eben der so bezeichneten „wahren Durchschlagsfestigkeit", zu.

Selbst destilliertes Wasser kann bei mittleren und kurzen
Zeiten durchgeschlagen werden. Die nötigen Spannungen steigen auch
hier erheblich an, wenn die Dauer verkürzt wird. Innerhalb der Versuchsgrenzen ist allerdings noch nicht dieFestigkeit der flüssigen Isolierstoffe erreicht. Bei den Untersuchungen mit Wasser müßte erst festgestellt werden, ob nicht wegen der hohen Dielektrizitätskonstante des Wassers eine so starke Zunahme der Kapazität der Anordnung eingetreten war, daß eine erhebliche Beeinflussung der Prüfspannungen sich ergeben

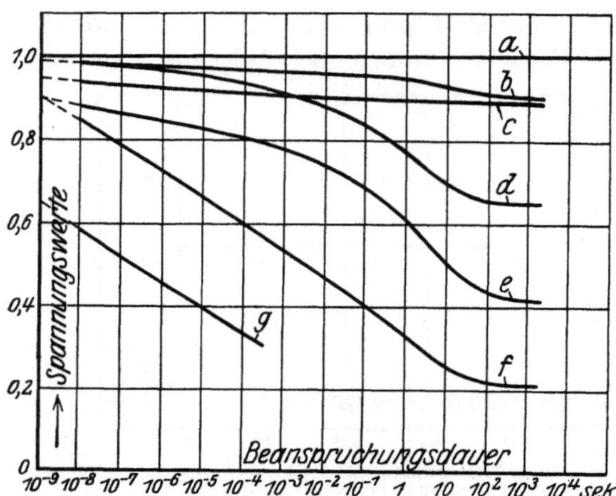

Abb. 234. Durchschlagsfestigkeit verschiedener Flüssigkeiten
abhängig von der Beanspruchungsdauer (Festigkeit von gutem
Transformatorenöl = 1 gesetzt).

a gutes Transformatorenöl, *b* Xylol, *c* Rizinusöl, *d* verbrauchtes
Transformatorenöl, *e* Petroleum, *f* wasserhaltiges Transformatorenöl (über 10%), *g* destilliertes Wasser.

mußte. Die Befürchtung erwies sich als unbegründet. Wegen der Einzelheiten der Untersuchung sei auf die Dissertation von Naeher [1] verwiesen.

Aus diesem Vergleich der Festigkeit verschiedener flüssiger Isolierstoffe ist zu erkennen, daß das Verhalten der Beimischungen ausschlaggebend für den Durchschlagswert ist. Am deutlichsten tritt dies
bei einem Vergleich des guten Transformatorenöls mit dem gleichen
aber mit Wasser gesättigten Transformatorenöl zutage. Während die
Festigkeit des wasserhaltigen Öles bei 10^{-8} sec Beanspruchungsdauer
nur um 15% abgesenkt erscheint, liegt sie bei 100 sec 78% niedriger
als die des guten Öles. Die Festigkeit des Wassers allein ändert sich,
wie aus Abb. 234 hervorgeht, in viel weiteren Grenzen; wir haben es
also mit einer Mischwirkung zu tun.

____

[1] Arbeit Nr. 17.

Über das Verhalten der festen Beimengungen gibt folgender Versuch einen interessanten Aufschluß. Es wurde durch Vorbehandlung mit Dauergleichstrom eine möglichst weitgehende Brückenbildung herbeigeführt und dann die Anordnung einem Stoß von 10^{-6} sec Dauer ausgesetzt; dabei ergab sich die 3,3 fache Spannung gegenüber Dauergleichspannung, das ist eine erhebliche Verminderung gegenüber dem aus Abb. 231 zu entnehmenden Wert für die gleiche Zeit.

61. Einfluß der Stoßzahl.

Ganz in Einklang mit den vorher gezogenen Schlüssen stehen auch die Beobachtungen über die Verhältnisse bei verschiedener Stoßzahl. Die bisher angegebenen Festigkeiten beziehen sich alle auf den Durchschlag beim ersten Stoß, denn nur so ist es möglich, einwandfreie Vergleiche zwischen den verschiedenen Flüssigkeiten und Zeitdauern anzustellen.

Läßt man nun eine Anzahl von Stößen wirken, so wird die Festigkeit, wie Abb. 235 zeigt, ebenfalls herabgesetzt. Der Rückgang mit steigender Stoßzahl zeigt sich besonders anfangs, später wird er immer weniger merklich, bis nach etwa 100 Stößen anscheinend ein niedrigster Wert erreicht ist.

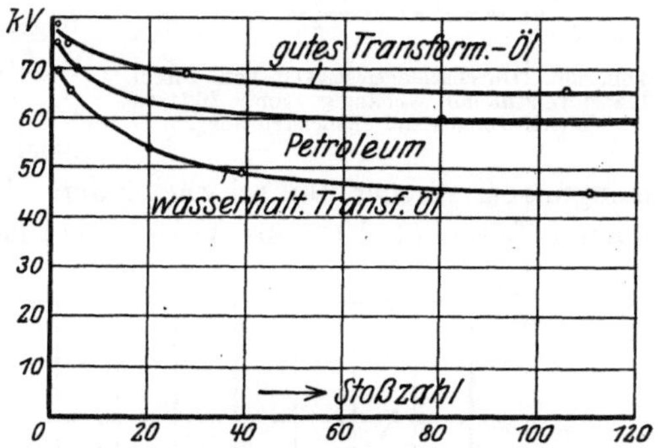

Abb. 235. Einfluß der Stoßzahl (Elektrodenabstand 0,8 mm, 90 m Schleife).

Bemerkenswert ist auch hier das abweichende Verhalten der verschiedenen Stoffe, wie es aus Abb. 235 hervorgeht. So nimmt z. B. mit 100 Stößen die Festigkeit von gutem Transformatorenöl um 16%, die von Petroleum um 20% und die von wasserhaltigem Transformatorenöl um 34% ab, so daß als Regel sich ergibt, daß die Festigkeit um so mehr absinkt, je mehr Unreinigkeiten enthalten sind.

62. Einfluß des Elektrodenabstandes und der Elektrodenform.

Den Einfluß des Elektrodenabstandes zeigt Abb. 236. Bei Dauergleichstrom ergibt sich die Festigkeit fast unabhängig vom Elektrodenabstand, während bei Wechselstrom von 50 Hertz für die kleineren Abstände eine erhebliche Zunahme sich einstellt.

Die Elektrodenform ergibt, wie bei Gasen, auch für die flüssigen Isolierstoffe Unterschiede in der Festigkeit. Da der Abstand der Elektroden bei den vorliegenden Untersuchungen nur höchstens 3 mm betrug, konnte bei Wechselstrom zwischen den extremsten Formen,

Platte und Spitze, nur ein geringer Unterschied gefunden werden.
Bei Dauergleichspannung wurde sogar für Platten- und Spitzenelek-

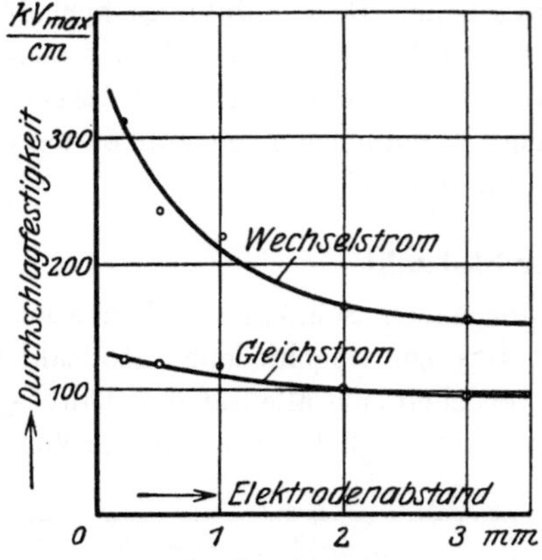

Abb. 236. Durchschlagsfestigkeit von gutem Transformatorenöl abhängig vom fiktiven Elektrodenabstand (Kugelkalotten).

troden die gleiche Durchschlagsspannung gefunden. Der Grund scheint in der Brückenbildung zu liegen, die bei beiden Elektrodenformen während der langen Zeit sich annähernd gleich stark ausbilden kann. Anders verhält es sich bei Beanspruchungen von mittlerer Dauer (10^{-3} bis 10^{-6} sec); wie aus Abb. 237 ersichtlich ist, liegt die Durchschlagsfestigkeit zwischen Spitzen erheblich niedriger als die zwischen Ebenen. Wahrscheinlich werden in diesem Bereich durch das starke Feld zwischen den Spitzen die Beimengungen rascher im schwächenden Sinn wirksam. Bei den ganz kurzen Zeiten ($3 \cdot 10^{-8}$ bis $3 \cdot 10^{-9}$ sec) nähern sich die beiden Linien

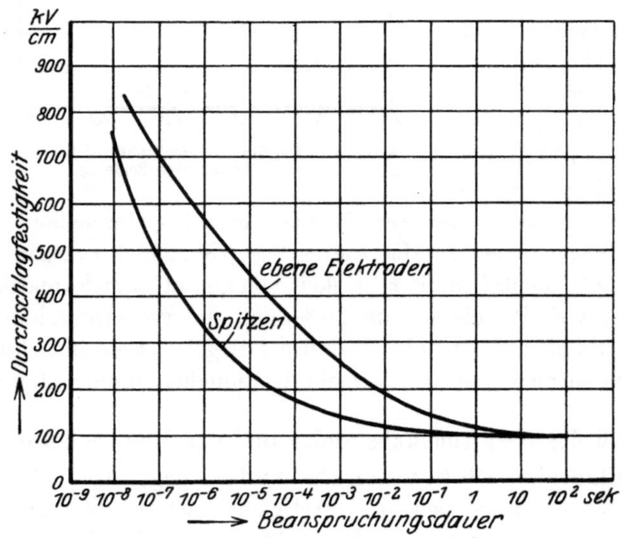

Abb. 237. Vergleich zwischen ebenen Elektroden und Spitzen für verschiedene Beanspruchungsdauern (Schlagweite 3 mm, gutes Transformatorenöl).

wieder. Vermutlich macht sich hier Entladeverzug im eigentlichen Sinn allmählich geltend, der ja auch bei Spitzen in Luft stärker ausgeprägt ist.

63. Verhalten einiger praktisch interessierender Anordnungen.

a) Festigkeit bei Gleitfunken: An einem Porzellanrohr mit scharfkantigen Ringelektroden wurden Gleitfunken unter Öl erzeugt. Einen Überblick über die dabei nötigen Spannungen in Abhängigkeit von der Stoßdauer gibt Abb. 238.

b) Drähte in Öl. Das Verhalten von isolierten Drähten unter Öl ist von Interesse für den Transformatorbau; gewöhnlich kommt Papierisolation in Frage. Das Ergebnis einiger Versuche bei denen die Drähte auf eine Länge von 5÷8 cm parallel aneinander liegend zusammengebunden waren, ist in Abb. 239 dargestellt. Es kommt auch hier bei den kurzen Zeiten zu einer starken Erhöhung der Durchschlagswerte, wenn auch nicht in dem gleichen Maße wie für Öl allein. Wie im folgenden Abschnitt gezeigt wird, ist für die festen Stoffe die Festigkeitszunahme geringer, so daß bei Reihenschaltung mit Öl die Summe nicht so schnell ansteigen kann.

Vergleich einiger Anordnungen.

In Abb. 240 sind die nötigen Spannungen für folgende Anordnungen:

a) Ebene gegen Ebene Schlagweite: 1,9 mm,

b) Spitzen gegen Spitzen Schlagweite 3,1 mm,

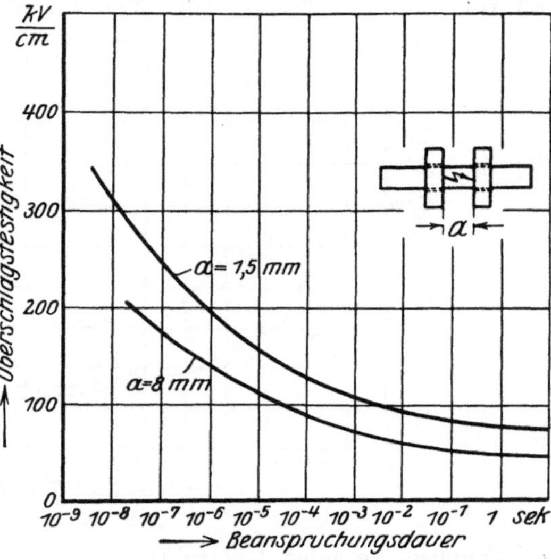

Abb. 238. Überschlagsfestigkeit über Porzellan zwischen scharfkantigen Elektroden in gutem Transformatorenöl.

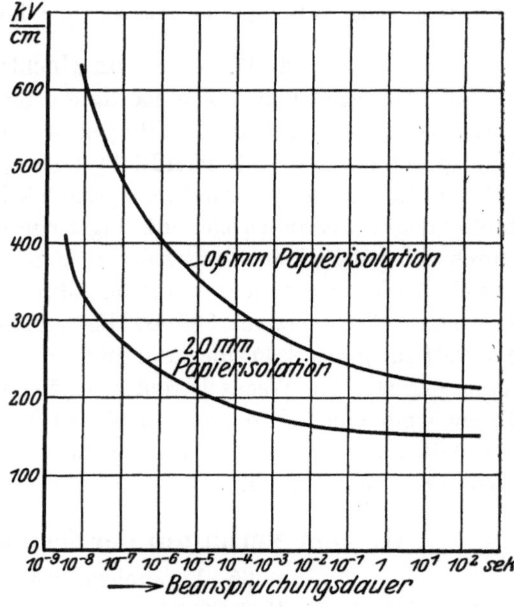

Abb. 239. Durchschlagsfestigkeit von papierisolierten Drähten in gutem Transformatorenöl. (Die angegebenen Isolationsstärken bezeichnen den Gesamtauftrag.)

c) Ring gegen Ring über Porzellan   Schlagweite 3,8 mm
d) isolierte Drähte unter Öl   „   2,0 „
einander gegenübergestellt, wobei die Schlagweiten so gewählt sind,
daß für jede Anordnung bei einer Wechselspannung von 23 kV$_{\text{eff}}$

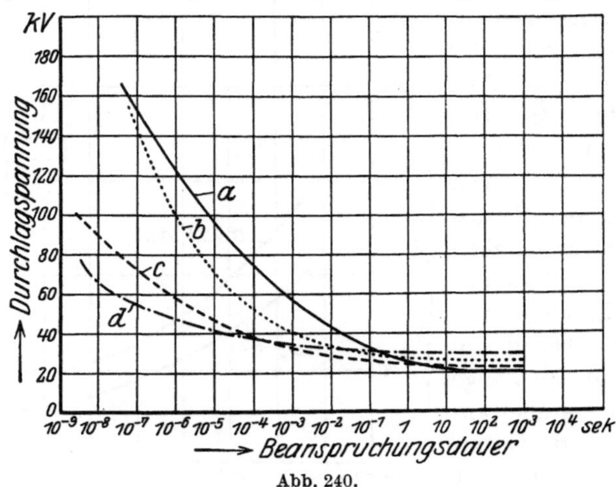

Abb. 240.

der Durchschlag oder Überschlag eintritt. Daraus ergibt sich, daß
gerade bei den praktisch wichtigen Anordnungen (Gleitfunken und
isolierte Drähte) die bei Ölen vorhandene Erhöhung der Stoßfestigkeit
nur stark abgeschwächt zur Auswirkung kommt.

64. Wirkung von Hochfrequenz.

Bei Störungen bilden sich häufig an den Leitungen Schwingungen
aus. Wenn diese auch bald abklingen, so findet doch eine wiederholte
Beanspruchung in der gleichen Richtung statt; es ist daher zu erwarten,
daß ein Rückgang der Durchschlagsfestigkeit gegenüber dem einfachen
Stoß erfolgt. Um die Größenordnung der in solchen Fällen vorhandenen
Durchschlagsfestigkeit übersehen zu können, wurden einige Versuche
mittels Tesla-Transformator durchgeführt. In dem einen Fall ergab
sich bei der Frequenz von 300000 Hertz und dem Dämpfungsdekrement
$\delta = 0{,}01$ für gutes Transformatorenöl eine 3mal so hohe Durchschlagsspannung wie für Wechselstrom von 50 Hertz. Bei einem zweiten
Versuch mit einer Frequenz von 500000 Hertz und einem Dekrement
$\delta = 0{,}04$ war für den Durchschlag die vierfache Spannung gegenüber
Wechselspannung nötig.

D. Das Verhalten der festen Isolierstoffe.

65. Versuchsanordnung.

Die einfachsten Verhältnisse ergeben sich offenbar, wenn die zu
untersuchenden Stoffe der Beanspruchung in einem homogenen Feld

ausgesetzt werden. Bekanntlich ist es schwierig, eine Anordnung zu schaffen, die dieser Bedingung entspricht.

Verwendet man Plattenelektroden, so ist nicht zu erreichen, daß diese an allen Stellen gut auf der Versuchsplatte aufliegen. Durch Aufbringen eines leitenden Belages, Aufkleben von Stanniol oder Metallisieren eines Teiles der Plattenoberfläche, könnte wohl eine dichte Auflage erreicht werden, es treten aber dann störende Randwirkungen auf. Der scharfe Rand hat eine starke Verzerrung des elektrischen Feldes und infolgedessen Erhöhung der Feldstärke an manchen Stellen zur Folge, außerdem bilden sich Glimmentladungen und bei höheren Spannungen treten schließlich Gleitfunken auf, die ähnlich wie Spitzen wirken. Die Durchschläge treten häufig am Rande auf, wo die Beanspruchung unbekannt ist und auch örtlich stark wechselt. Durch Verdickung der Platte nach dem Rande zu können die Durchschläge an dieser Stelle unterdrückt werden, das Verfahren ist aber nicht bei allen Stoffen durchzuführen.

Bei den im folgenden beschriebenen Versuchen von R. Jost[1], die eine Aufklärung des Verhaltens der festen Isolierstoffe bei Spannungsstößen verschiedener Dauer zum Ziel hatten, wurde die Anordnung nach Abb. 241 verwendet. Es konnten damit alle Stoffe unter den gleichen Bedingungen untersucht werden. Das Feld ist dabei zwar nicht völlig homogen. Bei dem verwendeten Kalottenradius von 50 mm und den geringen Schlagweiten sind jedoch die Abweichungen in den Feldstärken so gering, daß sie gegenüber den anderen

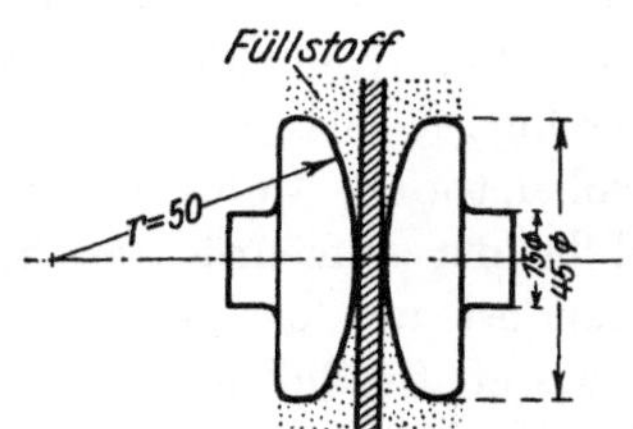

Abb. 241. Form der verwendeten Elektroden (Messing).

Ungenauigkeiten vollständig zu vernachlässigen sind. Theoretisch ist bei Verwendung von Kalotten-Elektroden die Auflage nur punktförmig, praktisch hat man aber doch mit einer gewissen kleinen Fläche zu rechnen. Darüber hinaus rücken die Elektroden erst kaum merklich, dann allmählich stärker von der Versuchsplatte ab. Das Verhalten der Anordnung wird ganz davon abhängen, mit welchem Stoff der freibleibende Raum ausgefüllt ist.

Befindet sich Luft dort, so hat diese erheblich geringere Festigkeit als der zu untersuchende Stoff. Es wird daher ein teilweiser Durchbruch mit Glimmen der Luft sich einstellen. Wie man längst gefunden hat, bedeuten solche Glimmerscheinungen eine stärkere Beanspruchung des Dielektrikums; bei Versuchen schlagen die Platten gewöhnlich nicht an der Auflagestelle durch, sondern weiter ab davon. Es sollte

---

[1] Arbeit Nr. 18.

daher ein **Füllstoff** angewendet werden, der eine möglichst hohe Durchschlagsfestigkeit aufweist. Flüssigkeiten sind in der Hinsicht wesentlich günstiger als die Luft. Allerdings bleiben sie in ihrer elektrischen Festigkeit doch noch erheblich hinter der Festigkeit aller festen Stoffe zurück. Für die Beanspruchungen des Füllstoffes und der Versuchsplatte sind die Dielektrizitätskonstanten maßgebend, außerdem spielt bei längerer Einwirkung der Spannung auch die Leitfähigkeit eine Rolle. Da über den Einfluß der einzelnen Größen noch nicht völlige Klarheit herrscht, wurden die Versuche mit verschiedenen Füllstoffen durchgeführt, so daß wenigstens ein Überblick auf experimenteller Grundlage erzielt werden konnte. Als Füllstoffe wurden verwendet: Luft, Transformatorenöl, Benzol gemischt mit Aceton, Aceton allein, Xylol gemischt mit Aceton.

66. Meßverfahren.

An sich wurden hier genau dieselben Schaltungen verwendet wie für die Untersuchung der gasförmigen und flüssigen Isolierstoffe. Bei der Durchführung der Versuche mußte jedoch anders. verfahren werden. Bei gasförmigen und flüssigen Stoffen wird mit einer bestimmten Wellenhöhe gearbeitet und der Elektrodenabstand so lange verringert, bis gerade die Durchschläge auftreten. Bei den festen Isolierstoffen, wobei die Schichtdicke unveränderlich ist, mußte die Höhe der aufgedrückten Spannung durch Verstellen der Zündkugeln geändert werden. Es zeigte sich auch hier, daß die Stoßzahl einen gewissen Einfluß hat und daß mit einer nicht unerheblichen Streuung der Versuchspunkte zu rechnen ist. Der Einfluß der Inhomogenität und der Stoßzahl kann jedoch zum größten Teil ausgeschaltet werden, indem folgendes Verfahren eingeschlagen wird.

Für eine Platte bestimmter Art und Dicke wurde bei einer bestimmten Beanspruchungsdauer durch Vorversuche diejenige Spannung festgestellt, bei der mit einer größeren Zahl von Stößen der Durchschlag herbeigeführt werden konnte. Die größte Zahl der Stöße wurde zu 20 gewählt, weil sich bei besonderen Versuchen gezeigt hatte, daß eine weitere Erhöhung der Stoßzahl im allgemeinen keinen erkennbaren Einfluß mehr hat. Mit dieser so gefundenen Einstellung wurden nun eine Anzahl (10÷15) Platten desselben Materials und derselben Stärke durchgeschlagen, wobei bei jeder einzelnen die Anzahl der Stöße festgestellt wurde, die zum Durchschlag erforderlich war.

Daraufhin wurde die Schlagweite der Zündfunkenstrecke und damit die Spannung für die Prüfelektroden etwas erhöht und wieder bestimmt, wieviel Stöße dann jeweils nötig waren, um die einzelnen Platten durchzuschlagen. Dann wurde die Spannung wieder erhöht und wieder eine Versuchsreihe in der gleichen Art durchgeführt. Dies geschah so oft, bis ein großer Prozentsatz der Platten schon beim ersten Stoß durchschlug.

Für jede Einstellung der Zündstrecke wurde über der Stoßzahl die Anzahl der durchgeschlagenen Platten in Prozenten der gesamten zur Versuchsreihe verwendeten Plattenzahl aufgetragen. Aus dieser Kurvenschar wird durch Interpolation die Spannung herausgegriffen, bei der gerade 50% der untersuchten Platten mit dem ersten Stoß ausgefallen sind. Diese Spannung wurde als die Durchschlagsspannung der betreffenden Plattenart bei der betreffenden Beanspruchungsdauer betrachtet. 50% Ausfall wurde gewählt, da hierdurch die mittleren Verhältnisse gekennzeichnet sind.

Die Höhe der jeweils an den Elektroden liegenden Spannung, die ja mit der Zündspannung nicht identisch ist, wurde durch eine parallelgeschaltete Kugelfunkenstrecke bestimmt. Dadurch war der Scheitelwert der aufgedrückten Spannung gegeben. Entsprechend dem in Abb. 232 dargestellten Verfahren wurde dann ein Abzug gemacht, um den für die betreffende Zeitdauer gültigen Mittelwert zu bekommen.

Messungen.

Um eine möglichst umfassende Übersicht zu bekommen, wurden eine größere Anzahl von festen Isolierstoffen mit möglichst großen Verschiedenheiten im chemischen Aufbau und ihren Eigenschaften untersucht:

Stoffe anorganischer Natur: Glas, Porzellan, Glimmer;

Stoffe organischer Natur: Preßspan, Hartpapier, Excelsiorleinen;

Stoffe gemischter Art: Mikanit, Hartgummi.

Dabei hatten die Untersuchungen zum Ziel, in folgenden Punkten Aufklärung zu schaffen:

Einfluß der Beanspruchungsdauer;

Einfluß des Füllstoffes;

Einfluß der Plattenstärke;

Einfluß der Stoßzahl.

Da praktisch neben dem reinen Stoß beim Auftreten von Leitungsschwingungen auch häufig Beanspruchung mit Wechselstößen von abklingender Stärke in Frage kommt, wurden, um wenigstens in großen Zügen den Einfluß übersehen zu können, auch einige Versuche dieser Art angeschlossen.

67. Einfluß der Beanspruchungsdauer.

Das Verhalten der einzelnen Materialien ist für Beanspruchungszeiten von $3 \cdot 10^{-9}$ bis 10^{-4} sec in den nachstehenden Abbildungen dargestellt. Dabei sind auch hier wieder die Zeiten in logarithmischem Maßstab aufgetragen, weil es sonst nicht möglich wäre, einen so großen Bereich in einem Bild darzustellen.

Glas (Abb. 242) wurde untersucht in den Schichtdicken 0,3 bis 2,0 mm. Die Beanspruchungsdauer ist über ein überraschend weites Gebiet völlig ohne Einfluß. Bei den dünnen Plättchen von 0,3 mm Stärke ist erst von 10^{-6} sec ab ein merklicher Anstieg der zum Durchschlag nötigen Spannung zu erkennen; die Zunahme ist aber auch dann noch verhältnismäßig gering. Erst wenn die Zeiten 10^{-8} sec (entsprechend 3 m Lichtweg) unterschreiten, macht sich ein scharfer Anstieg bemerkbar. Offenbar beginnt in diesem Gebiet sich der eigentliche Durchschlagsverzug kräftig bemerkbar zu machen. Die Zeiten, die für den Durchschlag von festen Isolierstoffen in Frage kommen, sind, wie einige dahingehende Untersuchungen mittels Schleife gezeigt haben, und wie auch aus den Aufnahmen von Rogowski[1] hervorgeht, außerordentlich gering. Soll nun der Durchschlag in noch kürzerer Zeit bewirkt werden, so ist dazu natürlich eine wesentlich erhöhte Spannung nötig.

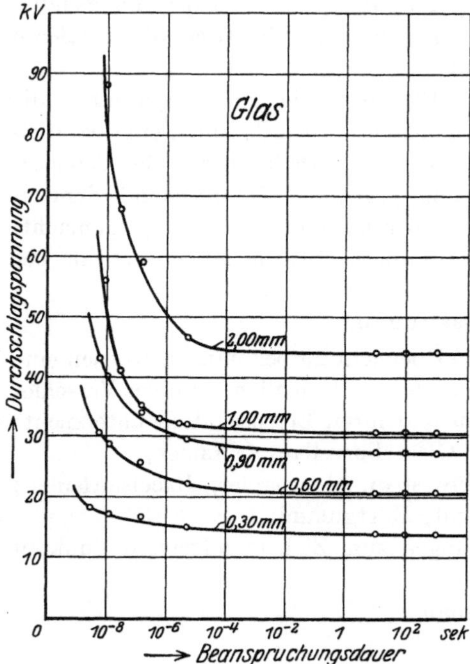

Abb. 242. Glas in Transformatorenöl, Einfluß der Beanspruchungsdauer.

Es ist bemerkenswert, daß die Stelle, an der sich die Linien stärker zu krümmen beginnen, immer weiter nach rechts rückt, wenn man auf höhere Schichtdicken übergeht. Dieses Ergebnis darf aber nun nicht so gedeutet werden, daß bei der dickeren Schicht der Durchschlag an sich etwa längere Zeit erfordert, sondern es hat bei den dickeren infolge verschiedener Einflüsse eine Senkung der Durchschlagswerte im Bereich der längeren Zeiten, der durch den wagerechten Teil der Linien dargestellt wird, stattgefunden. Auf diesem Punkt soll bei der Betrachtung des Einflusses der Schichtdicke noch näher eingegangen werden.

Da die Stoßbeanspruchung eine Beanspruchung mit Gleichspannung darstellt, sollte man annehmen, daß die Kurven den Werten für Be-

---

[1] Archiv f. Elektr. Bd. XVIII, H. 5, S. 510 ff. 1927.

anspruchung mit Dauergleichspannung zustreben. Der Versuch zeigt aber, daß die Kurven einen wagerechten Verlauf erhalten, wenn man die Wechselstromspannungen (Scheitelwerte) einträgt. Die Gleichstromwerte liegen, wie man auch schon bei früheren Untersuchungen festgestellt hat, erheblich höher. Es ergaben sich nachstehende Verhältniszahlen (Gleichspannung zu Wechselspannung):

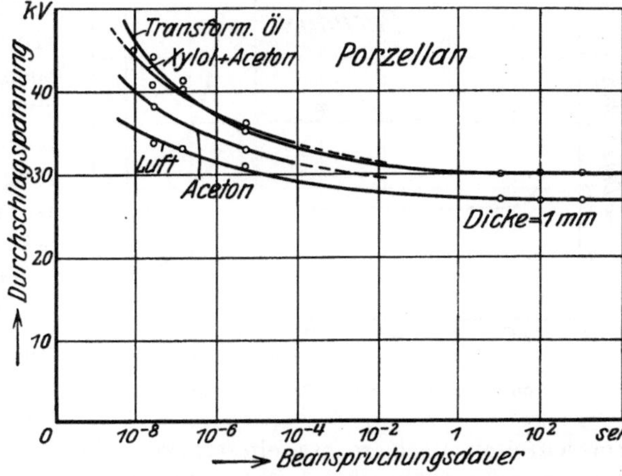

Abb. 243. Porzellan in verschiedenen Füllstoffen.

Glas. . . .	2,5fach	Preßspan (in Luft) . . .	1,7fach
Porzellan. .	1,3fach	Exc.-Leinen (in Luft) . .	1,8fach
Glimmer. .	4,5fach	Exc.-Leinen (in Tr.-Öl) .	2,6fach
Mikanit . .	2,0fach	Pertinax (in Tr.-Öl) . . .	2,5fach
Hartgummi.	2,6fach		

Ein ganz ähnlicher Verlauf der Kurven wie bei Glas ergibt sich nun bei allen anderen Stoffen. Die Kurven bestehen zunächst aus einem hyperbelartigen Ast, an den sich eine Wagerechte anschließt. Die Übergangsstelle in dem wagerechten Teil liegt allerdings für die verschiedenen Stoffe und Schichtdicken nicht an derselben Stelle, sondern rückt in manchen Fällen erheblich weiter nach rechts. In diesem Sinn geordnet würden sich anschließen: Glimmer und dann Porzellan, dessen Verhalten in den Abb. 243 dargestellt ist.

Auch die Stoffe gemischter Art, Mikanit und Hartgummi zeigen ein Verhalten der geschilderten Art (vgl. Abb. 244).

Eine Besonderheit tritt jedoch bei den Stoffen organischer Natur

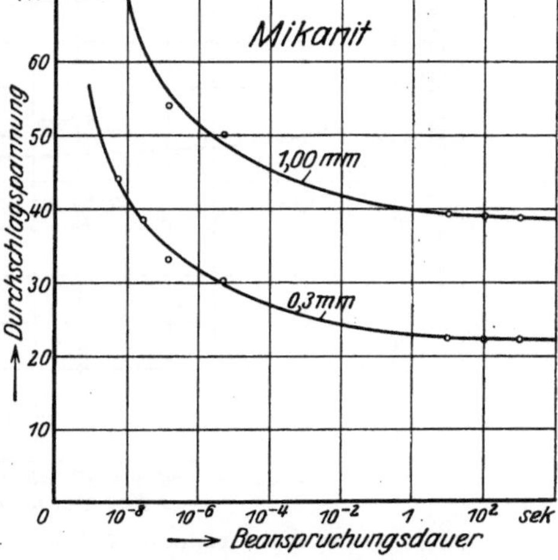

Abb. 244. Mikanit in Transformatorenöl, Einfluß der Beanspruchungsdauer.

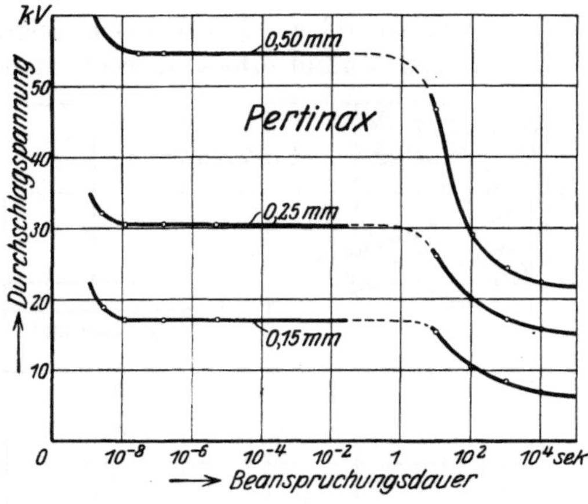

Abb. 245. Pertinax in Transformatorenöl.

in Erscheinung. Wie Abb. 245 für Pertinax und Abb. 246 für Exzelsiorleinen zeigt, haben auch diese im Bereich der kurzen Zeiten denselben Kurvenverlauf; der Übergang von dem Hyperbelast in die Wagerechte ist bei ihnen sogar außerordentlich scharf ausgeprägt. Die Linien verlaufen dann vollkommen wagerecht bis zu etwa 1 sec. Dort beginnt beim Fortschreiten nach rechts ein starker Abfall, der sich dann allmählich wieder verringert, so daß schließlich die Linie sich wieder der Wagerechten nähert. Von Entladeverzug kann natürlich bei so großen

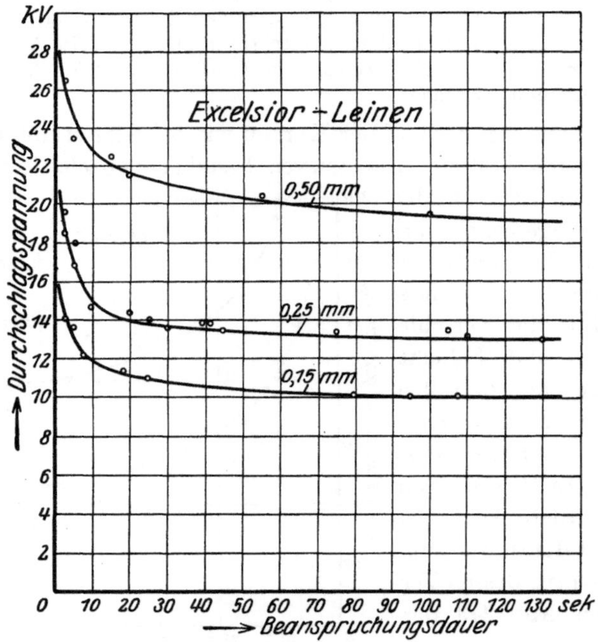

Abb. 246. Exzelsior-Leinen in Transformatorenöl.

Zeiten keine Rede sein; das nochmalige Absinken der Kurven ist auf Ursachen ganz anderer Natur zurückzuführen.

Der starke Abfall kann in verschiedenen Erscheinungen seine Ursache haben, die bei größeren Zeiten sich bemerkbar machen, in erster Linie wohl Erwärmung. Obschon mit dem Thermometer keine nennenswerte Zunahme der Temperatur des Füllstoffes festzustellen ist, ist es sehr wahrscheinlich, daß an einzelnen Stellen allmähliche Temperatursteigerung auftritt, die entweder zu reinem Wärmedurchschlag führt oder eine vorherige Gefügeänderung der aus Schichten aufgebauten Platten bewirkt.

Auch die bereits geschilderten Unvollkommenheiten der Versuchsanordnung (Auftreten von Randwirkungen, Glimmerscheinungen, teilweiser Durchbruch, Vorgänge im Füllstoff, Gleitfunken) können eine allmähliche Verschlechterung herbeiführen. Daß solche Dinge tatsächlich im Spiele sind, ergibt sich daraus, daß der Füllstoff und auch die Schichtdicke von Einfluß sind, auf welche Punkte noch später eingegangen wird.

68. Einfluß des Füllstoffes.

Als Füllstoffe wurden verwendet: Luft und Transformatorenöl wegen ihrer praktischen Bedeutung, ferner Aceton als Stoff hoher Dielektrizitätskonstante, das Gemisch Xylol und Aceton als Stoff verhältnismäßig hoher Leitfähigkeit, und schließlich wurde bei der Untersuchung von Glas noch eine Mischung Benzol und Aceton verwendet, die dieselbe Dielektrizitätskonstante wie Glas hat.

Während im Transformatorenöl alle Stoffe untersucht werden konnten, war dies bei den anderen Füllstoffen nicht durchweg der Fall. In Luft verhinderte vielfach ein vorher eintretender Überschlag (z. B. bei Glas und Hartgummi) einen Durchschlag. In Aceton ließ sich Hartgummi nicht untersuchen, da er darin aufgelöst wird. Aceton und das Gemisch Benzol und Aceton können nicht bei langen Zeiten verwendet werden, da es infolge ihrer großen Leitfähigkeit nicht zu einem Durchschlag kommt.

Für Glas sind in Abb. 247 die Werte für Öl und das Gemisch Benzol und Aceton dargestellt, letztere liegen um über 50% höher. Noch wesentlich höhere Werte ergaben sich für Aceton allein. Bei $5 \cdot 10^{-6}$ sec reichte die dreifache Öldurchschlag-

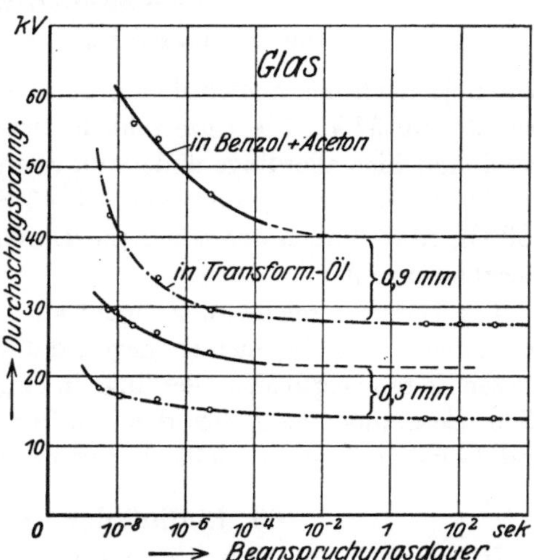

Abb. 247. Glas in Transformatorenöl, zum Vergleich in Benzol + Aceton.

spannung noch nicht aus. Ebenso konnte in einem Gemisch von Xylol und Aceton mit Dauerwechselspannung von vierfacher Höhe gegenüber Öl kein Durchschlag erzielt werden.

Für Porzellan zeigt Abb. 243 den Einfluß des Füllstoffes. Die Werte für Luft liegen durchschnittlich 15% niedriger.

Bei Pertinax ergibt sich, wie Abb. 248 zeigt, ein eigenartiges Überschneiden der Kurven, wonach bei den kurzen Zeiten die Werte für Luft sogar höher liegen.

Auch bei Excelsiorleinen ist eine solche Überschneidung der Linien vorhanden.

Bei Preßspan liegen die Werte in Öl erheblich höher als für Luft, und zwar bei langer Beanspruchungszeit etwa 60%, bei den kurzen

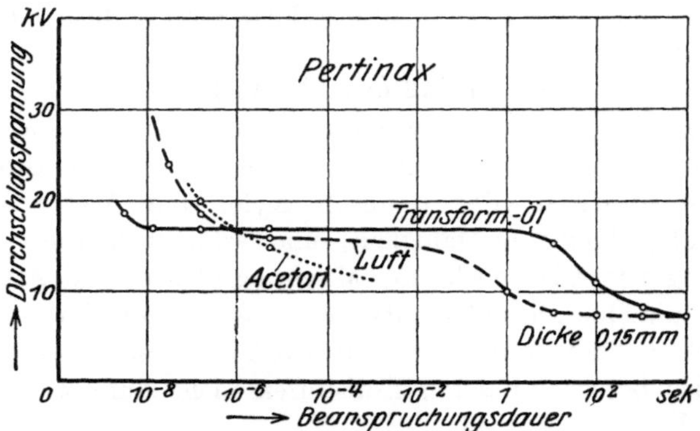

Abb. 248. Pertinax in Luft, Transformatorenöl und Aceton.

Zeiten je nach der Schichtdicke, beispielsweise bei 0,2 mm 200% und bei 1,0 mm 37%. Die Unterschiede zwischen den Werten in Luft und in Öl sind hier allerdings anders zu deuten. Bei Preßspan saugen sich die Plättchen, die vor dem Versuch 48 Stunden im Öl gelegen hatten, voll Öl, so daß auch der sehr hohe Durchschlagsverzug von Öl sich bemerkbar macht.

Die Versuche reichen noch nicht aus, um die Verhältnisse übersehen zu können. Im allgemeinen liegen die Werte für Luft niedriger. Bei kurzen Zeiten zeigte sich allerdings in einigen Fällen auch das Gegenteil. Eine Gesetzmäßigkeit für den Einfluß von Dielektrizitätskonstante und Leitvermögen ist nicht zu erkennen.

69. Einfluß der Schichtdicke.

Hiernach lassen sich zwei Hauptgruppen unterscheiden. Typische Vertreter der ersten Gruppe sind Hartgummi und Glas, dessen Verhalten in Abb. 249 dargestellt ist. Bei den ganz kurzen Zeiten steigt die Durchschlagsspannung fast gleichmäßig mit der Schichtdicke. Aber bereits für die Beanspruchungszeit von 10^{-6} sec tritt ein Abbiegen der zu-

gehörigen Spannungslinien auf; in ganz ähnlicher Weise verläuft auch
die weiterhin noch eingezeichnete Linie für die größeren Zeiten. Man
kann daher zu der Auffassung kommen, daß bei den kurzen Zeiten
der Durchschlag annähernd so erfolgt, wie es einem homogenen Feld
entspricht; dabei müßte dann die Durchschlagsspannung proportional
mit der Schichtdicke anwachsen. Bei den längeren Zeiten machen
sich störende Erscheinungen bemerkbar; da sie schon bei 10^{-6} sec

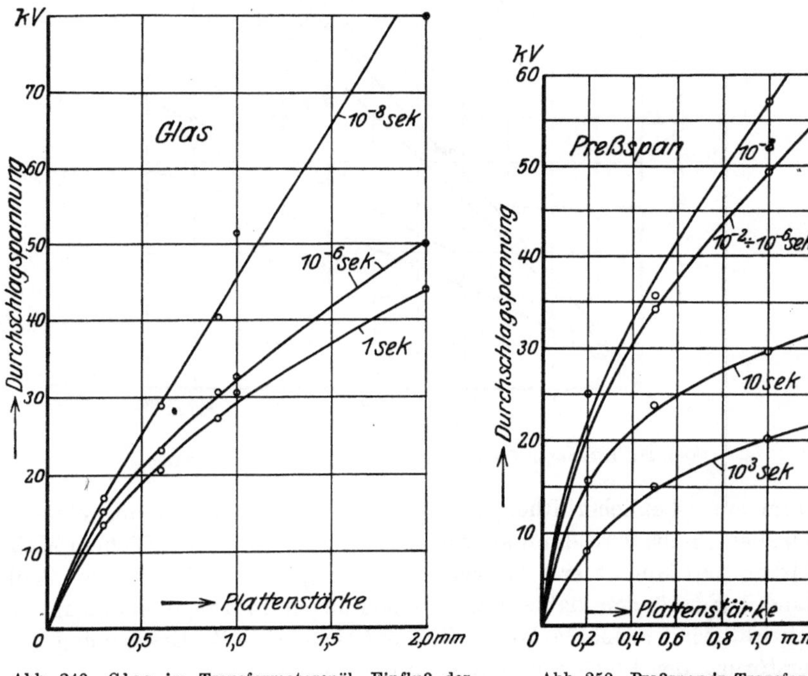

Abb. 249. Glas im Transformatorenöl. Einfluß der Schichtdicke.

Abb. 250. Preßspan in Transformatorenöl. Einfluß der Schichtdicke.

fast voll zur Auswirkung kommen, kann es sich nur um Einflüsse
elektrischer Art, z. B. Glimm- oder Gleiterscheinungen, die innerhalb
dieser Zeit sich ausbilden können, handeln. Da bei den dickeren Schichten größere Prüfspannung nötig ist und die genannten Erscheinungen
mit einer höheren Potenz sich auswachsen, muß der störende Einfluß
bei den größeren Schichtdicken auch in erhöhtem Maße in Erscheinung
treten. Mit dieser Auffassung steht ganz im Einklang, daß längere
Zeiten dann keinen erheblichen Einfluß mehr haben.

Bei der zweiten Gruppe sind die Spannungslinien jeweils Kurven
der gleichen Form, deren Ordinaten im gleichen Verhältnis an jeder
Stelle sich senken, wie es aus Abb. 250 für Preßspan und Abb. 251
für Pertinax zu ersehen ist. Die Linien münden also nicht, wie es bei

der ersten Gruppe der Fall war, gegen den Ursprung zu in die oberste
Linie ein (gleiche Tangente), sondern verlaufen bis zum Nullpunkt
gleichmäßig getrennt (verschiedene Tangente). Dabei zeigt sich deutlich,
daß innerhalb eines weiten Zeitbereiches, etwa von 10^{-8} bis 10^{-2} sec,

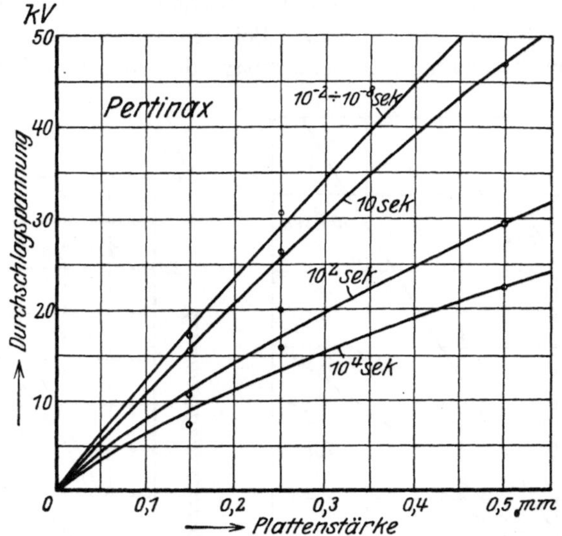

Abb. 251. Pertinax in Transformatorenöl. Einfluß der Schichtdicke.

kaum ein erheblicher Rückgang in der Durchschlagspannung eintritt.
Darüber hinaus wird dann allerdings der Abfall in beträchtlichem Maße
stärker und kommt erst bei verhältnismäßig langen Zeiten zum Stillstand. Es können daher nur Erscheinungen in Frage kommen, die
sich in verhältnismäßig langer Zeit entwickeln, z. B. Erwärmung und
Zerstörung der Plattenoberfläche durch Gleitfunken.

70. Einfluß der Stoßzahl.

Nach der zur Bestimmung der Durchschlagsfestigkeit unter Aus-
schaltung des Einflusses der Inhomogenität und der Stoßzahl angewendeten Methode, die auf Seite 188 beschrieben wurde, ergab sich
für jede Plattenart und jede Beanspruchungszeit eine Kurve. Die
Kurvenbilder verschiedener Plattenart und verschiedener Beanspruchungszeit sind einander ähnlich; als Beispiel sei in Abb. 252 der
Einfluß der Stoßzahl für Excelsiorleinen dargestellt. Diese Abbildung, in der für verschiedene Spannungen die Anzahl der durchschlagenen
Platten über der Stoßzahl aufgetragen ist, läßt erkennen, daß einmal
bei einer bestimmten Spannung und einer bestimmten Plattenart für
die einzelnen Plättchen verschiedene Stoßzahlen erforderlich sind,
was sich aus dem inhomogenen Aufbau der Materialien erklärt, und

daß ferner zum Durchschlag derselben Plattenart bei verschiedener Spannungshöhe im Mittel verschiedene Anzahl von Stößen notwendig ist. Die letztere Feststellung bedeutet, daß man auch bei niederer Spannung einen Durchschlag erzielen kann, daß dazu aber eine größere Anzahl von Stößen gehört. Daraus könnte man schließen, daß durch

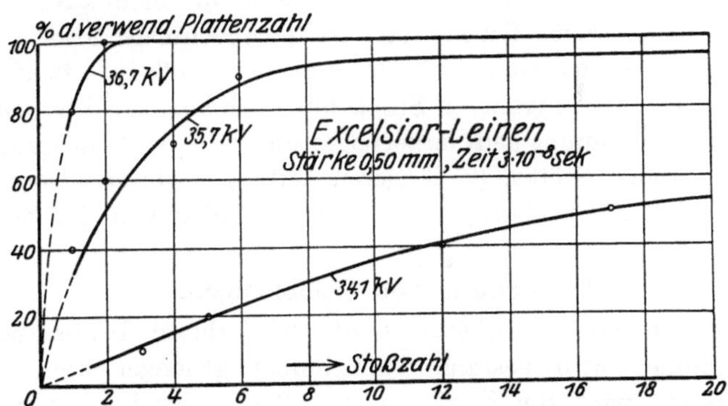

Abb. 252. **Excelsiorleinen** in Transformatorenöl. Ausfall abhängig von der Stoßzahl.

unendlich große Stoßzahl die Festigkeit noch weiter herabgesetzt wird und vielleicht bis an die bei Dauerbeanspruchung herankommt. Um hierüber Klarheit zu schaffen, wurden aus den obengenannten Kurven heraus neue gebildet: zu jeder Stoßzahl wurde durch Interpolation die Spannung gesucht, bei der gerade 50% der untersuchten

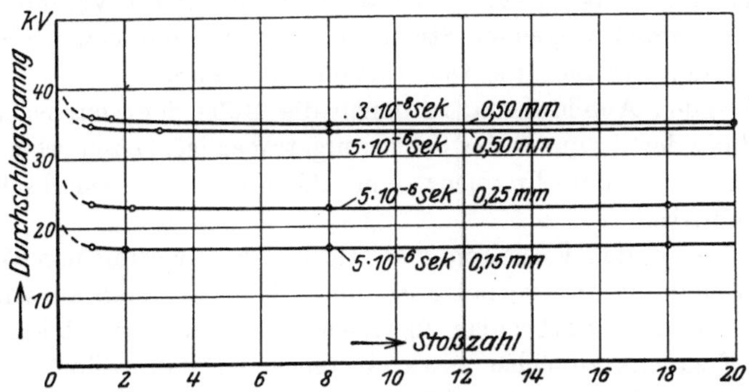

Abb. 253. **Excelsiorleinen** in Transformatorenöl. Einfluß der Stoßzahl auf die Durchschlagsspannung.

Platten durchschlagen. Diese Spannungen wurden über der Stoßzahl aufgetragen. So ergaben sich die in Abb. 253 eingetragenen Linien. Aus diesen ist zu erkennen, daß nur die allerersten Stöße wirksam sind. In diesem Bereich sinkt die Spannung etwas ab, aber nur sehr wenig. Liegt die Spannung dann noch um etwas tiefer, so gehört schon eine außerordentlich große Zahl von Stößen dazu, um den Durchschlag herbeizuführen. In diesem Verhalten war bei verschiedenen Plattenstärken kein Unterschied zu bemerken. Bei Untersuchungen in verschiedenen Füllstoffen erkennt man in Luft ein etwas größeres Absinken als in den anderen Füllstoffen. Von größerem Einfluß ist die Steilheit der Stöße. Da sich bei den angewendeten Schaltungen für kürzere Zeiten steilere Stöße ergeben, zeigt sich ein scheinbarer Einfluß der Beanspruchungszeit. Bei kürzeren Zeiten (nochmals: also steileren Stößen) sinkt die Spannung mit zunehmender Stoßzahl etwas mehr ab und auch über einen größeren Stoßzahlbereich hinweg. Die Senkung der Durchschlagspannung geht dabei sogar unter die bei Beanspruchung mit weniger steilen Stößen (= längeren Zeiten) herunter. Daraus erkennt man, daß die Stoßkraft der einzelnen Stöße von der Steilheit abhängt.

71. Wirkung von Wellenzügen.

Während im vorigen Abschnitt die wiederholte Beanspruchung derselben Stelle darin bestand, daß immer gleichgerichtete Stöße darauf wirkten, wird durch die in Abb. 254 angegebene Schaltung

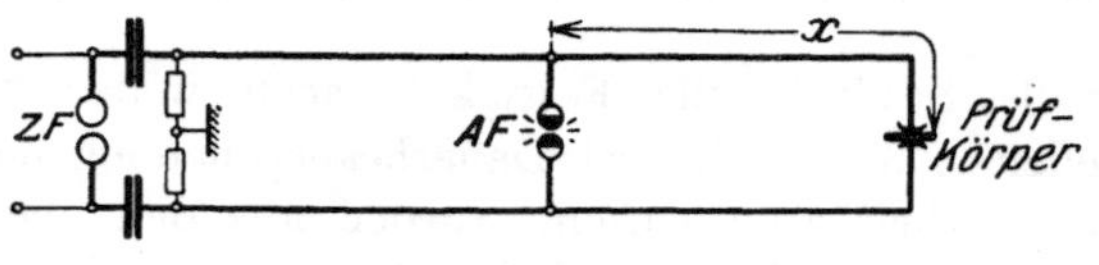

Abb. 254.

bewirkt, daß die Stöße in der Polarität wechseln. Durch Veränderung der Länge der freischwingenden Strecke x kann die Frequenz der Stöße geändert werden. (Näheres s. Dissertation R. Jost.[1])

Die folgenden Abbildungen, in denen die Höhe der Durchschlagsspannung über der Frequenz der Stöße aufgetragen ist, lassen erkennen, daß mit zunehmender Frequenz eine Abnahme der Durchschlagspannung eintritt.

Abb. 255 zeigt das Verhalten von Glas. Die eingetragenen Werte geben die Spannung an, die nötig ist, um mit dem ersten einwirkenden Wellenzug den Durchschlag zu erzielen. Die Kurven sinken mit steigender Frequenz zunächst stark ab und gehen dann allmählich in eine Wagerechte über. Der Einfluß ist bei den stärkeren Platten etwas größer als bei den dünneren. Der Übergang in eine Wagerechte ist im wesentlichen darauf zurückzuführen, daß bei den hohen Frequenzen die Leitungslänge schon so gering wird (Größenordnung 20 m), daß der Funkenwiderstand als stark dämpfend in Erscheinnng tritt. Die Wellenzüge klingen daher in diesem Bereich rascher ab und sind infolgedessen weniger wirksam. Daher erklärt sich, daß die Durch-

---

[1] Arbeit Nr. 18.

schlagspannung nicht weiter absinkt, sondern allmählich einem konstanten Wert sich nähert.

Die Wirkung verschieden großer Dämpfung wurde auch unmittelbar durch einige Versuche nachgeprüft. Zu diesem Zwecke

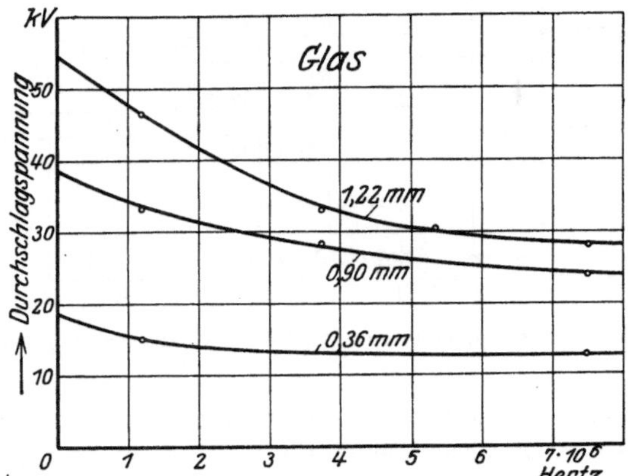

Abb. 255. Glas in Transformatorenöl. Einfluß der Frequenz von Wellenzügen auf die Durchschlagsspannung.

wurde das Ende der schwingenden Leitung durch verschieden große Widerstände überbrückt. Ist der Widerstand gleich dem Wellenwiderstand der Leitung, dann erfolgt ein einmaliger Stoß auf das Prüfstück. Die Durchschlagsspannung ist dann dieselbe, wie sie bereits bei der Schleifenmessung gefunden wurde, und zwar bei einer Beanspruchungszeit, die der Länge des hin- und herlaufenden Wellenteiles gleichkommt.

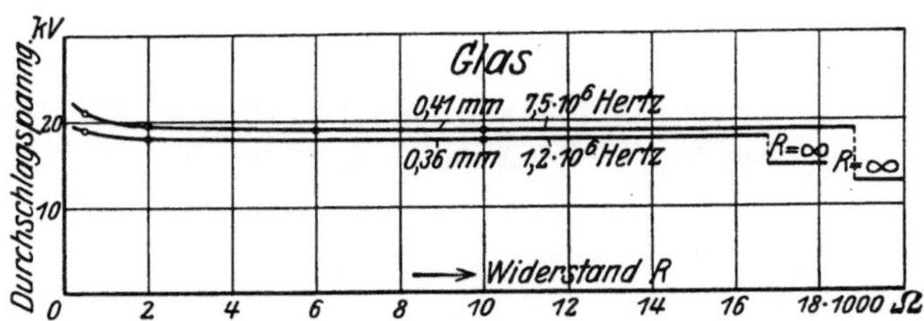

Abb. 256. Glas in Transformatorenöl. Einfluß der Dämpfung von Wellenzügen.

Dieser Durchschlagsspannung entsprechen in Abb. 256 die beiden ersten Punkte. Bei Vergrößerung des Widerstandes, wobei dann immer weniger gedämpfte Wellenzüge sich entwickeln, geht die zum Durchschlag erforderliche Spannung zurück. Für den Grenzfall $R = \infty$ (offene Leitung) erhält man die in Abb. 256 rechts eingetragenen niedrigsten Werte.

Schließlich wurde auch noch die Frage untersucht, wie wiederholte Stoßschwingungen auf die Materialien einwirken. Doch

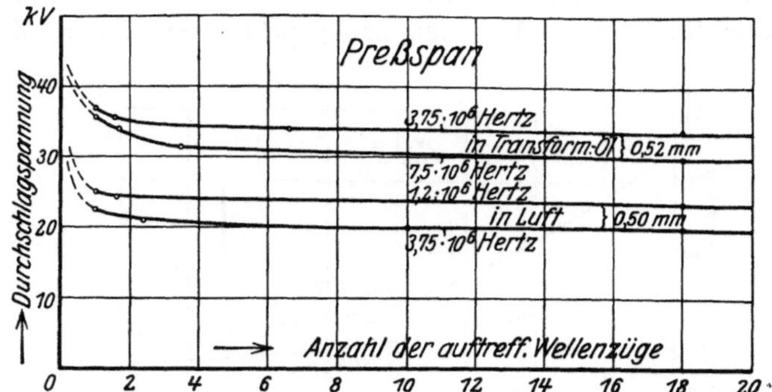

Abb. 257. Preßspan, Einfluß der Zahl der auftreffenden Wellenzüge.

wurde auch hier, ebenso wie bei mehrmaligen Einzelstößen, nur ein
geringer Abfall der Durchschlagspannung gefunden (vgl. Abb. 257).

Arbeitenverzeichnis.

I. Der elektrische Funke als Wanderwellenerreger und Meßmittel für schnellstverlaufende Vorgänge.

1. Binder, L.: Messungen über die Form der Stirn von Wanderwellen. ETZ 1915, Heft 20, S. 241 ff.
2. Binder, L.: Wanderwellen an Freileitungen und in Kabeln. ETZ 1917, Heft 30, S. 381 ff.
3. Burawoy, O.: Diss., Die Funkenverzögerung bei Spannungsstößen von sehr kurzer Dauer. Arch. Elektrot. Bd. 16, Heft 3, S. 186 ff. 1926.
4. Müller, H.: Diss., Messungen über die Stirn von Wanderwellen mittels angekoppelter Schwingungskreise. Arch. Elektrot. Bd. 15, Heft 2, S. 97 ff. 1925.
5. Zdralek, O.: Diss., Messung von Strömen mittels Funkenstrecke bei sehr schnell veränderlichen Vorgängen. Arch. Elektrot. Bd. 18, Heft 1, S. 1 ff. 1927.
6. Binder, L.: Entladeverzug von Meß- und Schutzfunkenstrecken. ETZ 1926, Heft 51, S. 1511 ff.
7. Binder, L.: Untersuchungen über die Vorgänge bei der elektrischen Stoßprüfung. ETZ 1915, Heft 5, S. 137 ff.
8. Rasch, E.: Der zeitliche Verlauf des Funkenwiderstandes.
9. Ježek, F. J.: Messungen über Gleitfunken.
10. Binder, L.: Einige Untersuchungen über den Blitz. ETZ 1928, Heft 13, S. 503 ff.
11. Heyne, H.: Diss. Messungen von Gewitterüberspannungen mittels Staffelfunkenstrecke.

II. Die Vorgänge in den Hochspannungsanlagen.

12. Riepl, W.: Diss., Messungen über die Verschleifung von Wanderwellen an Freileitungen. Arch. Elektrot. Bd. 18, Heft 5, S. 416 ff. 1927.
13. Reiche, W.: Diss., Messungen über die Spannungsverteilung auf Transformatorenwicklungen unter dem Einfluß von Sprungwellen. Arch. Elektrot. Bd. 15, Heft 3, S. 216 ff. 1925.
14. Katzschner, M.: Diss., Über den Gefahrenbereich von Wanderwellen-Resonanzschwingungen.

III. Verhalten der Überspannungsschutzgeräte.

15. Trage, H.: Diss., Messungen über den Durchgang von Wanderwellen durch Schutzdrosselspulen. Arch. Elektrot. Bd. 15, Heft 4, S. 345 ff. 1925.
16. Sommer, E. M. K.: Diss., Experimentelle Untersuchungen über das Verhalten von Überspannungsschutzapparaten gegenüber Wanderwellen. Arch. Elektrot. Bd. 18, Heft 4, S. 283 ff. 1927.

IV. Das Verhalten der Isolierstoffe.

17. Naeher, R.: Diss., Über die Durchschlagsfestigkeit flüssiger Isolierstoffe in Abhängigkeit von der Beanspruchungsdauer.
18. Jost, E.: Diss., Das Verhalten fester Isolierstoffe in Abhängigkeit von der Beanspruchungsdauer.

Verlag von Julius Springer / Berlin

Die Grundlagen der Hochvakuumtechnik. Von Dr. **Saul Dushman.** Deutsch von Dr. phil. **R. G. Berthold** und Dipl.-Ing. **E. Reimann.** Mit 110 Abbildungen im Text und 52 Tabellen. XII, 298 Seiten. 1926.

Gebunden RM 22.50

Die Grundlagen der Hochfrequenztechnik. Eine Einführung in die Theorie von Dr.-Ing. **Franz Ollendorff,** Charlottenburg. Mit 379 Abbildungen im Text und 3 Tafeln. XVI, 640 Seiten. 1926. Gebunden RM 36.—

Erdströme. Grundlagen der Erdschluß- und Erdungsfragen. Von Dr.-Ing. **Franz Ollendorff,** Charlottenburg. Mit 164 Textabbildungen. VIII, 260 Seiten. 1928. Gebunden RM 20.—
Ausführlicher Prospekt steht auf Wunsch zur Verfügung.

Hochspannungstechnik. Von Dr.-Ing. **Arnold Roth.** Mit 437 Abbildungen im Text und auf 3 Tafeln sowie 75 Tabellen. VIII, 534 Seiten. 1927.

Gebunden RM 31.50

Überströme in Hochspannungsanlagen. Von **J. Biermanns,** Chefelektriker der AEG-Fabriken für Transformatoren und Hochspannungsmaterial. Mit 322 Textabbildungen. VIII, 452 Seiten. 1926. Gebunden RM 30.—

Kurzschlußströme beim Betrieb von Großkraftwerken. Von Prof. Dr.-Ing. und Dr.-Ing. e. h. **Reinhold Rüdenberg,** Chefelektriker, Berlin. Mit 60 Textabbildungen. IV, 75 Seiten. 1925. RM 4.80

Aussendung und Empfang elektrischer Wellen. Von Professor Dr.-Ing. und Dr.-Ing. e. h. **Reinhold Rüdenberg.** Mit 46 Textabbildungen. VI, 68 Seiten. 1926. RM 3.90

Elektrotechnische Meßkunde. Von Dr.-Ing. **P. B. Arthur Linker.** Dritte, völlig umgearbeitete und erweiterte Auflage. Mit 408 Textfiguren. XII, 571 Seiten. 1920. Unveränderter Neudruck 1923. Gebunden RM 11.—

Die Messung der elektrischen Größen. Von Dipl.-Ing. **C. Aron,** Berlin. Mit 45 Abbildungen im Text und 116 Aufgaben nebst Lösungen. (Technische Fachbücher, herausgegeben von Dipl.-Ing. **Arnold Meyer,** München, Bd. 16.) IV, 108 Seiten. 1926. RM 2.25
(C. W. Kreidel's Verlag, München.)

Der elektrische Strom (Gleichstrom). Von Dipl.-Ing. **Arnold Meyer,** München. Mit 24 Abbildungen im Text und 184 Aufgaben nebst Lösungen. (Technische Fachbücher, herausgegeben von Dipl.-Ing. **Arnold Meyer,** München, Bd. 3.) IV, 125 Seiten. 1926. RM 2.25
(C. W. Kreidel's Verlag, München.)